高等职业教育系列教材

组态控制技术实训教程（MCGS）
第2版

主　编　李江全

副主编　李丹阳　王玉巍　李树峰

机械工业出版社

本书从实际应用出发，系统介绍了组态软件 MCGS 的使用、程序设计方法及其监控应用技术。内容包括监控组态软件概述、用户窗口与实时数据库、运行策略与脚本程序、报警处理与报表输出、配方处理与曲线绘制、数据处理与安全机制、MCGS 数据采集与控制、MCGS 串口通信与控制，除第 1 章外，其余每章均安排了相应的实训操作；最后通过几个生产生活实例，介绍采用组态软件 MCGS 实现多个监控设备（包括三菱 PLC、西门子 PLC、远程 I/O 模块和 PCI 数据采集卡）数据通信及温度监控等功能。本书中的每个实训均由学习目标、设计任务和任务实现等部分组成。

本书内容丰富，讲解深入浅出，有较强的实用性和可操作性，可供应用型本科及高职高专院校电气自动化、机电一体化、计算机应用等专业学生及工程技术人员学习和参考。

本书配有电子课件及微课视频等电子资源，读者扫描封底“IT”字样二维码，输入书号中的 5 位数字（64883）进行下载。

图书在版编目（CIP）数据

组态控制技术实训教程：MCGS / 李江全主编．—2 版．—北京：机械工业出版社，2020.4（2025.2 重印）
高等职业教育系列教材
ISBN 978-7-111-64883-3

Ⅰ.①组…　Ⅱ.①李…　Ⅲ.①自动控制-高等职业教育-教材　Ⅳ.①TP273

中国版本图书馆 CIP 数据核字（2020）第 033654 号

机械工业出版社（北京市百万庄大街 22 号　邮政编码 100037）
策划编辑：李文轶　　责任编辑：李文轶
责任校对：张艳霞　　责任印制：常天培

河北泓景印刷有限公司印刷

2025 年 2 月 • 第 2 版 • 第 13 次印刷
184mm×260mm • 14 印张 • 340 千字
标准书号：ISBN 978-7-111-64883-3
定价：45.00 元

电话服务
客服电话：010-88361066
010-88379833
010-68326294

网络服务
机　工　官　网：www.cmpbook.com
机　工　官　博：weibo.com/cmp1952
金　　书　　网：www.golden-book.com
机工教育服务网：www.cmpedu.com

前　言

组态软件是标准化、规模化、商品化的通用工控开发软件，只需进行标准功能模块的软件组态和简单的编程，就可设计出标准化、专业化、通用性强、可靠性高的上位机工控程序，且工作量较小，开发调试周期短，对程序设计人员要求也较低。因此，组态软件作为性能优良的软件产品，目前已经成为开发上位机工控程序的主流开发工具。

近年来，随着计算机软件技术的发展，组态软件技术的发展也非常迅速，可以说已经到了令人目不暇接的地步，特别是图形界面技术、面向对象编程技术、组件技术的出现，使原来单调、呆板、操作烦琐的人机界面变得焕然一新。因此，除了一些小型的工控系统需要开发者自己编写应用程序外，对大中型工控系统，通常选择一款合适的组态软件来完成控制功能。

组态软件 MCGS 是目前国内具有自主知识产权、市场占有率相对较高的组态软件。它运行于 Windows 操作系统，其应用几乎囊括了大多数行业的工业控制领域。MCGS 具有功能完善、操作简便、可视性好、可维护性强的突出优点，通过与其他相关的硬件设备结合，可以快速、方便地开发各种工控程序用于现场采集、数据处理和控制的设备，用户只需要通过简单的模块化组态就可构造自己的应用系统，如可以灵活组态各种智能仪表、数据采集模块、无人值守的现场采集站和人机界面等专用设备。

本书从实际应用出发，系统介绍了组态软件 MCGS 的使用、程序设计方法及其监控应用技术。内容包括监控组态软件概述、用户窗口与实时数据库、运行策略与脚本程序、报警处理与报表输出、配方处理与曲线绘制、数据处理与安全机制、MCGS 数据采集与控制、MCGS 串口通信与控制，除第 1 章外，其余每章均安排了相应的实训操作；最后通过几个生产生活实例，采用组态软件 MCGS 实现多个监控设备（包括三菱 PLC、西门子 PLC、远程 I/O 模块和 PCI 数据采集卡）的通信与监控功能。书中的每个实训均由学习目标、设计任务和任务实现等部分组成。

本书内容丰富，讲解深入浅出，有较强的实用性和可操作性，可供应用型本科及高职高专院校电气自动化、机电一体化、计算机应用等专业学生及工程技术人员学习和参考。

本书配有电子课件及微课视频等电子资源，读者扫描封底“IT”字样二维码，输入书号中的 5 位数字（64883）进行下载。

本书编写任务分工如下：石河子大学李江全编写第 1、2 章，李树峰编写第 3、4 章，刘晨编写第 5 章，空军工程大学李丹阳编写第 6、7 章，新疆工程学院王玉巍编写第 8 章。北京昆仑通态自动化软件科技有限公司、北京研华科技股份有限公司等为本书提供了大量的技术支持，在此致以深深的谢意。

由于编者水平有限，书中难免存在疏漏和不足之处，恳请广大读者批评指正。

编　者

2019 年 8 月

目　录

前言
第1章　监控组态软件概述……1
1.1　组态与组态软件……1
1.1.1　组态与组态软件的含义……1
1.1.2　采用组态软件的意义……2
1.2　组态软件的功能和特点……3
1.2.1　组态软件的功能……3
1.2.2　组态软件的特点……4
1.3　组态软件的构成与使用步骤……5
1.3.1　组态软件的系统构成……5
1.3.2　组态软件的使用步骤……6
1.4　认识MCGS组态软件……7
1.4.1　MCGS组态软件的构成……7
1.4.2　MCGS组态软件的基本操作……9
第2章　用户窗口与实时数据库……13
2.1　MCGS的用户窗口……13
2.1.1　新工程建立……13
2.1.2　创建用户窗口……14
2.1.3　设置窗口属性……15
2.1.4　创建图形对象……16
2.1.5　定义动画连接……19
2.2　实时数据库……20
2.2.1　定义数据对象……20
2.2.2　数据对象的类型……22
2.2.3　数据对象的属性设置……23
2.2.4　数据对象的浏览和查询……26
2.2.5　使用计数检查……27
实训1　整数累加……28
实训2　超限报警……33
第3章　运行策略与脚本程序……40
3.1　运行策略……40
3.1.1　运行策略的类型……40
3.1.2　创建运行策略……41
3.1.3　设置策略属性……41
3.1.4　策略行条件部分……42
3.1.5　策略构件……43
3.2　脚本程序……44
3.2.1　脚本程序语言要素……44
3.2.2　脚本程序基本语句……45
3.2.3　脚本程序的查错和运行……47
实训3　实时曲线……47
实训4　液位控制……50
第4章　报警处理与报表输出……58
4.1　MCGS的设备窗口……58
4.1.1　设备构件的选择……58
4.1.2　设备构件的属性设置……59
4.2　报警处理……61
4.2.1　定义报警……62
4.2.2　处理报警……62
4.2.3　显示报警信息……64
4.3　报表输出……65
4.3.1　报表机制……65
4.3.2　创建报表……66
4.3.3　报表组态……66
实训5　报警信息显示……71
实训6　数据报表输出……78
第5章　配方处理与曲线绘制……86
5.1　MCGS的主控窗口……86
5.1.1　菜单组态……86
5.1.2　属性设置……87
5.2　配方处理……89
5.2.1　配方管理原理……89
5.2.2　配方组态设计……89
5.2.3　配方操作设计……90
5.2.4　动态编辑配方……90
5.3　曲线绘制……91
5.3.1　趋势曲线的种类……91
5.3.2　定义曲线数据源……92
5.3.3　定义曲线坐标轴……92
5.3.4　定义曲线网格……93
实训7　配方设计操作……93

实训 8　历史曲线绘制 ······98
第 6 章　数据处理与安全机制 ······107
6.1　MCGS 的数据处理 ······107
6.1.1　数据前处理 ······107
6.1.2　实时数据处理 ······109
6.1.3　数据后处理 ······110
6.1.4　实时数据存储 ······111
6.2　安全机制 ······112
6.2.1　定义用户和用户组 ······112
6.2.2　系统权限设置 ······114
6.2.3　操作权限设置 ······115
6.2.4　运行时改变操作权限 ······115
6.2.5　工程安全管理 ······116
实训 9　动画制作与用户登录 ······117
第 7 章　MCGS 数据采集与控制 ······123
7.1　数据采集系统概述 ······123
7.1.1　数据采集系统的含义 ······123
7.1.2　数据采集系统的功能 ······123
7.1.3　输入与输出信号 ······124
7.2　数据采集卡 ······126
7.2.1　数据采集卡的类型 ······126
7.2.2　数据采集卡的选择 ······127
7.2.3　基于数据采集卡的控制系统 ······128
7.2.4　典型数据采集卡简介 ······130
7.3　MCGS 数据采集与控制实训 ······132
实训 10　饮料瓶计数喷码控制 ······132
实训 11　滚柱分选直径检测 ······138
实训 12　温室大棚温度检测与控制 ······143
第 8 章　MCGS 串口通信与控制 ······157
8.1　串口通信概述 ······157
8.1.1　串口通信的基本概念 ······157
8.1.2　串口通信标准 ······159
8.1.3　PC 串行接口 ······161
8.1.4　PC 串口通信线路连接 ······163
8.2　MCGS 串口通信与控制实训 ······165
实训 13　机械手臂定位检测与控制 ······165
实训 14　自动感应门检测与控制 ······171
实训 15　银行防盗检测与报警 ······177
实训 16　发动机温度检测与报警 ······182
实训 17　锅炉温度检测与报警 ······192
实训 18　变压器温度检测与报警 ······202
参考文献 ······215

第1章　监控组态软件概述

监控组态软件在计算机控制系统中起着举足轻重的作用。现代计算机控制系统的功能越来越强，除了完成基本的数据采集和控制功能外，还要完成故障诊断、数据分析、报表的形成和打印、与管理层交换数据、为操作人员提供灵活方便的人机界面等功能。另外，随着生产规模的变化，也要求计算机控制系统的规模跟着变化，也就是说，计算机接口的部件和控制部件可能要随着系统规模的变化进行增减。因此，就要求计算机控制系统的应用软件有很强的开放性和灵活性，组态软件也因此应运而生。

近几年来，随着计算机软件技术的发展，计算机控制系统的组态软件技术的发展也非常迅速，可以说到了令人目不暇接的地步，特别是图形界面技术、面向对象编程技术、组件技术的出现，使原来单调、呆板、操作烦琐的人机界面变得面目一新。目前，除了一些小型的控制系统需要开发者自己编写应用程序外，凡属大中型的控制系统，最明智的办法应该是选择一个合适的组态软件未完成控制的功能。

1.1　组态与组态软件

1.1.1　组态与组态软件的含义

在使用工控软件时，人们经常提到“组态”一词。与硬件生产相对照，组态与组装类似。如要组装一台计算机，事先提供了各种型号的主板、机箱、电源、CPU（中央处理器）、显示器、硬盘、光驱等，需要完成的工作就是用这些部件拼凑成自己需要的计算机。当然软件中的组态要比硬件的组装有更大的发挥空间，因为它一般要比硬件中的“部件”多，而且每个“部件”都很灵活，可以通过改变软件的内部属性进而改变其规格（如大小、形状、颜色等）。

组态（Configuration）有设置、配置等含义，就是模块的任意组合。在软件领域内，是指操作人员根据应用对象及控制任务的要求，配置用户应用软件的过程（包括对象的定义、制作和编辑，对象状态特征属性参数的设定等），即使用软件工具对计算机及软件的各种资源进行配置，达到让计算机或软件按照预先的设置自动执行特定任务、满足使用者要求的目的，也就是把组态软件视为“应用程序生成器”。

组态软件是数据采集与过程控制的专用软件，它们是在自动控制系统控制层一级的软件平台和开发环境下，使用灵活的组态方式（而不是编程方式）为用户提供良好的用户开发界面和便捷的使用方法，它解决了控制系统通用性问题。其预设置的各种软件模块可以非常容易地实现和完成控制层的各项功能，并能同时支持各种硬件厂家的计算机和I/O（输入/输出）产品，与工控计算机和网络系统结合，可向控制层和管理层提供软硬件的全部接口，从而完成系统集成。组态软件应该能支持各种工控设备和常见的通信协议，并且通常应提供分布式数据管理和网络功能。对应于原有的HMI（人机界面）的概念，组态软件应该是一个使用户能快速建立自己的HMI的软件工具或开发环境。

在工业控制中，组态一般通过对软件采用非编程的操作方式，主要有参数填写、图形连接、文件生成等，使得软件乃至整个系统具有某种指定的功能。由于用户对计算机控制系统的要求千差万别（包括流程画面、系统结构、报表格式、报警要求等），而开发商又不可能专门为每个用户去进行开发，所以只能是事先开发好一套具有一定通用性的软件开发平台，生产（或者选择）若干种规格的硬件模块（如 I/O 模块、通信模块和现场控制模块），然后根据用户的要求在软件开发平台上进行二次开发，以及进行硬件模块的连接。这种软件的二次开发工作就称为组态。相应的软件开发平台就称为控制组态软件，简称组态软件。计算机控制系统在完成组态之前只是一些硬件和软件的集合体，只有通过组态，才能使其成为一个具体的满足特定生产过程需要的应用系统。

随着计算机软件技术的快速发展，以及用户对计算机控制系统功能要求的增加，实时数据库、实时控制、通信及联网、开放数据接口、对 I/O 设备的广泛支持已经成为组态软件的主要工作内容。随着计算机控制技术的发展，组态软件将会不断被赋予新的内涵。

1.1.2 采用组态软件的意义

在组态软件出现之前，工控领域的用户通过手工或委托第三方编写 HMI 应用软件，常会出现开发时间长、效率低、可靠性差的状况，或者购买专用的工控系统，通常它是封闭的系统，选择余地小，往往不能满足需求，很难与外界进行数据交互，升级和增加功能都受到严重的限制。组态软件的出现，使用户从这些困境中解脱出来，用户可以利用组态软件的功能，构建一套最适合自己的应用系统。

组态软件是标准化、规模化、商品化的通用工业控制开发软件，只需进行标准功能模块的软件组态和简单的编程，就可设计出标准化、专业化、通用性强、可靠性高的上位机人机界面控制程序，且工作量较小，开发调试周期短，对程序设计人员要求也较低，因此，控制组态软件是性能优良的软件产品，已成为开发上位机控制程序的主流开发工具。

在实时工业控制应用系统中，为了实现特定的应用目标，需要进行应用程序的设计和开发。过去，由于技术发展水平的限制，没有相应的软件可供利用，应用程序一般都需要应用单位自行开发或委托专业单位开发，这就影响了整个工程的进度，系统的可靠性和其他性能指标也难以得到保证。为了解决这个问题，不少厂商在开发系统的同时，也致力于控制软件产品的开发。工业控制系统的复杂性，对软件产品提出了很高的要求。要想成功开发一个较好的通用的控制系统软件产品，需要投入大量的人力、物力，并需经实际系统检验，代价是很高昂的，特别是功能较全、应用领域较广的软件系统，投入的费用更是惊人。

对于应用系统的使用者而言，虽然购买一套适合自己系统应用的控制软件产品要付出一定的费用，但相对于自己开发所花费的各项费用总和还是比较合算的。况且，一个成熟的控制软件产品一般都已在多个项目中得到了成功的应用，各方面的性能指标都在实际运行中得到了检验，能保证较好地实现应用单位控制系统的目标。同时，整个系统的工程周期也可相应缩短，便于更早地为生产现场服务，并创造出相应的经济效益。因此，近年来有不少应用单位也开始购买现成的控制软件产品来为自己的应用系统服务。

采用组态技术构成的计算机控制系统在硬件设计上，除采用工业 PC 外，还大量采用各种成熟通用的 I/O 接口设备和现场设备，基本不再需要单独进行具体电路设计。这不仅节约了硬件开发时间，更提高了工控系统的可靠性。组态软件实际上是一个专为工控开发的工具软件。它为用户提供了多种通用工具模块，用户不需要掌握太多的编程语言技术（甚至不需要编程技术），就能很好地完成一个复杂工程所要求的所有功能。系统设计人员可以把更多的注意力集中在如何选择最优的控制方法、设计合理的控制系统结构、选择合适的控制算法等这些提高控制品质的关键问题上。另一方面，从管理的角度来看，用组态软件开发的系统具有与 Windows 操作系统一致的图形化操作界面，非常便于生产的组织与管理。

由于组态软件都是由专门的软件开发人员按照软件工程的规范来开发的，使用前又经过了较长时间的工程运行考验，其质量是有充分保证的。因此，只要开发成本允许，采用组态软件是一种比较稳妥、快速和可靠的办法。

由 IPC（进程间通信）、通用接口部件和组态软件构成的组态控制系统是计算机控制技术综合发展的结果，是技术成熟化的标志。由于组态技术的介入，计算机控制系统的应用速度大大提高了。

1.2 组态软件的功能和特点

1.2.1 组态软件的功能

组态软件通常有以下几方面的功能。

1．强大的界面显示组态功能

目前，工控组态软件大都运行于 Windows 环境下，充分利用 Windows 操作系统的图形功能完善、界面美观的特点，其可视化的 IE 风格界面、丰富的工具栏，使操作人员可以直接进入开发状态，节省时间。丰富的图形控件和工况图库，提供了大量的工业设备图符、仪表图符，还提供趋势图、历史曲线、组数据分析图等，使它既有所需的组件，又是界面制作向导。它提供给用户丰富的作图工具。用户可随心所欲地绘制出各种工业界面，并可任意编辑，从而从繁重的界面设计中解放出来。它还提供了丰富的动画连接方式，如隐含、闪烁、移动等，使界面生动、直观，画面丰富多彩，为设备的正常运行、操作人员的集中控制提供了极大的方便。

2．良好的开放性

社会化大生产，使得系统构成的全部软硬件不可能出自一家公司，“异构”是当今控制系统的主要特点之一。开放性是指组态软件能与多种通信协议互联，支持多种硬件设备。开放性是衡量一个组态软件好坏的重要指标。

组态软件向下应能与低层的数据采集设备通信，向上通过 TCP/IP 可与高层管理网互联，从而实现上位机与下位机的双向通信。

3．丰富的功能模块

组态软件提供了丰富的控制功能库，可满足用户的控制要求和现场要求。利用各种功能模块，完成实时监控、产生功能报表、显示历史曲线和实时曲线、提供报警等功能，使系统具有良好的人机界面，易于操作。系统既可用于单机集中式控制、DCS（分布式控制系统），也可用于具有远程通信能力的远程控制系统。

4．强大的数据库

组态软件具有实时数据库，可存储各种数据，如模拟量、离散量、字符等，实现与外部设备的数据交换。

5．可编程的命令语言

组态软件有可编程的命令语言，使用户可根据自己的需要编写程序，增强图形界面功能。

6．周密的系统安全防范

对不同的操作者赋予不同的操作权限，以保证整个系统的安全可靠运行。

7．仿真功能

组态软件提供强大的仿真功能，使系统可并行设计，从而缩短开发周期。

1.2.2　组态软件的特点

通用组态软件的主要特点如下。

1．封装性

通用组态软件所能完成的功能用一种方便用户使用的方法包装起来，对于用户，不需要掌握太多的编程语言（甚至不需要编程技术），就能很好地完成一个复杂工程所需要的所有功能，因此易学易用。

2．开放性

组态软件大量采用“标准化技术”，如 OPC（Object Link and Embedding for Process Control，一种软件标准）、DDE（动态数据交换）、ActiveX 控件等。在实际应用中，用户可以根据自己的需要进行二次开发，例如可以很方便地使用 Visual Basic 或 C++等编程工具自行编制所需的设备构件，装入设备工具箱，从而不断充实设备工具箱。很多组态软件提供了一个高级开发向导，可以自动生成设备驱动程序的框架，为用户开发设备驱动程序提供帮助，用户甚至可以采用通过 I/O 自行编写动态链接库（DLL）的方法在策略编辑器中挂接自己的应用程序模块。

3．通用性

每个用户根据工程实际情况，利用通用组态软件提供的底层设备（PLC、智能仪表、智能模块、板卡和变频器等）的 I/O Driver、开放式的数据库和界面制作工具，就能完成一个具有动画效果、实时数据处理、历史数据和曲线并存、具有多媒体功能和网络功能的工程，不受行业限制。

4．方便性

由于组态软件的使用者是自动化工程设计人员，组态软件的主要目的是，确保使用者在生成适合自己需要的应用系统时不需要或者尽可能少地编制软件程序的源代码，因此，在设计组态软件时，应充分了解自动化工程设计人员的基本需求，并加以总结提炼，重点、集中解决共性问题。

下面是组态软件主要解决的共性问题。

1）如何与数据采集、控制设备间进行数据交换。

2）使来自设备的数据与计算机图形画面上的各元素关联起来。

3）处理数据报警及系统报警。

4）存储历史数据并支持历史数据的查询。

5）各类报表的生成和打印输出。

6）为使用者提供灵活、多变的组态工具，可以满足不同应用领域的需求。

7）最终生成的应用系统运行稳定可靠。

8）具有与第三方程序的接口，方便数据共享。

在很好地解决了上述问题后，自动化工程设计人员在组态软件中只需填写一些事先设计好的表格，再利用图形功能就把被控对象（如反应罐、温度计、锅炉、趋势曲线和报表等）形象地画出来，通过内部数据变量连接把被控对象的属性与 I/O 设备的实时数据进行逻辑连接。当由组态软件生成的应用系统投入运行后，与被控对象相连的 I/O 设备数据发生的变化会直接带动被控对象的属性变化，并同时在界面上显示。若要对应用系统进行修改，也十分方便，这就是组态软件的方便性。

5．组态性

组态控制技术是计算机控制技术发展的结果，采用组态控制技术的计算机控制系统最大的特点是从硬件到软件开发都具有组态性，设计者的主要任务是分析控制对象，在平台基础上按照使用说明进行系统级第二次开发即可构成针对不同控制对象的控制系统，免去了程序代码、图形图表、通信协议、数字统计等诸多具体内容细节的设计和调试，因此系统的可靠性和开发速率提高了，开发难度却下降了。

1.3 组态软件的构成与使用步骤

1.3.1 组态软件的系统构成

从总体结构上看，组态软件一般由系统开发环境（或称为组态环境）与系统运行环境两大部分组成。系统开发环境和系统运行环境之间的纽带是实时数据库，三者之间的关系如图 1-1 所示。

图 1-1　系统组态环境、系统运行环境和实时数据库三者之间的关系

1．系统开发环境

它是自动化工程设计工程师为实施其控制方案，在组态软件的支持下进行应用程序的系统生成的工作环境。通过建立一系列用户数据文件，生成最终的图形目标应用系统，供系统运行环境运行时使用。

系统开发环境由若干个组态程序组成，如图形界面组态程序、实时数据库组态程序等。

2．系统运行环境

在系统运行环境下，目标应用程序被装入计算机内存并投入实时运行。系统运行环境由若干个运行程序组成，如图形界面运行程序、实时数据库运行程序等。

组态软件支持在线组态技术，即在不退出系统运行环境的情况下可以直接进入组态环境并修改组态，使修改后的组态直接生效。

自动化工程设计工程师最先接触的一定是系统开发环境，通过一定工作量的系统组态和调试，最终将目标应用程序在系统运行环境中投入实时运行，完成一个工程项目。

一般工程应用必须有一套开发环境，也可以有多套运行环境。在本书的实例中，为了方便起见，将开发环境和运行环境放在一起，通过菜单限制编辑修改功能，从而实现运行环境。

一套好的组态软件应该能够为用户提供快速构建自己的计算机控制系统的手段。例如，对输入信号进行处理的各种模块、各种常见的控制算法模块、构造人机界面的各种图形要素、使用户能够方便地进行二次开发的平台或环境等。如果是通用的组态软件，还应当提供各类工控设备的驱动程序和常见的通信协议。

1.3.2 组态软件的使用步骤

组态软件通过 I/O 驱动程序从现场 I/O 设备获得实时数据，对数据进行必要的加工后，一方面以图形方式直观地显示在计算机屏幕上，另一方面按照组态要求和操作人员的指令将控制数据送给 I/O 设备，对执行机构实施控制或调整控制参数。在具体的工程应用中，必须经过完整、详细的组态设计，组态软件才能够正常工作。

下面列出组态软件的使用步骤。

1）将所有 I/O 点的参数收集齐全，并填写表格，以备在控制组态软件和控制、检测设备上组态时使用。

2）搞清楚所使用的 I/O 设备的生产商、种类、型号，使用的通信接口类型，采用的通信协议，以便在定义 I/O 设备时能够准确选择。

3）将所有 I/O 点的 I/O 标识收集齐全，并填写表格。I/O 标识是唯一的确定一个 I/O 点的关键字，组态软件通过向 I/O 设备发出 I/O 标识来请求对应的数据。在大多数情况下，I/O 标识是 I/O 点的地址或位号名称。

4）根据工艺过程绘制画面草图、设计画面结构。

5）按照上述第 1）步统计出的表格建立实时数据库，正确组态各种变量参数。

6）根据上述第 1）步和第 3）步的统计结果，在实时数据库中建立实时数据库变量与 I/O 点的一一对应关系，即定义数据连接。

7）根据上述第 4）步的画面草图和画面结构，组态每一幅静态的操作画面。

8）为操作画面中的图形对象与实时数据库变量建立动画连接关系，规定动画属性和幅度。

9）对组态内容进行分段和总体调试。

10）系统投入运行。

在一个自动控制系统中，投入运行的控制组态软件是系统的数据收集处理中心、远程监视中心和数据转发中心，处于运行状态的控制组态软件与各种控制、检测设备（如 PLC、智能仪表、DCS 等）共同构成快速响应的控制中心。控制方案和算法一般在设备上组态并执行，也可以在 PC 上组态，然后下装到设备中执行，这是根据设备的具体要求而定的。

监控组态软件投入运行后，操作人员可以在它的支持下完成以下 6 项任务。

1）查看生产现场的实时数据及流程画面。

2）自动打印各种实时/历史生产报表。

3）自由浏览各个实时/历史趋势画面。

4）及时得到并处理各种过程报警和系统报警。

5）在需要时，人为干预生产过程，修改生产过程参数和状态。

6）与管理部门的计算机联网，为管理部门提供生产实时数据。

1.4 认识 MCGS 组态软件

MCGS（Monitor and Control Generated System，通用监控系统）是一套用于快速构造和生成计算机监控系统的组态软件，它能够在 Microsoft 的各种 Windows 操作系统上运行，通过对现场数据的采集处理，以动画显示、报警处理、流程控制、报表输出等多种方式向用户提供解决实际工程问题的方案，它充分利用了 Windows 操作系统图形功能完备、界面一致性好、易学易用的特点，比以往使用专用机开发的工业控制系统具有更好的通用性，在自动化领域有着更广泛的应用。

1.4.1 MCGS 组态软件的构成

1．MCGS 组态软件的整体结构

MCGS 组态软件（以下简称 MCGS）由“MCGS 组态环境”和“MCGS 运行环境”两个部分组成，如图 1-2 所示。两部分互相独立，又紧密相关。

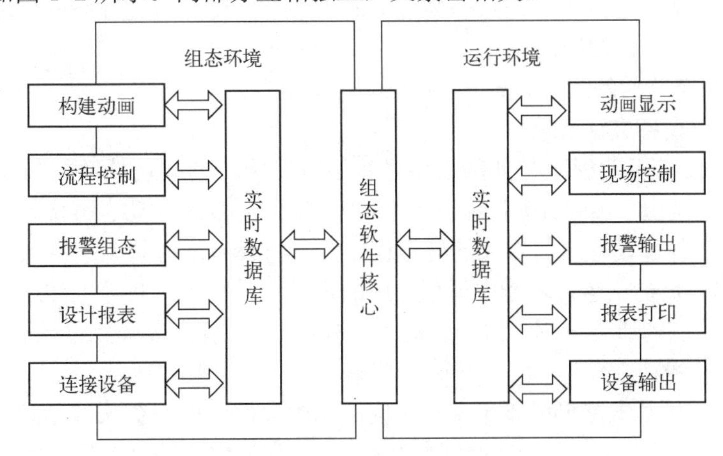

图 1-2　MCGS 组态软件的整体结构

MCGS 组态环境是生成用户应用系统的工作环境，由可执行程序 McgsSet. exe 支持，其存放于 MCGS 目录的 Program 子目录中。用户在 MCGS 组态环境中完成动画设计、设备连接、编写控制流程、编制工程打印报表等全部组态工作后，生成扩展名为. mcg 的工程文件，又称为组态结果数据库。其与 MCGS 运行环境一起构成了用户应用系统，统称为“工程”。

MCGS 运行环境是用户应用系统的运行环境，由可执行程序 McgsRun. exe 支持，其存放于 MCGS 目录的 Program 子目录中。它在运行环境中完成对工程的控制工作。

2．MCGS 工程的五大部分

MCGS 组态软件所建立的工程由主控窗口、设备窗口、用户窗口、实时数据库窗口和运行策略窗口 5 部分构成。每一部分分别进行组态操作，完成不同的工作，具有不同的特性。

1）主控窗口。主控窗口是工程的主窗口或主框架。在主控窗口中可以放置一个设备窗口和多个用户窗口，负责调度和管理这些窗口的打开或关闭。主要的组态操作包括定义工程的名称、编制工程菜单、设计封面图形、确定自动启动的窗口、设定动画刷新周期、指定数据库存盘文件名称及存盘时间等。

2）设备窗口。设备窗口是连接和驱动外部设备的工作环境。本窗口内配置了数据采集与控制输出设备，注册设备驱动程序，定义连接与驱动设备的数据变量。

3）用户窗口。用户窗口主要用于设置工程中人机交互的界面，例如生成各种动画显示画面、报警输出和数据与曲线图表等。

4）实时数据库窗口。实时数据库窗口是工程各个部分的数据交换与处理中心，它将 MCGS 工程的各个部分连接成有机的整体。在本窗口内定义不同类型和名称的变量，作为数据采集、处理、输出控制、动画连接及设备驱动的对象。

5）运行策略窗口。运行策略窗口主要完成工程运行流程的控制，包括编写控制程序（例如 if...then 脚本程序），选用各种功能构件，如数据提取、配方操作、多媒体输出等。

组态工作开始时，系统只为用户搭建了一个能够独立运行的空框架，提供了丰富的动画部件与功能部件。

如果要完成一个实际的应用系统，应主要完成以下工作：首先，要像搭积木一样，在组态环境中用系统提供的或用户扩展的构件构造应用系统，配置各种参数，形成一个有丰富功能的可实际应用的工程；然后，把组态环境中的组态结果提交给运行环境。运行环境和组态结果一起构成了用户自己的应用系统。

3．MCGS 组态软件的工作方式

（1）MCGS 与设备进行通信

MCGS 通过设备驱动程序与外部设备进行数据交换，其中包括数据采集和发送设备指令。设备驱动程序是由 Visual Basic 程序设计语言编写的 DLL（动态链接库）文件，设备驱动程序中包含符合各种设备通信协议的处理程序，它将设备运行状态的特征数据采集进来或发送出去。MCGS 负责在运行环境中调用相应的设备驱动程序，将数据传送到工程中的各个部分，完成整个系统的通信过程。每个驱动程序独占一个线程，以达到互不干扰的目的。

（2）MCGS 产生动画效果

MCGS 为每一种基本图形元素定义了不同的动画属性，如一个长方形的动画属性有可见度、大小变化、水平移动等，每一种动画属性都会产生一定的动画效果。所谓动画属性，实际上是反映图形大小、颜色、位置、可见度、闪烁性等状态的特征参数。然而在组态环境中生成的画面都是静止的，如何在工程运行中产生动画效果呢？方法是采用动画连接。当工业现场中控制对象的状态（如储油罐的液面高度等）发生变化时，通过设备驱动程序将变化的数据采集到实时数据库的变量中，该变量是与动画属性相关的变量，数值的变化，使图形的状态产生相应的变化（如大小变化）。现场的数据是连续被采集进来的，这样就会产生逼真的动画效果（如储油罐液面的升高和降低）。

（3）MCGS 实施远程多机监控

MCGS 提供了一套完善的网络机制，可通过 TCP/IP 网、Modem 网和串口网将多台计算机连接在一起，构成分布式网络控制系统，实现网络间的实时数据同步、历史数据同步和网络事件的快速传递。同时，可利用 MCGS 提供的网络功能，在工作站上直接对服务器中的数据库进行读写操作。分布式网络控制系统的每一台计算机都要安装一套 MCGS 工控组态软件。MCGS 把各种网络形式，以父设备构件和子设备构件的形式，供用户调用，并且用户可以进行工作状态、端口号、工作站地址等属性参数的设置。

（4）对工程运行流程实施有效控制

MCGS 开辟了专用的运行策略窗口来建立用户运行策略。MCGS 提供了丰富的功能构件，供用户选用。通过构件配置和属性设置两项组态操作，生成各种功能模块（称为“用户策略”），使系统能够按照设定的顺序和条件操作实时数据库，实现对动画窗口的任意切换，控制系统的运行流程和设备的工作状态。所有的操作均采用面向对象的直观方式，避免了烦琐的编程工作。

1.4.2 MCGS 组态软件的基本操作

1．MCGS 组态软件常用术语

1）工程：用户应用系统的简称。引入工程的概念，是为了使复杂的计算机专业技术更贴近普通工程用户。在 MCGS 组态环境中生成的文件称为工程文件，其扩展名为. mcg，存放于 MCGS 目录的 WORK 子目录中，如“D:\MCGS\WORK\MCGS 例程 1. mcg”。

2）对象：操作目标与操作环境的统称。如窗口、构件、数据、图形等，皆称为对象。

3）选中对象：单击窗口或对象，使其处于可操作状态，称此操作为选中对象，被选中的对象（包括窗口），也称为当前对象。

4）组态：在窗口环境内进行对象的定义、制作和编辑，并设定其状态特征（属性）参数，将此项工作称为组态。

5）属性：对象的名称、类型、状态、性能及用法等特征的统称。

6）菜单：是执行某种功能的命令集合。如系统菜单中的“文件”菜单命令，是用来处理与工程文件有关的执行命令。位于窗口顶端菜单条内的菜单命令称为顶层菜单，一般分为独立的菜单项和下拉菜单两种形式，下拉菜单还可分成多级，每一级称为次级子菜单。

7）构件：具备某种特定功能的程序模块，可以用 Visual Basic、VC 等程序设计语言编写，通过编译，生成 DLL、OCX 等文件。用户对构件设置一定的属性，并与定义的数据变量相连接，即可在系统运行中实现相应的功能。

8）策略：是指对系统运行流程进行有效控制的措施和方法。

9）启动策略：在进入运行环境后首先运行的策略，只运行一次，一般完成系统初始化的处理。该策略由 MCGS 自动生成，具体处理的内容由用户填充。

10）循环策略：按照用户指定的周期，循环执行策略块内的内容，通常用来完成流程控制任务。

11）退出策略：退出运行环境时执行的策略。该策略由 MCGS 自动生成，自动调用，一般由该策略模块完成系统结束运行前的善后处理任务。

12）用户策略：由用户定义，用来完成特定的功能。用户策略一般由按钮、菜单、其他策略来调用执行。

13）事件策略：当开关型变量发生跳变时（1 到 0，或 0 到 1）执行的策略，只运行一次。

14）热键策略：当用户按下定义的快捷键（如〈Ctrl+D〉）时执行的策略，只运行一次。

15）可见度：指对象在窗口内的显现状态，即可见与不可见。

16）变量类型：MCGS 定义的变量有 5 种类型，即数值型、开关型、字符型、事件型和组对象。

17）事件对象：用来记录和标识某种事件的产生或状态的改变，如开关量的状态发生变化。

18）组对象：用来存储具有相同存盘属性的多个变量的集合，其内部成员可包含多个其他类型的变量。组对象只是对有关联的某一类数据对象的整体表示方法，而系统实际的操作则均针对每个成员进行。

19）动画刷新周期：动画更新速度，即颜色变换、物体运动、液面升降的快慢等，以 ms 为单位。

20）父设备：本身没有特定功能，但可以和其他设备一起与计算机进行数据交换的硬件设备，如串口父设备。

21）子设备：必须通过一种父设备与计算机进行通信的设备，如岛电 SR25 仪表、研华 4017 模块等。

22）模拟设备：在对工程文件测试时，提供可变化的数据的内部设备，可提供多种变化方式。

23）数据库存盘文件：MCGS 工程文件在硬盘中存储时的文件，为 MDB 文件，一般以工程文件的文件名+“D”进行命名，存储在 MCGS 目录的 WORK 子目录中。

2．MCGS 组态软件的操作方式

（1）系统工作台面

系统工作台面是 MCGS 组态操作的总工作台面。双击“MCGS 组态环境”图标，或执行“开始”→“程序”→“MCGS 组态软件”→“MCGS 组态环境”命令，弹出的窗口即为 MCGS 的工作台窗口，其中设有如下内容。

1）标题栏：显示“MCGS 组态环境——工作台”标题、工程文件名称和所在目录。

2）菜单条：设置 MCGS 的菜单系统。

3）工具条：设有对象编辑和组态用的工具按钮。不同的窗口设有不同功能的工具条按钮。

4）工作台面：进行组态操作和属性设置。上部设有 5 个窗口标签，分别对应主控窗口、设备窗口、用户窗口、实时数据库窗口和运行策略窗口。单击这些标签，即可将相应的窗口激活，进行相应的组态操作；工作台右侧还设有创建对象和对象组态的功能按钮。

（2）组态工作窗口

组态工作窗口是创建和配置图形对象、数据对象和各种构件的工作环境，又称为对象的编辑窗口。它主要包括组成工程框架的 5 个窗口，即主控窗口、设备窗口、用户窗口、实时数据库窗口和运行策略窗口，分别完成工程命名和属性设置、设备连接、动画设计、定义数据变量、编写控制流程等组态操作。

（3）属性设置窗口

属性设置窗口是设置对象各种特征参数的工作环境，又称为属性设置对话框。对象不同，属性设置窗口的内容也各异，但结构形式大体相同。主要由下列几部分组成。

1）窗口标题：位于窗口顶部，显示“××属性设置”字样的标题。

2）窗口标签：不同的属性设置窗口分页排列，窗口标签作为分页的标记，各类窗口分页排列，单击窗口标签， 即可将相应的选项卡激活，进行属性设置。

3）输入框：设置属性的输入框，左侧标有属性注释文字，框内输入属性内容。为了便于用户操作，许多输入框的右侧有“？”“▲”“…” 等标志符号的选项按钮，单击该按钮，将弹出列表框，双击列表框中所需要的项目，即可将其设置于输入框内。

4）单选按钮：带有“○”标记的属性设定器件。同一设置栏内有多个单选按钮时，只能选择其一。

5）复选框：带有“□”标记的属性设定器件。同一设置栏内有多个复选框时，可以设置多个。

6）功能按钮：一般设有“检查”“确认”“取消”“帮助”4 种按钮。“检查”按钮用于检查当前属性设置内容是否正确；“确认”按钮用于属性设置完毕，返回组态窗口；“取消”按钮用于取消当前的设置，返回组态窗口；“帮助”按钮用于查阅在线帮助文件。

（4）图形库工具箱

MCGS 为用户提供了丰富的组态资源，包括如下几种。

1）系统图形工具箱：进入用户窗口，单击工具条中的“工具箱”按钮，打开图形工具箱，其中设有各种图元、图符、组合图形及动画构件的位图图符。利用这些最基本的图形元素，可以制作出任何复杂的图形。

2）设备工具箱：进入设备窗口，单击工具条中的“工具箱”按钮，打开设备工具箱，其中设有与工控系统经常选用的控制设备相匹配的各种设备构件。选用所需的构件，放置到设备窗口中，经过属性设置和通道连接后，该构件即可实现对外部设备的驱动和控制。

3）策略工具箱：进入运行策略窗口，单击工具条中的“工具箱”按钮，打开策略工具箱，工具箱内包含所有策略功能构件。选用所需的构件，生成用户策略模块，实现对系统运行流程的有效控制。

4）对象元件库：对象元件库是存放组态完好的并具有通用价值的动画图形的图形库，以便于对组态成果的重复利用。进入用户窗口的组态窗口，执行“工具”→“对象元件库管理”命令，或者打开系统图形工具箱，选择“插入元件”选项，可打开对象元件库管理窗口，进行存放图形的操作。

（5）工具按钮

工作台窗口的工具条内排列着标有各种位图图标的按钮，称为工具条功能按钮，简称工具按钮。许多按钮的功能与菜单条中的菜单命令相同，但操作更加简便，因此在组态操作中经常被使用。

3．组建用户工程的一般过程

（1）工程项目系统分析

分析工程项目的系统构成、技术要求和工艺流程，弄清系统的控制流程和控制对象的特征，明确监控要求和动画显示方式，分析工程中的设备采集及输出通道与软件中实时数据库变量的对应关系，分清哪些变量是要求与设备连接的，哪些变量是软件内部用来传递数据及动画显示的。

（2）工程立项搭建框架

它在 MCGS 中称为建立新工程。其主要内容包括定义工程名称、封面窗口名称和启动窗口（封面窗口退出后接着显示的窗口）名称，指定存盘数据库文件的名称及存盘数据库，设定动画刷新的周期。经过此步操作，即在 MCGS 组态环境中建立了由 5 部分组成的工程结构框架。封面窗口和启动窗口也可等建立了用户窗口后再建立。

（3）设计菜单基本体系

为了对系统运行的状态及工作流程进行有效的调度和控制，通常要在主控窗口内编制菜单。编制菜单分两步进行，第一步搭建菜单的框架，第二步对各级菜单命令进行功能组态。在组态过程中，可根据实际需要，随时对菜单的内容进行增加或删除，来不断完善工程的菜单。

（4）制作动画显示画面

动画制作分为静态图形设计和动态属性设置两个过程。前一部分类似于“画画”，用户通过 MCGS 组态软件提供的基本图形元素及动画构件库，在用户窗口内“组合”成各种复杂的画面。后一部分则是设置图形的动画属性，与实时数据库中定义的变量建立相关性的连接关系，作为动画图形的驱动源。

（5）编写控制流程程序

在运行策略窗口内，从策略构件箱中选择所需功能策略构件，构成各种功能模块（称为策略块），由这些模块实现各种人机交互操作。MCGS 还为用户提供了编程用的功能构件（称为“脚本程序”功能构件），它可以使用简单的编程语言编写工程控制程序。

（6）完善菜单按钮功能

其包括对菜单命令、监控器件、操作按钮的功能组态；实现历史数据、实时数据、各种曲线、数据报表、报警信息输出等功能；建立工程安全机制等。

（7）编写程序调试工程

利用调试程序产生的模拟数据检查动画显示和控制流程是否正确。

（8）连接设备驱动程序

选定与设备相匹配的设备构件，连接设备通道，确定数据变量的数据处理方式，完成设备属性的设置。此项操作在设备窗口内进行。

（9）工程完工综合测试

最后测试工程各部分的工作情况，完成整个工程的组态工作，实施工程交接。

第 2 章　用户窗口与实时数据库

用户窗口是由用户定义的用来构成 MCGS 图形操作环境的窗口。用户窗口是组成 MCGS 图形操作环境的基本单位，所有的图形操作环境都是由一个或多个用户窗口组合而成的，它的显示和关闭由各种策略构件和菜单命令来控制。

MCGS 系统包括组态环境和运行环境两个部分。用户的所有组态配置过程都在组态环境中进行，用户组态生成的结果是一个数据库文件，称为组态结果数据库。运行环境是一个独立的运行系统，它按照组态结果数据库中用户指定的方式进行各种处理，完成用户组态设计的目标和功能。

本章将对 MCGS 开发应用程序过程中涉及的用户窗口和实时数据库进行详细介绍。

2.1　MCGS 的用户窗口

用户窗口中可以放置 3 种不同类型的图形对象，即图元、图符和动画构件。图元和图符对象为用户提供了一套完善的设计制作图形界面和定义动画的方法。动画构件对应于不同的动画功能，它们是从工程实践经验中总结出的常用的动画显示与操作模块，用户可以直接使用。通过在用户窗口内放置不同的图形对象，搭建多个用户窗口，用户可以构造各种复杂的图形操作环境，用不同的方式实现数据和流程的“可视化”。

最多可定义 512 个组态过程中的用户窗口。所有的用户窗口均位于主控窗口内，其打开时窗口可见，关闭时窗口不可见。允许多个用户窗口同时处于打开状态。用户窗口的位置、大小和边界等属性可以随意改变或设置，如可以让一个用户窗口在顶部作为工具栏，也可以放在底部作为状态条，还可以使其成为一个普通的最大化显示窗口等。多个用户窗口的灵活组态配置，就构成了丰富多彩的图形操作环境。

2.1.1　新工程建立

MCGS 中用“工程”来表示组态生成的应用系统，创建一个新工程就是创建一个新的用户应用系统，打开工程就是打开一个已经存在的应用系统。

工程文件的命名规则和 Windows 操作系统相同，MCGS 自动给工程文件名加上扩展名“. mcg”。每个工程都对应一个组态结果数据库文件。

在 Windows 操作系统的桌面上，使用以下 3 种方式中的任一种即可进入 MCGS 组态环境。

1）双击 Windows 操作系统桌面上的“MCGS 组态环境”图标。

2）执行“开始”→“程序”→“MCGS 组态软件”→“MCGS 组态环境”命令。

3）按快捷键〈Ctrl+Alt+G〉。

进入 MCGS 组态环境后，单击工具条上的“新建”按钮，或执行“文件”→“新建工程”命令，系统会自动创建一个名为“新建工程 X. MCG”的新工程（X 为数字，表示建立新工程的顺序，如 1、2、3 等）。由于尚未进行组态操作，因此新工程只是一个“空壳”，是一个包含 5 个基本组成部分的结构框架。接下来要逐步在框架中配置不同的功能部件，构造完成能执行特定任务的应用系统。

MCGS 用工作台窗口来管理构成用户应用系统的 5 个部分，如图 2-1 所示，其由主控窗口、设备窗口、用户窗口、实时数据库和运行策略 5 个选项卡构成，它们分别对应于 5 个不同的窗口，其中每一个窗口负责管理用户应用系统的一个部分，单击不同的标签可切换不同的窗口，对应用系统的相应部分进行组态操作。

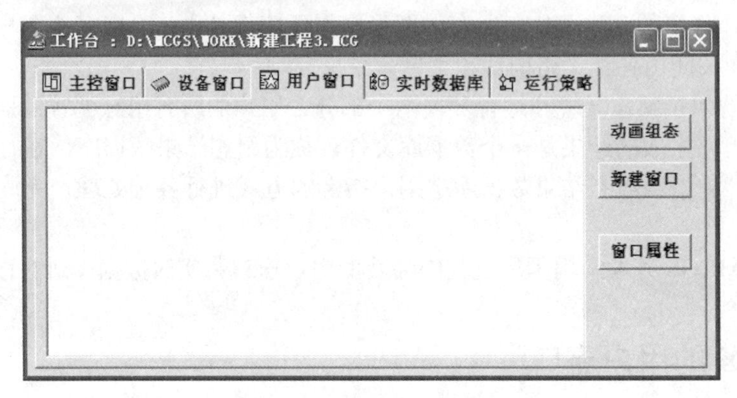

图 2-1　MCGS 工作台窗口

由 MCGS 生成的用户应用系统窗口是屏幕中的一块空间，是一个“容器”，可直接提供给用户使用。在窗口内，用户可以放置不同的构件，创建图形对象并调整界面的布局，组态配置不同的参数以完成不同的功能。

在保存新工程时，可以随意更换工程文件的名称。默认情况下，所有的工程文件都存放在 MCGS 安装目录下的 WORK 子目录里，用户也可以根据自身需要指定存放工程文件的目录。

2.1.2　创建用户窗口

在 MCGS 组态环境的工作台窗口内，选择“用户窗口”选项卡，单击其中的“新建窗口”按钮，即可定义一个新的用户窗口，其名称为“窗口 0”，如图 2-2 所示。

图 2-2　新建用户窗口

在“用户窗口”选项卡中，可以像在 Windows 操作系统的文件操作窗口中一样，以大图标、小图标、列表、详细资料 4 种方式显示所建的用户窗口（右击，通过快捷菜单选择相应显示方式），也可以在所建的用户窗口中剪切、复制、粘贴指定的用户窗口，还可以直接修改所建的用户窗口的名称。

2.1.3 设置窗口属性

在 MCGS 中，用户窗口也是作为一个独立的对象而存在的，它包含的许多属性需要在组态时正确设置。选中用户窗口，可用下列方法之一打开“用户窗口属性设置”对话框。

1）单击工具条中的“显示属性”按钮。

2）执行“编辑”→“属性”命令。

3）按快捷键〈Alt+Enter〉。

4）进入窗口后，双击用户窗口的空白处。

5）进入窗口后，右击，在弹出的快捷菜单中选择“属性”命令。

在对话框弹出后，可以分别对用户窗口的“基本属性”“扩充属性”“启动脚本”“循环脚本”“退出脚本”等属性进行设置。

1．基本属性

基本属性包括窗口名称、窗口标题、窗口位置、窗口边界形式、窗口内容注释等内容，如图 2-3 所示。

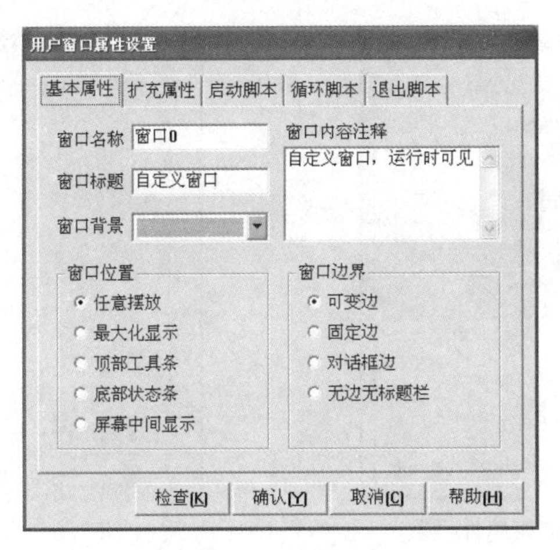

图 2-3　用户窗口基本属性设置

对各项属性的简介如下。

系统的各个部分对用户窗口的操作是根据窗口名称进行的，因此，每个用户窗口的名称都是唯一的。在建立窗口时，系统赋予窗口的默认名称为“窗口×”（×为区分窗口的数字代码）。

窗口标题是系统运行时在用户窗口标题栏上显示的标题文字。

窗口背景用来设置窗口的颜色。

窗口位置属性决定了窗口的显示方式。当窗口的位置设定为“顶部工具条”或“底部状态条”时，系统运行时的窗口没有标题栏和状态框，窗口宽度与主控窗口相同，形状等同于工具条或状态条；当窗口位置设定为“屏幕中间显示”时，系统运行时的用户窗口始终位于主控窗口的中间（窗口处于打开状态时）；当设定为“最大化显示”时，系统运行时的用户窗口充满整个屏幕；当设定为“任意摆放”时，窗口的当前位置即为运行时的位置。

窗口边界属性决定了窗口的边界形式。当窗口边界设置为“无边无标题栏”时，系统运行时的窗口的标题并不存在。

注意：窗口的位置属性和边界属性只有在运行时才体现出来。

2．扩充属性

单击“扩充属性”标签，进入用户窗口的“扩充属性”选项卡，这里可以对窗口的位置进行精确定位、设置是否锁定窗口的位置、确定标题栏和控制框是否显示等，如图 2-4 所示。

扩充属性中的“窗口视区大小”是指实际用户窗口可用的区域，在显示器上所见的区域称为可见区。一般情况下两者大小相同，但是可以把“窗口视区大小”设置成大于可见区，此时在用户窗口侧边附加滚动条，操作滚动条可以浏览用户窗口内的所有图形。打印窗口时，按设置的“窗口视区大小”来打印窗口的内容。还可以选择打印方向，即是按打印纸张的纵向还是横向来打印。

3．启动脚本

单击“启动脚本”标签，进入该用户窗口的“启动脚本”选项卡，如图 2-5 所示。单击“打开脚本程序编辑器”按钮，可以用 MCGS 提供的类似普通 BASIC 语言的编程语言编写脚本程序，控制该用户窗口启动时需要完成的操作任务。

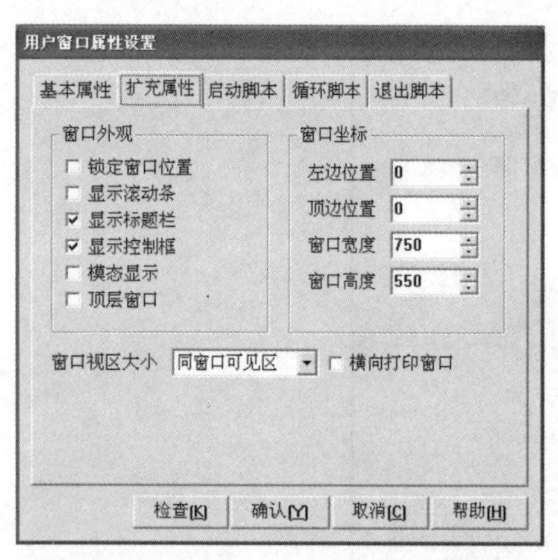

图 2-4　用户窗口扩充属性设置

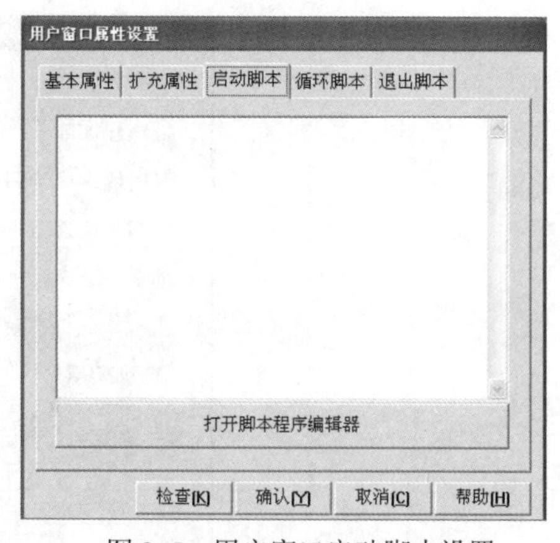

图 2-5　用户窗口启动脚本设置

4．循环脚本

单击“循环脚本”标签，进入该用户窗口的“循环脚本”选项卡。如果需要用户窗口循环显示，在“循环时间”文本框内输入用户窗口的循环时间。单击“打开脚本程序编辑器”按钮，可以编写脚本程序，控制该用户窗口需要完成的循环操作任务。

5．退出脚本

单击“退出脚本”标签，进入该用户窗口的“退出脚本”选项卡。单击“打开脚本程序编辑器”按钮，可以编写脚本程序，控制该用户窗口关闭时需要完成的操作任务。

2.1.4　创建图形对象

定义了用户窗口并完成属性设置后，就可以在用户窗口内使用系统提供的绘图工具箱，创建图形对象，制作漂亮的图形界面。

在用户窗口内创建图形对象的过程，就是从工具箱中选取所需的图形构建绘制新的图形对象的过程。

除此之外，还可以采取拷贝、粘贴、从元件库中读取图形对象等方法，加快创建图形对象的速度，使图形界面更加漂亮。

1．工具箱

在工作台的“用户窗口”选项卡中，双击指定的用户窗口图标，或者选中用户窗口图标后，单击“动画组态”按钮，一个空白的用户窗口就打开了，可在上面放置图形对象，以生成需要的图形界面。

在用户窗口中创建图形对象之前，需要从工具箱中选取需要的图形构件，进行图形对象的创建工作。MCGS 提供了两个创建图形对象的工具箱，即放置图元和动画构件的绘图工具箱、常用图符工具箱。从这两个工具箱中选取所需的构件或图符，在用户窗口内进行组合，就可以构成用户窗口的各种图形界面。

单击工具条中的“工具箱”按钮，打开放置图元和动画构件的绘图工具箱，如图 2-6 所示。

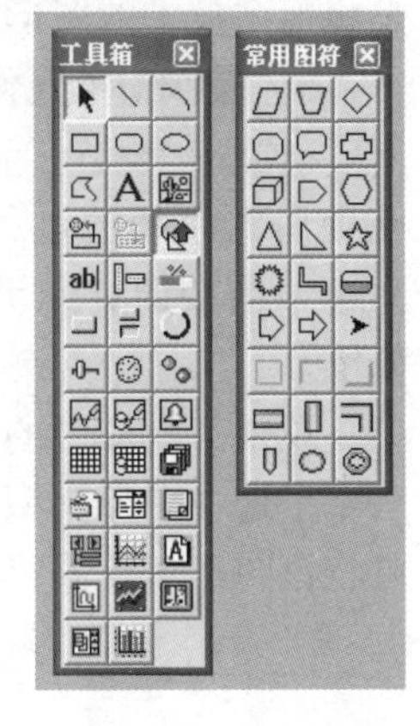

图 2-6　绘图工具箱

在工具箱中选中所需要的图元、图符或者动画构件，利用鼠标在用户窗口中拖曳出一定大小的图形，即创建了一个图形对象。

用系统提供的图元和图符，画出新的图形，在 MCGS 组态环境窗口中执行“排列”→“构成图符”命令构成新的图符，可以将新的图形组合为一个整体使用。如果要修改新建的图符或者取消新图符的组合，执行“排列”→“分解图符”命令，可以把新建的图符分解，得到组成它的图元和图符。

2．绘制图形对象

在用户窗口中绘制一个图形对象，实际上是将工具箱内的图符或构件放置到用户窗口中，组成新的图形，具体操作方法如下。

打开工具箱，单击工具箱内对应的图标，选中所要绘制的图元、图符或动画构件。把鼠标指针移到用户窗口内，此时鼠标指针变为十字形，按住鼠标左键不放，在窗口内拖动鼠标到适当的位置，然后松开鼠标左键，就在该位置建立了所需的图形，绘制图形对象完成，此时鼠标指针恢复为箭头形状。

当绘制折线或者多边形时，在工具箱中单击折线图元按钮，将鼠标指针移到用户窗口编辑区，先将十字光标放置在折线的起始点位置，单击，再移动到第二点位置，单击，如此进行，直到最后一点位置时双击，完成折线的绘制。如果最后一点和起始点的位置相同，则折线闭合成多边形。多边形是一个封闭的图形，其内部可以填充颜色。

3．复制图形对象

复制对象是将用户窗口内已有的图形对象复制到指定的位置，原图形仍保留，这样可以加快图形的绘制速度，具体操作步骤如下。

单击用户窗口内要复制的图形对象，选中（或激活）后，在 MCGS 组态环境窗口中执行“编辑”→“拷贝”命令，或者按快捷键〈Ctrl+C〉，之后执行“编辑”→“粘贴”命令，或者按快捷键〈Ctrl+V〉，则复制出一个新的图形，连续执行“粘贴”命令，可复制出多个图形。

图形复制完毕，用鼠标将其拖动到用户窗口中所需的位置。

另外也可以采用拖曳法复制图形。先激活要复制的图形对象，按下〈Ctrl〉键不放，鼠标指针指向要复制的图形对象，按住鼠标左键移动，到指定的位置松开左键，即可完成图形的复制工作。

4．剪切图形对象

剪切对象是将用户窗口中选中的图形对象剪下，放置到指定位置，具体操作如下。

首先选中需要剪切的图形对象，在 MCGS 组态环境窗口中执行“编辑”→“剪切”命令，接着执行“编辑”→“粘贴”命令，粘贴所选图形，然后用鼠标移动所选图形，将其放到新的位置。

注意：无论是复制还是剪切，都是通过系统内部设置的剪贴板进行的。执行命令“拷贝”或“剪切”时，是将选中的图形对象复制或放置到剪贴板中，执行命令“粘贴”时，才是将剪贴板中的图形对象粘贴到指定的位置。

5．操作对象元件库

MCGS 设置了称为对象元件库的图形库，用来解决组态结果的重新利用问题。通常在使用本系统的过程中，把常用的、制作好的图形对象甚至整个用户窗口存入对象元件库中，需要时，从元件库中取出来直接使用即可。从元件库中读取图形对象的操作方法如下。

单击工具箱中的“插入元件”图标，系统弹出“对象元件库管理”对话框，如图 2-7 所示，选中对象类型后，从相应的元件列表中选择所要的图形对象，单击“确定”按钮，即可将该图形对象放置在用户窗口中。

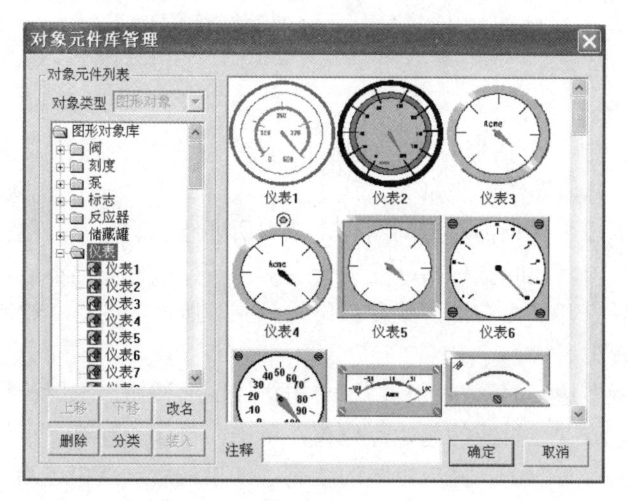

图 2-7 “对象元件库管理”对话框

当需要把制作完好的图形对象插入到对象元件库中时，先选中所要插入的图形对象，此时“插入元件”图标激活，单击该图标，系统弹出“把选定的图形保存到对象元件库？”提示框，单击“确定”按钮，系统弹出“对象元件库管理”对话框，系统默认的对象名为“新图形”，用鼠标拖动到指定位置，松开鼠标，同时还可以对新放置的图形对象进行重命名、位置移动等操作，完成操作后单击“确定”按钮，则把新的图形对象存入到对象元件库中。

2.1.5 定义动画连接

1．图形动画的实现

在用户窗口中，由图形对象搭配和组合而成的图形界面是静止的，需要对这些图形对象进行动画属性设置，使它们“动”起来，从而真实地描述外界对象的状态变化，达到过程实时监控的目的。

MCGS 实现图形动画设计的主要方法是将用户窗口中的图形对象与实时数据库中的数据对象建立相关性连接，并设置相应的动画属性，这样在系统运行过程中，图形对象的外观和状态特征就会由数据对象的实时采集结果进行驱动，从而实现图形的动画效果，使图形界面“动”起来。

用户窗口中的图形界面是由系统提供的图元、图符及动画构件等图形对象搭配和组合而成的，动画构件是作为一个独立的整体供选用的，每一个动画构件都具有特定的动画功能。一般来说，动画构件用来完成图元和图符对象所不能完成或难以完成的比较复杂的动画功能，而图元和图符对象可以作为基本图形元素，便于用户自由组态配置，从而完成动画构件中所没有的动画功能。

2．动画连接的含义

所谓动画连接，实际上是将用户窗口内创建的图形对象与实时数据库中定义的数据对象建立起对应的关系，在不同的数值区间内设置不同的图形状态属性（如颜色、大小、位置移动、可见度和闪烁效果等），将物理对象的特征参数以动画方式来进行描述，这样在系统运行过程中，用数据对象的值来驱动图形对象的状态改变，进而产生形象逼真的动画效果。

一个图元、图符对象可以同时定义多种动画连接，由图元、图符组合而成的图形对象，最终的动画效果是多种动画连接方式的组合效果。根据实际需要，灵活地对图形对象定义动画连接，就可以呈现出各种逼真的动画效果。

3．常见的动画连接

图元、图符对象所包含的动画连接方式有 4 大类共 11 种，即颜色动画连接（填充颜色、边线颜色和字符颜色）、位置动画连接（水平移动、垂直移动和大小变化）、输入/输出连接（显示输出、按钮输入和按钮动作）、特殊动画连接（可见度变化、闪烁效果）。

（1）颜色动画连接

颜色动画连接，就是指将图形对象的颜色属性与数据对象的值建立相关性关系，使图元、图符对象的颜色属性随数据对象值的变化而变化，用这种方式实现颜色不断变化的动画效果。

颜色属性包括填充颜色、边线颜色和字符颜色 3 种，只有“标签”图元对象才有字符颜色动画连接。对于“位图”图元对象，无须定义颜色动画连接。

（2）位置动画连接

位置动画连接包括图形对象的水平移动、垂直移动和大小变化 3 种属性，使图形对象的位置和大小随数据对象值的变化而变化。用户只要控制数据对象值的大小和值的变化速度，就能精确地控制所对应图形对象的大小、位置及其变化速度。

用户可以定义一种或多种动画连接，图形对象的最终动画效果是多种动画属性的合成效果。例如，同时定义水平移动和垂直移动两种动画连接，可以使图形对象沿着一条特定的曲线轨迹运动，假如再定义大小变化的动画连接，就可以使图形对象在进行曲线运动的过程中同时改变其大小。

（3）输入/输出连接

为使图形对象能够用于数据显示，并且使操作人员方便操作系统，以及更好地实现人机交互功能，系统增加了设置输入/输出属性的动画连接方式。

设置输入/输出连接方式要从显示输出、按钮输入和按钮动作 3 个方面去着手，来实现动画连接，以体现友好的人机交互方式。

显示输出连接只用于“标签”图元对象，显示数据对象的数值；按钮输入连接用于输入数据对象的数值；按钮动作连接用于响应来自鼠标或键盘的操作，执行特定的功能。

在设置属性时，在“动画组态属性设置”对话框内，从“输入输出连接”项中选定一种，进入相应的属性窗口进行设置。

（4）特殊动画连接

在 MCGS 中，特殊动画连接包括可见度和闪烁效果两种方式，用于实现图元、图符对象的可见与不可见交替变换和图形闪烁效果，图形的可见度变换也是闪烁动画的一种。MCGS 中的每一个图元、图符对象都可以定义特殊动画连接的方式。

2.2 实时数据库

实时数据库是 MCGS 系统的核心，它相当于一个数据处理中心，同时也起到公用数据交换区的作用。MCGS 用实时数据库来管理所有实时数据，将从外部设备采集来的实时数据送入实时数据库，系统其他部分操作的数据也来自实时数据库。

实时数据库自动完成对实时数据的报警处理和存盘处理，同时它还根据需要把有关信息以事件的方式发送给系统的其他部分，以便触发相关事件，进行实时处理。因此，实时数据库所存储的单元，不单单是变量的数值，还包括变量的特征参数（属性）及对该变量的操作方法（报警属性、报警处理和存盘处理等）。

实时数据库采用面向对象的技术为其他部分提供服务，提供了系统各个功能部件的数据共享。

本节将介绍 MCGS 中数据对象和实时数据库的基本概念，从构成实时数据库的基本单元——数据对象着手，详细说明在组态过程中构造实时数据库的操作方法。

2.2.1 定义数据对象

数据对象是实时数据库的基本单元。在 MCGS 生成应用系统时，应对实际工程问题进行简化和抽象化处理，将代表工程特征的所有物理量作为系统参数加以定义，定义中不只包含了数值类型，还包括参数的属性及其操作方法，这种把数值、属性和方法定义成一体的数据就称为数据对象。构造实时数据库的过程，就是定义数据对象的过程。

在实际组态过程中，一般无法一次全部定义所需的数据对象，而是根据情况需要逐步增加的。

MCGS 中定义的数据对象的作用域是全局的，像通常意义上的全局变量一样，数据对象的各个属性在整个运行过程中都保持有效，系统中的其他部分都能对实时数据库中的数据对象进行操作处理。

定义数据对象时，在组态环境工作台窗口中，选择“实时数据库”选项卡，系统会显示已定义的数据对象，如图 2-8 所示。

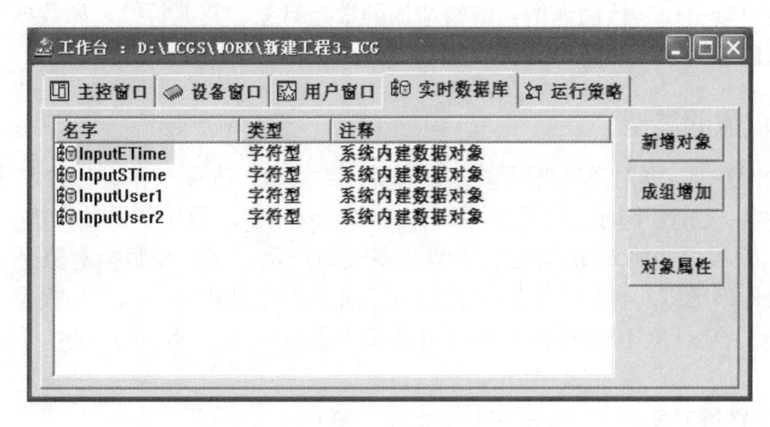

图 2-8　打开的“实时数据库”选项卡

对于新建工程，“实时数据库”选项卡中会显示系统内建的 4 个字符型数据对象，分别是 InputETime、InputSTime、InputUser1 和 InputUser2。

当在对象列表的某一位置增加一个新的对象时，可在该处选定数据对象，单击“新增对象”按钮，则在选中的对象之后增加一个新的数据对象；如果不指定位置，则会在对象表的最后增加一个新的数据对象。新增对象的名称以选中的对象名称为基准，按字符递增的顺序由系统按照默认设置确定。需要注意的是，数据对象的名称中不能有空格，否则会影响对此数据对象的存盘数据的读取。

在“实时数据库”选项卡中，可以像在 Windows 操作系统的文件操作窗口中一样，能够以大图标、小图标、列表、详细资料 4 种方式显示已定义的数据对象，可以选择按名字顺序或按类型顺序来显示数据对象（右击，通过快捷菜单选择相应的显示方式）。

为了快速生成多个相同类型的数据对象，可以单击“成组增加”按钮，在弹出的“成组增加数据对象”对话框中一次定义多个数据对象，如图 2-9 所示。

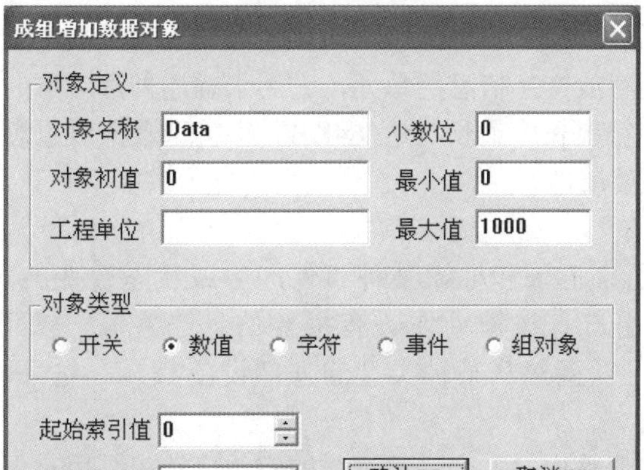

图 2-9　“成组增加数据对象”对话框

成组增加的数据对象，名称由主体名称和索引代码两部分组成。其中，“对象名称”指该组对象名称的主体部分，而“起始索引值”则指第一个成员的索引代码，其他数据对象的主体名称相同，索引代码依次递增。成组增加的数据对象，其他特性，如数据类型、工程单位、最大值和最小值等，都是一致的。

2.2.2 数据对象的类型

在 MCGS 中，数据对象有开关型、数值型、字符型、事件型和组对象 5 种类型。不同类型的数据对象，属性不同，用途也不同。在实际应用中，数字量的输入/输出对应于开关型数据对象；模拟量的输入/输出对应于数值型数据对象；字符型数据对象是记录文字信息的字符串；事件型数据对象用来表示某种特定事件的产生及相应时刻，如报警事件、开关量状态跳变事件；组对象用来表示一组特定数据对象的集合，以便于系统对该组数据统一处理。

1．开关型数据对象

记录开关信号（0 或非 0）的数据对象称为开关型数据对象，它通常与外部设备的数字量输入/输出通道连接，用来表示某一设备当前所处的状态。开关型数据对象也用于表示 MCGS 中某一对象的状态，如对应于一个图形对象的可见度状态。

开关型数据对象没有工程单位、最大值、最小值属性，没有限值报警属性，只有状态报警属性。

2．数值型数据对象

在 MCGS 中，数值型数据对象的数值范围是：负数从-3.402823E38～-1.401298E-45，正数从 1.401298E-45～3.402823E38。数值型数据对象除了存放数值及参与数值运算外，还提供报警信息，并能够与外部设备的模拟量输入/输出通道相连接。

数值型数据对象有最大值和最小值属性，其值不会超过设定的数值范围。当对象的值小于最小值或大于最大值时，对象的值分别取最小值或最大值。

数值型数据对象有限值报警属性，可同时设置下下限、下限、上限、上上限、上偏差、下偏差等 6 种报警限值。当对象的值超过设定的限值时，产生报警；当对象的值在所设的限值之内时，报警结束。

3．字符型数据对象

字符型数据对象是存放文字信息的单元，它用于描述外部对象的状态特征，其值为多个字符组成的字符串，字符串长度最长可达 64KB。字符型数据对象没有工程单位、最大值、最小值属性，也没有报警属性。

4．事件型数据对象

事件型数据对象用来记录和标识某种事件产生或状态改变的时间信息。例如，开关量的状态发生变化、用户有按键动作、有报警信息产生等，都可以看成是一种事件发生。事件发生的信息可以直接从某种类型的外部设备获得，也可以由内部对应的策略构件提供。

事件型数据对象的值是由 19 个字符组成的定长字符串，用来保留当前最近一次事件所产生的时刻：“年，月，日，时，分，秒”。年用 4 位数字表示，月、日、时、分、秒分别用两位数字表示，之间用逗号分隔。如“1997,02,03,23,45,56”，即表示该事件产生于 1997 年 2 月 3 日 23 时 45 分 56 秒。

事件型数据对象没有工程单位、最大值、最小值属性，没有限值报警，只有状态报警。不同于开关型数据对象，事件型数据对象对应的事件产生一次，其报警也产生一次，且报警的产生和结束是同时完成的。

5. 组对象

组对象是 MCGS 引入的一种特殊类型的数据对象，类似于一般编程语言中的数组和结构体，用于把相关的多个数据对象集合在一起，作为一个整体来定义和处理。

例如在实际工程中，描述一个锅炉的工作状态有温度、压力、流量、液面高度等多个物理量。为便于处理，定义“锅炉”为一个组对象，用来表示“锅炉”这个实际的物理对象，其内部成员则由上述物理量对应的数据对象组成，这样，在对“锅炉”对象进行处理（如进行组态存盘、曲线显示、报警显示）时，只需指定组对象的名称“锅炉”，就包括了对其所有成员的处理。

组对象是在组态时对某一类对象的整体表示方法，实际的操作则是针对每一个成员进行的。如在报警显示动画构件中，指定要显示报警的数据对象为组对象“锅炉”，则该构件显示组对象包含的各个数据对象在运行时产生的所有报警信息。

组对象是多个数据对象的集合，应包含两个以上的数据对象，但不能包含其他的组对象。一个数据对象可以是多个不同组对象的成员。

把一个对象的类型定义成组对象后，还必须定义组对象所包含的成员。在“数据对象属性设置”对话框内有“组对象成员”选项卡，用来定义组对象的成员，如图 2-10 所示。“数据对象属性设置”对话框中的左边为所有数据对象的列表，右边为组对象成员列表。单击“增加”按钮，可以把左边指定的数据对象增加到组对象成员列表中；单击“删除”按钮则可以把右边指定的组对象成员删除。

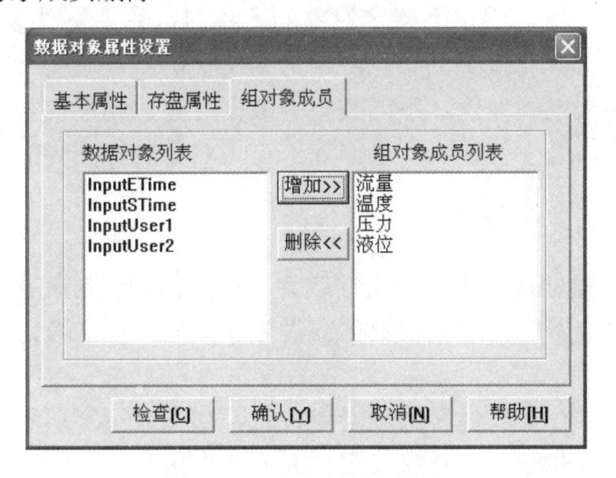

图 2-10　定义组对象成员

组对象没有工程单位、最大值、最小值属性，组对象本身没有报警属性。

2.2.3　数据对象的属性设置

数据对象定义之后，应根据实际需要设置数据对象的属性。在组态环境工作台窗口中，选择“实时数据库”选项卡，从数据对象列表中选中某一数据对象，单击“对象属性”按钮，或者双击数据对象，即可弹出图 2-11 所示的“数据对象属性设置”对话框。对话框设有 3 个选项卡，即基本属性、存盘属性和报警属性。

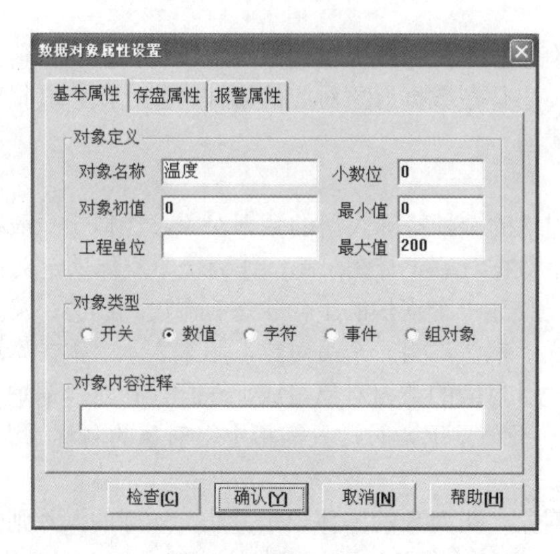

图 2-11 数据对象属性设置——基本属性

1．基本属性设置

单击“对象属性”按钮或双击对象名，会显示“数据对象属性设置”对话框的“基本属性”选项卡，如图 2-11 所示，用户可按所列项目分别进行设置。

数据对象的基本属性包含数据对象的名称、单位、初值、取值范围和类型等基本特征信息。

在“基本属性”选项卡的“对象名称”一栏内输入代表对象名称的字符串，字符个数不得超过 32 个（汉字 16 个），对象名称的第一个字符不能为“！”“$”符号或 0～9 的数字，字符串中间不能有空格。用户不指定对象的名称时，系统默认设定为“DATAX”，其中 X 为顺序索引代码（第一个定义的数据对象为 DATA0）。

数据对象的类型必须正确设置。不同类型的数据对象，属性内容不同，可按所列栏目设定对象的初值、最大值、最小值、工程单位等。在“对象内容注释”一栏中，可输入说明对象情况的注释性文字。

2．存盘属性设置

MCGS 把数据的存盘处理作为一种属性或者一种操作方法封装在数据内部，作为整体处理。运行过程中，实时数据库自动完成数据存盘工作，用户不必考虑这些数据如何存储及存储在什么地方。

用户的存盘要求在“存盘属性”选项卡中设置，如图 2-12 所示。存盘方式有两种，即按数值变化量存盘和定时存盘。组对象以定时的方式来保存相关的一组数据，而非组对象则按变化量来记录对象值的变化情况。

MCGS 把数据对象的存盘属性分为 3 部分，即数据对象值的存盘、存盘时间设置和报警数值的存盘。

对基本类型（包括数值型、开关型、字符型及事件型）的数据对象，可以设置为按数值的变化量方式存盘。变化量是指对象的当前值与前一次存盘值的差值。当对象值的变化量超过设定值时，实时数据库自动记录下该对象的当前值及其对应的时刻。如果变化量设为 0，则表示只要数据对象的值发生了变化就进行存盘操作。

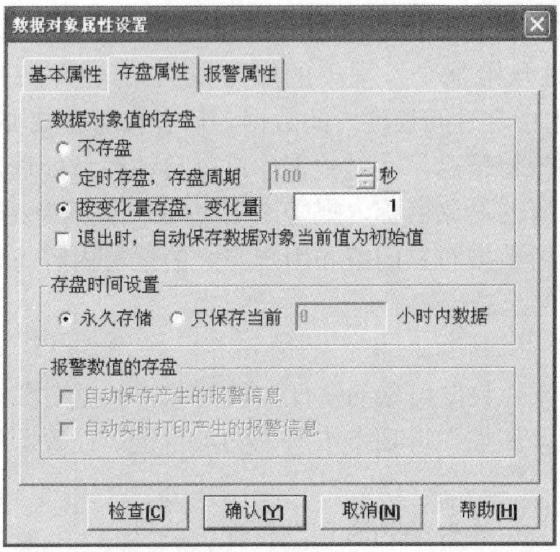

图 2-12　数据对象属性设置——存盘属性

对开关型、字符型、事件型数据对象，系统内部自动定义变化量为 0。如果选择了“退出时，自动保存数据对象当前值为初始值”复选框，则 MCGS 运行环境退出时，会把数据对象的初始值设为退出时的当前值，以便下次运行时恢复该数据对象退出时的值。

对组对象数据，只能设置为定时方式存盘，如图 2-13 所示。实时数据库按设定的时间间隔，定时存储数据对象的所有成员在同一时刻的值。如果设定时间间隔为 0s，则表示实时数据库不进行自动存盘处理，只能用其他方式处理数据的存盘，例如可以通过 MCGS 中“数据对象操作”的策略构件来控制数据对象值带有一定条件下的存盘，也可以在脚本程序内用系统函数“!SaveData”来控制数据对象值的存盘。

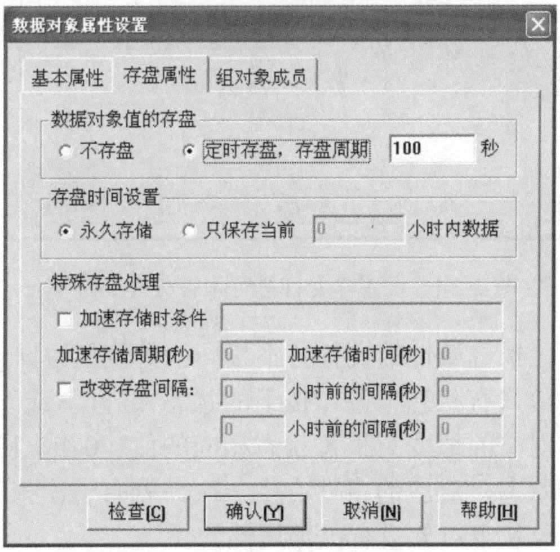

图 2-13　设置定时存盘

对组对象数据的存盘，MCGS 还增加了加速存盘和自动改变存盘时间间隔的功能。加速存盘一般用于报警产生时加快数据记录的频率，以便事后进行分析。改变存盘时间间隔是为了在有限的存盘空间内，尽可能多地保留当前最新的存盘数据，通过改变存盘数据的时间间隔，减少历史数据的存储量。

在数据对象和组对象的存盘属性中，都有“存盘时间设置”一项，选择“永久存储”，则会保存从系统自运行时开始整个过程中的所有数据；选择“只保存当前××小时内数据”，则会保存从当前开始指定时间长度内的数据。后者较前者减少了历史数据的存储量。

对于数据对象发出的报警信息，实时数据库进行自动存盘处理，但也可以选择不存盘。存盘的报警信息有产生报警的对象名称、报警产生时间、报警结束时间、报警应答时间、报警类型、报警限值、报警时数据对象的值和用户定义的报警内容注释等。如果需要实时打印报警信息，则应选取对应的选项。

3．报警属性设置

在 MCGS 中，报警作为数据对象的属性，被封装在数据对象内部，由实时数据库统一处理，用户只需按照“报警属性”选项卡中所列的项目正确设置即可，如数值量的报警界限值等，如图 2-14 所示。

系统运行时，由实时数据库自动判断有没有报警信息产生、什么时候产生、什么时候结束、什么时候应答，并通知系统的其他部分。也可根据用户的需要，实时存储和打印这些报警信息。

用户应首先设置“允许进行报警处理”选项，才能对报警参数进行设置。

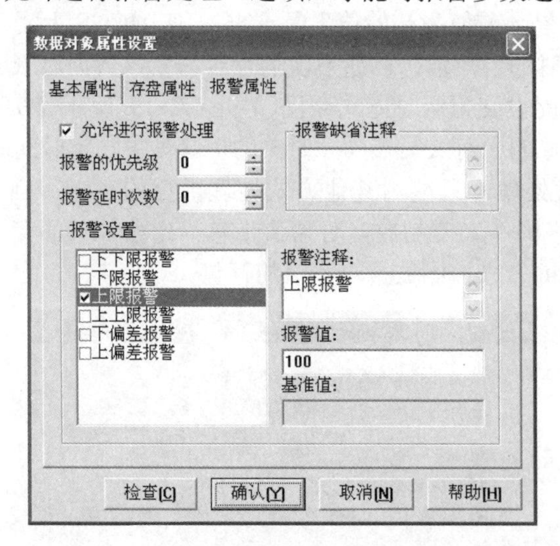

图 2-14　设置“允许进行报警处理”选项

不同类型的数据对象，报警属性的设置各不相同。数值型数据对象最多可同时设置 6 种限值报警；开关型数据对象只有状态报警，按下的状态（“开”或“关”）为报警状态，另一种状态即为正常状态，当对象的值变为报警状态相应的值（0 或 1）时，将触发报警；事件型数据对象不用设置报警状态，对应的事件产生一次，就有一次报警，且报警的产生和结束是同时的；字符型数据对象和组对象没有报警属性。

2.2.4　数据对象的浏览和查询

1．数据对象浏览

在 MCGS 组态环境窗口中执行“查看”→“数据对象”命令，系统弹出图 2-15 所示的“数据对象浏览”对话框。

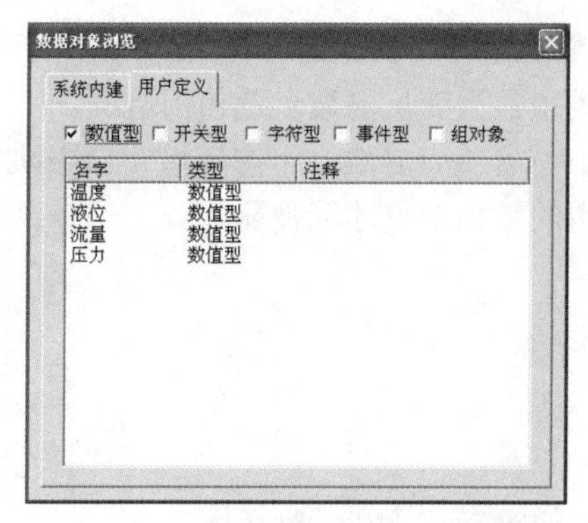

图 2-15 “数据对象浏览”对话框

利用该对话框可以方便地浏览实时数据库中不同类型的数据对象。该对话框分为两个选项卡，即“系统内建”选项卡和“用户定义”选项卡。“系统内建”选项卡用于显示系统内部数据对象及系统函数；“用户定义”选项卡显示用户定义的数据对象。选定图 2-15 所示的对象类型复选框，可以只显示指定类型的数据对象。

2．数据对象查询

在 MCGS 的组态过程中，为了能够准确地输入数据对象的名称，经常需要从已定义的数据对象列表中查询或确认。

在数据对象的许多属性设置界面中，对象名称或表达式输入框的右端都有一个“？”号按钮，当单击该按钮时，会弹出图 2-16 所示的对话框，该对话框中显示所有可供选择的数据对象的列表。双击列表中的指定数据对象后，该对话框消失，对应的数据对象的名称会自动输入到“？”号按钮左边的输入框内。这样的查询方式，可快速建立数据对象名称，避免人工输入可能产生的错误。

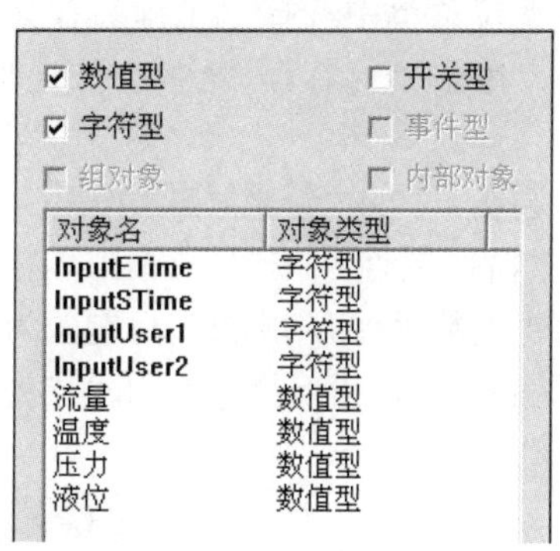

图 2-16 可供选择数据对象列表

2.2.5 使用计数检查

在 MCGS 实时数据库中，采用了“使用计数”的机制来描述数据库中的一个数据对象是否被 MCGS 中的其他部分使用，也就是说，该对象是否与其他对象建立了连接关系。采用这种机制可以避免因对象属性的修改而引起已组态好的其他部分出错。

一个数据对象如果已被使用，则不能随意修改对象的名称和类型，此时可以执行“工具”→“数据对象替换”命令，对数据对象进行重命名操作，同时把所有的连接部分也一次改正过来，以避免出错。

为了方便用户对数据变量的统计，MCGS 组态软件提供了计数检查功能。通过计数检查，用户可清楚地掌握各种类型数据变量的数量及使用情况。

其具体操作方法很简单，只需在 MCGS 组态环境窗口中执行“工具”→“使用计数检查”命令即可。只有未被使用的数据对象才能被删除。

实训 1　整数累加

一、学习目标

1．认识组态软件 MCGS 的组态环境和运行环境。

2．掌握组态软件 MCGS 设计应用程序的步骤和方法。

3．掌握实时数据库中数值型对象的定义和使用方法。

4．掌握策略编程中脚本程序的设计方法。

二维码 1-1
新建工程项目

二、设计任务

一个整数从零开始每隔 1000ms 加 1，累加数显示在界面的文本框中。

三、任务实现

1．建立新工程项目

双击桌面中的“MCGS 组态环境”图标，进入 MCGS 组态环境。

1）单击“文件”菜单，从下拉菜单中选择“新建工程”命令，出现工作台窗口，如图 2-17 所示。

2）单击“文件”菜单，从下拉菜单中选择“工程另存为”命令，弹出“保存为”对话框，将文件名改为“数值对象”，单击“保存”按钮（此时建立的工程文件会保存在指定文件夹中），进入工作台窗口。

3）单击工作台“用户窗口”选项卡中的“新建窗口”按钮，在工作台窗口中新建“窗口 0”。

4）选中“窗口 0”，单击“窗口属性”按钮，弹出“用户窗口属性设置”对话框，如图 2-18 所示。将窗口名称改为“整数累加”，将窗口标题改为“整数累加”，在窗口内容注释文本框内输入“一个整数从 0 开始累加”，窗口位置改为“最大化显示”，单击“确认”按钮。此时“窗口 0”变为“整数累加”。

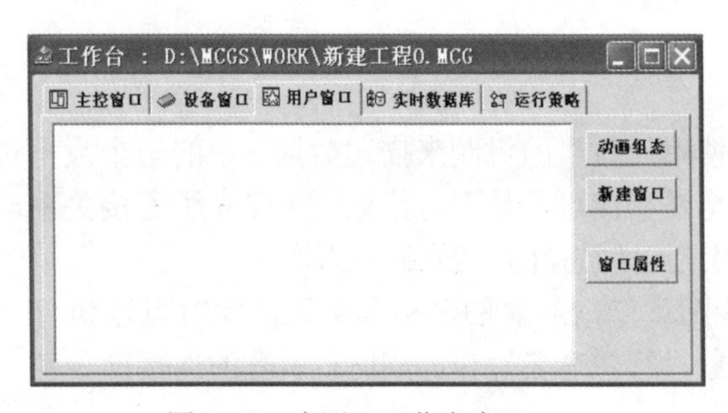

图 2-17　实训 1 工作台窗口

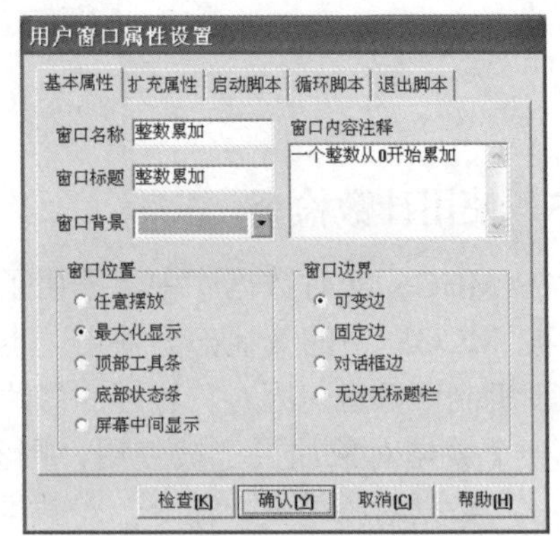

图 2-18　实训 1“用户窗口属性设置”对话框

5）选择工作台“主控窗口”选项卡，在其中单击“系统属性”按钮，弹出“主控窗口属性设置”对话框，在“启动属性”选项卡中，将“用户窗口列表”中的“整数累加”增加到“自动运行窗口”中。

6）右击工作台“用户窗口”选项卡中的“整数累加”图标，在弹出的快捷菜单中选择“设置为启动窗口”命令。

二维码 1-2
制作图形画面

2．制作图形界面

在工作台“用户窗口”选项卡中，双击“整数累加”图标，进入“MCGS 组态环境-动画组态整数累加”设计窗口，此时工具箱会自动加载（如果未加载，选择“查看”→“绘图工具箱”命令），如图 2-19 所示。

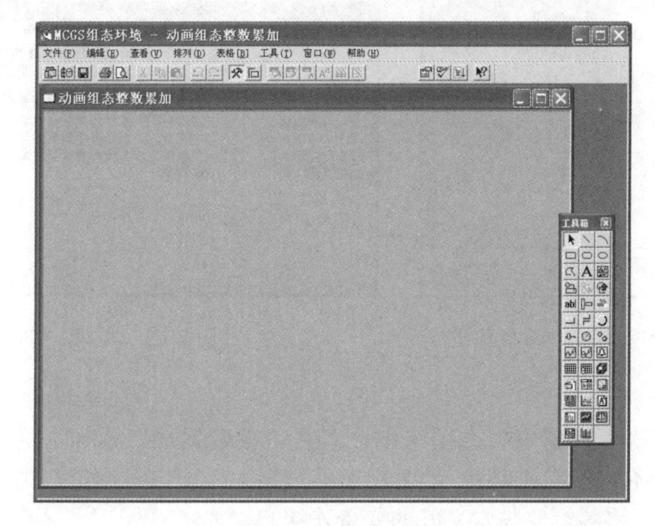

图 2-19　实训 1“MCGS 组态环境动画组态整数累加”设计窗口

1）添加一个“输入框”构件。单击工具箱中的“输入框”构件图标，然后将鼠标指针移动到窗口中（此时鼠标指针变为十字形），单击窗口空白处并拖动鼠标，画出一个适当大小的矩形框，这样就出现“输入框”构件。

2）添加一个“按钮”构件。单击工具箱中的“标准按钮”构件图标，然后将鼠标指针移动到窗口中（此时鼠标指针变为十字形），单击空白处并拖动鼠标，画出一个适当大小的矩形框，这样就出现“按钮”构件。

双击“按钮”构件，弹出“标准按钮构件属性设置”对话框，在其中的“基本属性”选项卡将按钮标题改为“关闭”。

设计完的图形界面如图 2-20 所示。

图 2-20　实训 1 图形界面

二维码 1-3
定义数据对象

3．定义数据对象

在工作台窗口“实时数据库”选项卡，单击“新增对象”按钮，再双击新出现的对象，弹出“数据对象属性设置”对话框。在“基本属性”选项卡中将对象名称改为“num”，对象类型选“数值”，小数位设为“0”，对象初值设为“0”，最小值设为“0”，最大值设为“100”，如图 2-21 所示。

定义完成后，单击“确认”按钮，会发现在实时数据库中增加了一个数值型对象“num”，如图 2-22 所示。

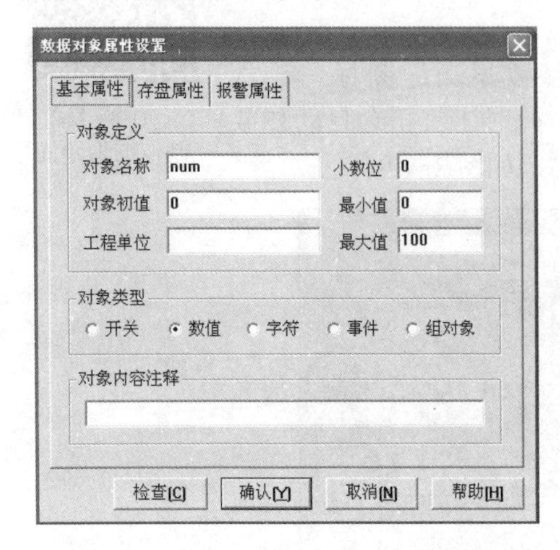

图 2-21　实训 1 对象“num”属性设置

图 2-22　实训 1 实时数据库

4．建立动画连接

二维码 1-4
建立动画连接

在工作台窗口“用户窗口”选项卡中，双击“整数累加”图标，进入图 2-19 所示的“MCGS 组态环境-动画组态整数累加”窗口。通过双击窗口中的各图形对象，将各对象与定义好的变量连接起来。

（1）建立“输入框” 构件动画连接

双击窗口中的“输入框”构件，出现“输入框构件属性设置”对话框。在“操作属性”选项卡中，将对应数据对象的名称设置为“num”（可以直接输入，也可以单击文本框右边的“？”号按钮，选择已定义好的数据对象“num”），将数值输入的取值范围中的最小值设为“0”，将最大值设为“100”，如图 2-23 所示。

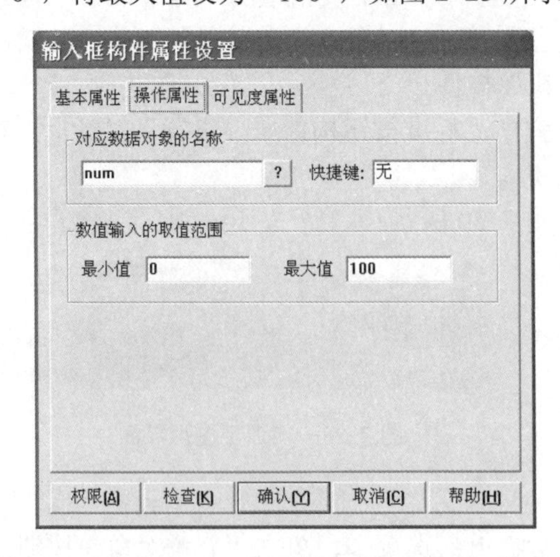

图 2-23　实训 1“输入框构件属性设置”对话框

单击“确认”按钮完成“输入框”构件动画连接。

（2）建立“关闭”按钮构件的动画连接

双击界面中的“关闭”按钮构件，出现“标准按钮构件属性设置”对话框，在“操作属性”选项卡，选择“关闭用户窗口”，在右侧下拉列表框中选择“整数累加”，如图 2-24 所示。

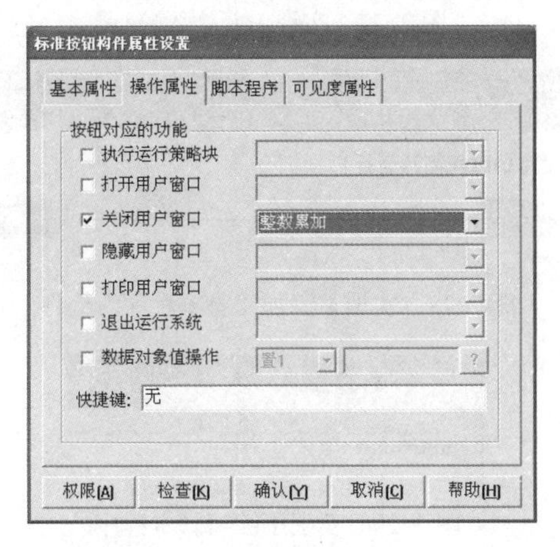

图 2-24　实训 1“标准按钮构件属性设置”对话框

单击“确认”按钮完成“关闭”按钮构件的动画连接。

二维码 1-5
策略编程

5．策略编程

在工作台窗口中切换至“运行策略”选项卡，如图 2-25 所示。

双击“循环策略”项，弹出“策略组态：循环策略”编辑窗口，会自动加载策略工具箱（如果未加载，右击，选择“策略工具箱”），如图 2-26 所示。

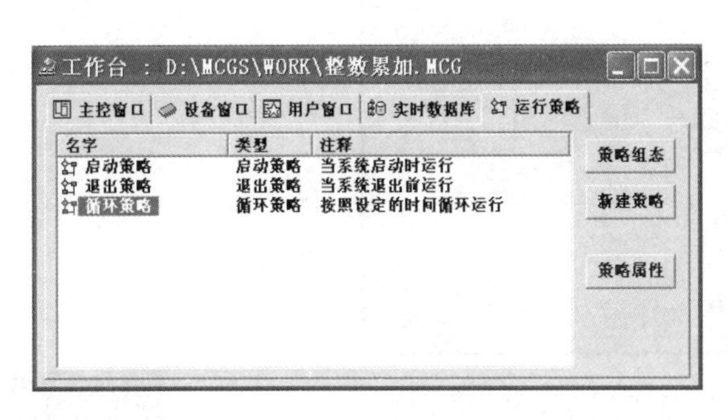

图 2-25　实训 1“运行策略”选项卡

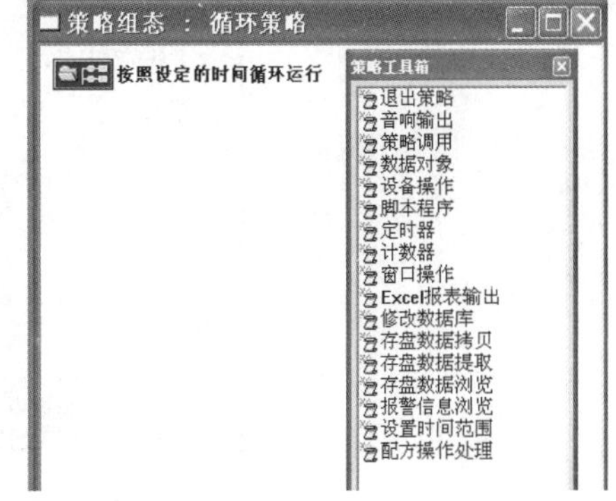

图 2-26　实训 1“策略组态：循环策略”编辑窗口

单击组态环境窗口工具条中的“新增策略行”按钮，在“策略组态：循环策略”编辑窗口中出现新增策略行，如图 2-27 所示。选中“策略工具箱”中的“脚本程序”，将鼠标指针移动到策略块图标上，通过单击添加“脚本程序”构件，如图 2-28 所示。

双击“脚本程序”策略块，进入“脚本程序”编辑窗口，在编辑区输入程序“num=num+1”，如图 2-29 所示。

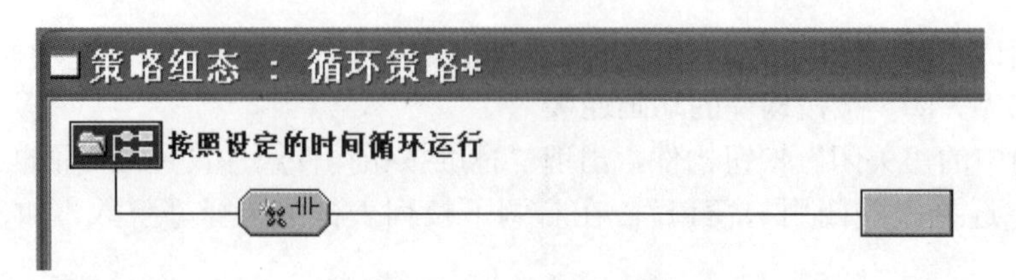

图 2-27　实训 1 新增策略行

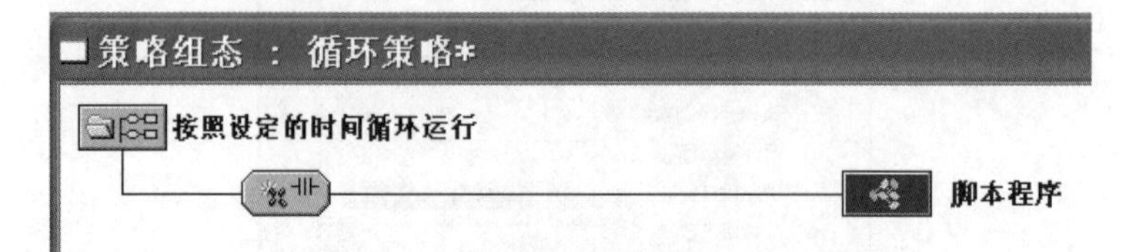

图 2-28　实训 1 添加“脚本程序”构件

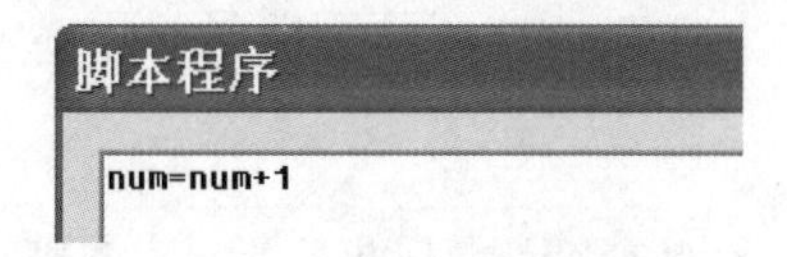

图 2-29　实训 1 编写脚本程序

单击“确定”按钮，完成程序的输入。

关闭“策略组态：循环策略”编辑窗口，保存程序，返回到工作台窗口的“运行策略”选项卡，选择“循环策略”项，单击“策略属性”按钮，系统弹出“策略属性设置”对话框，将策略执行方式的定时循环时间设置为 1000ms，如图 2-30 所示，单击“确认”按钮。

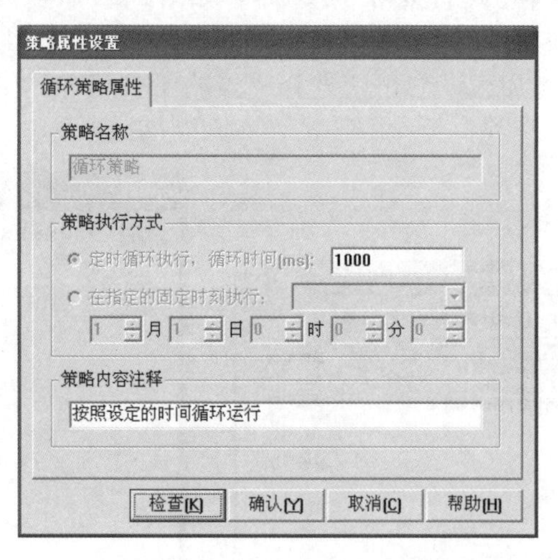

图 2-30　实训 1“策略属性设置”对话框

二维码 1-6
程序运行

6．程序运行

单击“MCGS 组态环境”窗口工具条中的“进入运行环境”按钮或按下〈F5〉键，系统弹出图 2-31 所示的对话框，单击“是”按钮。

运行组态工程，界面中“输入框”构件中的数字开始累加。单击“关闭”按钮，程序停止运行，“整数累加”窗口退出。

程序运行界面如图 2-32 所示。

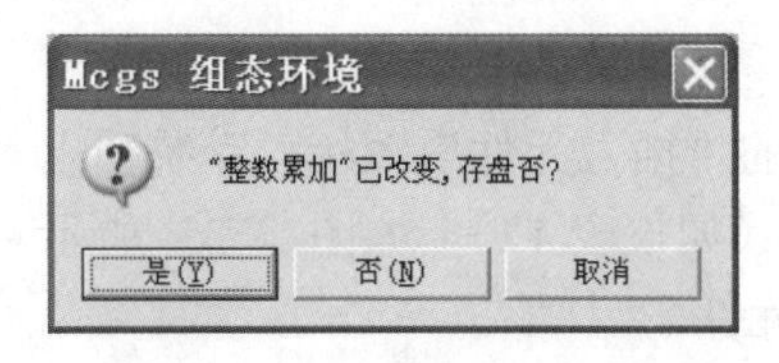

图 2-31　实训 1 存盘对话框

图 2-32　实训 1 程序运行界面

实训 2　超限报警

一、学习目标

1．掌握组态软件工具箱和“对象元件库管理”功能的使用。

2．掌握实时数据库中开关型对象和字符型对象的定义及使用方法。

3．熟悉循环策略编程中脚本程序的设计方法。

二、设计任务

1．一个整数从零开始每隔 1000ms 加 1，界面中的储藏罐的液位随着累加数增加而上升，同时界面中的仪表指针随着累加数增加而转动。

2．当整数累加值达到 8 时，停止累加，储藏罐的液位停止上升，界面中的指示灯变换颜色，同时界面中出现提示信息“数值超限！”。

三、任务实现

1．建立新工程项目

二维码 2-1
新建工程项目

双击桌面“MCGS 组态环境”图标，进入 MCGS 组态环境。

1）单击“文件”菜单，从下拉菜单中选择“新建工程”命令，出现工作台窗口。

2）单击“文件”菜单，从下拉菜单中选择“工程另存为”命令，弹出“保存为”对话框，将文件名改为“超限报警”，单击“保存”按钮（此时建立的工程文件保存在指定文件夹中），进入工作台窗口。

3）单击工作台“用户窗口选项卡中的“新建窗口”按钮，在工作台窗口中新建“窗口 0”。

4）选中“窗口 0”，单击“窗口属性”按钮，弹出“用户窗口属性设置”对话框。将窗口名称改为“超限报警”，将窗口标题改为“超限报警”，在窗口内容注释文本框内输入“储藏罐液位报警”，窗口位置改为“最大化显示”，单击“确认”按钮。此时“窗口 0”变为“超限报警”。

5）选择工作台窗口中的“主控窗口”选项卡，单击“系统属性”按钮，弹出“主控窗口属性设置”对话框，在“启动属性”选项卡中，将“用户窗口列表”中的“超限报警”增加到“自动运行窗口”中。

6）右击工作台“用户窗口”选项卡中的“超限报警”图标，在弹出的快捷菜单中选择“设置为启动窗口”命令。

2．制作图形界面

二维码 2-2
制作图形画面

在工作台“用户窗口”选项卡中双击“超限报警”图标，进入“动画组态超限报警”窗口，此时工具箱自动加载（如果未加载，执行“查看”→

“绘图工具箱”命令）。

1）添加 1 个“仪表”元件。单击工具箱中的“插入元件”图标，系统弹出“对象元件库管理”对话框，选择仪表库中的一个仪表对象（如仪表 12），如图 2-33 所示，单击“确定”按钮，所设计的图形界面中出现选择的仪表元件。

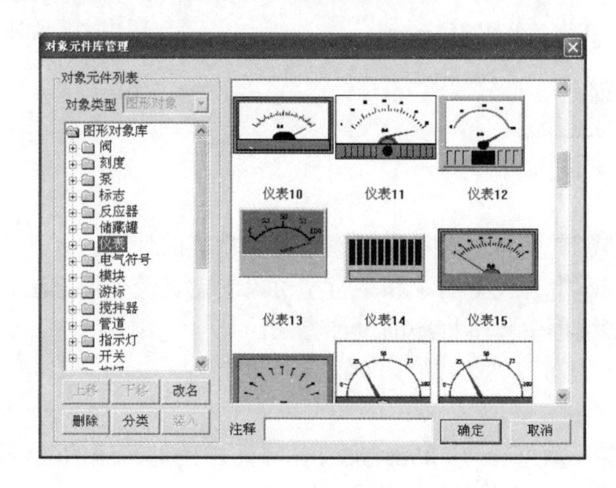

图 2-33　实训 2 选择仪表对象

2）添加 1 个“储藏罐”元件。单击工具箱中的“插入元件”图标，系统弹出“对象元件库管理”对话框，选择储藏罐库中的一个储藏罐对象（如罐 50），单击“确定”按钮，所设计的图形界面中出现所选择的储藏罐元件。

3）添加一个“输入框”构件。单击工具箱中的“输入框”构件图标，然后将鼠标指针移动到所设计的图形界面上，单击空白处并拖动鼠标，画出一个适当大小的矩形框，这样就出现“输入框”构件。

4）添加 1 个“指示灯”元件。单击工具箱中的“插入元件”图标，系统弹出“对象元件库管理”对话框，选择指示灯库中的一个指示灯对象（如指示灯 2），单击“确定”按钮，所设计的图形界面中出现所选择的指示灯元件。

5）添加一个“按钮”构件。单击工具箱中的“标准按钮”构件图标，然后将鼠标指针移动到界面上，单击空白处并拖动鼠标，画出一个适当大小的矩形框，这样就出现“按钮”构件。双击“按钮”构件，系统弹出“标准按钮构件属性设置”对话框，在“基本属性”选项卡将按钮标题改为“关 闭”。

设计完的图形界面如图 2-34 所示。

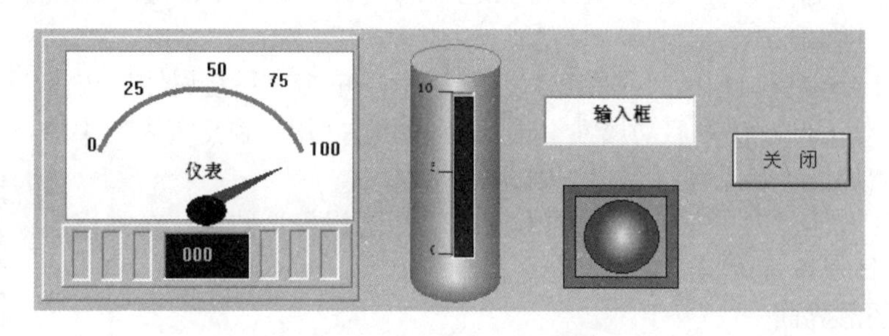

图 2-34　实训 2 图形界面

3．定义数据对象

二维码 2-3
定义数码对象

在工作台窗口“实时数据库”选项卡，单击“新增对象”按钮，再双击新出现的对象，系统弹出“数据对象属性设置”对话框。

（1）定义 1 个数值型对象

在“基本属性”选项卡中，将对象名称改为“num”，对象类型选“数值”，小数位设为“0”，对象初值设为“0”，最小值设为“0”，最大值设为“100”，如图 2-35 所示。

定义完成后，单击“确认”按钮，会发现在工作台窗口“实时数据库”选项卡中增加了 1 个数值型对象“num”。

（2）定义 1 个字符型对象

在“基本属性”选项卡中，将对象名称改为“str”，对象类型选“字符”，对象初值设为“正常!”，如图 2-36 所示。

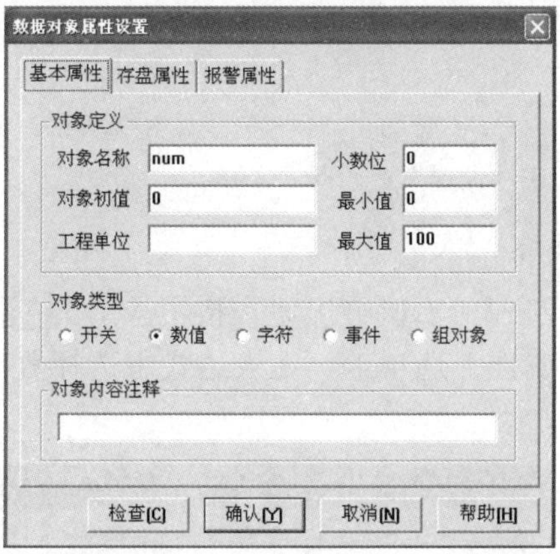

图 2-35　实训 2 对象“num”属性设置

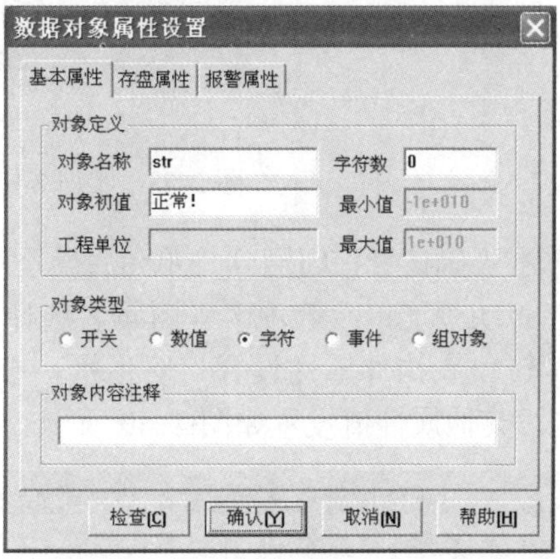

图 2-36　实训 2 对象“str”属性设置

定义完成后，单击“确认”按钮，会发现在工作台窗口“实时数据库”选项卡中增加了 1 个字符型对象“str”。

（3）定义 1 个开关型对象

在“基本属性”选项卡中，将对象名称改为“灯”，对象类型选“开关”。

定义完成后，单击“确认”按钮，在工作台窗口“实时数据库”选项卡中增加了 1 个开关型对象“灯”。

建立的实时数据库如图 2-37 所示。

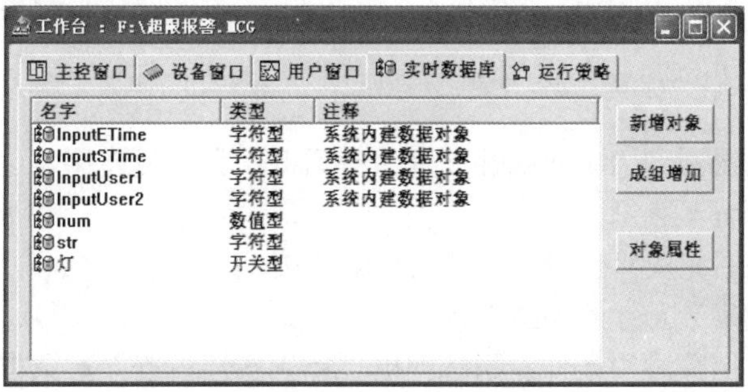

图 2-37　实训 2 实时数据库

4．建立动画连接

在工作台窗口“用户窗口”选项卡中，双击“超限报警”图标，进入“动画组态超限报警”窗口。

二维码 2-4
建立动画连接

（1）建立“仪表”元件的动画连接

双击窗口中“仪表”元件，系统弹出“单元属性设置”对话框。在“动画连接”选项卡中，图元名选择“标签”，其右侧出现>按钮，如图 2-38 所示。单击>按钮进入“动画组态属性设置”对话框，在“显示输出”选项卡中，在表达式中选择数据对象“num”，输出值类型选“数值量输出”，整数位数设为“2”，其他属性设置如图 2-39 所示。

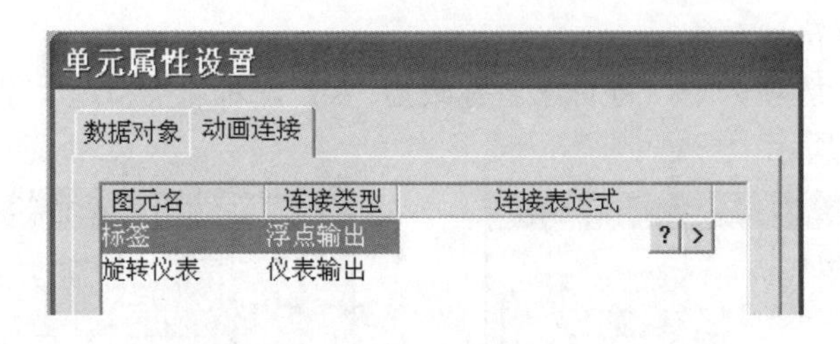

图 2-38　实训 2 仪表“单元属性设置”对话框

单击“确认”按钮回到“单元属性设置”对话框。

在“动画连接”选项卡，图元名选择“旋转仪表”，右侧会出现>按钮。单击>按钮进入“旋转仪表构件属性设置”对话框，在“操作属性”选项卡，在表达式中选择数据对象“num”，其他属性值设置如图 2-40 所示。

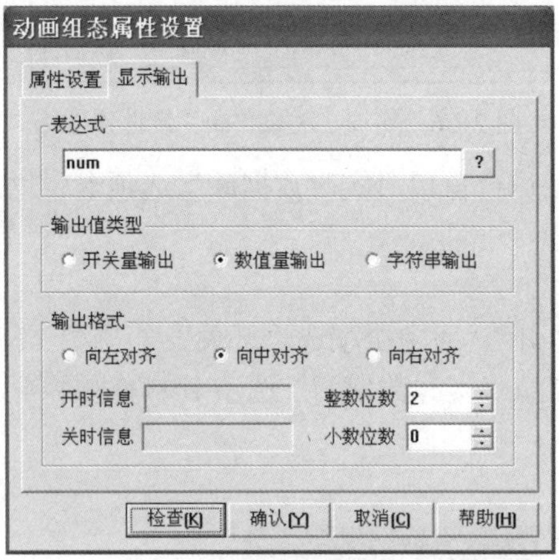

图 2-39　实训 2 仪表“标签”属性设置

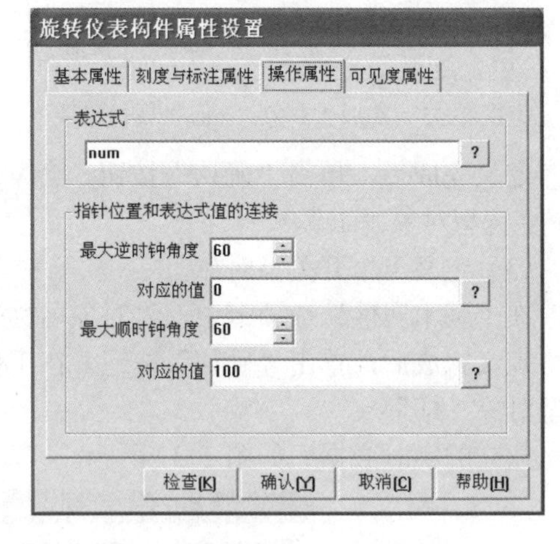

图 2-40　实训 2 旋转仪表构件属性设置

单击“确认”按钮回到“单元属性设置”对话框，会发现连接表达式中出现连接的对象“num”，如图 2-41 所示。

单击“确认”按钮完成“仪表”元件的动画连接。

（2）建立“储藏罐”元件的动画连接

双击窗口中的“储藏罐”元件，系统弹出“单元属性设置”对话框。在“动画连接”选项卡中，选择图元名“矩形”，连接类型为“大小变化”，其右侧会出现>按钮，如图 2-42

所示。单击>按钮进入“动画组态属性设置”对话框，在“大小变化”选项卡中，表达式选择数据对象“num”，最小及最大表达式的值分别设为“0”和“10”，如图 2-43 所示。

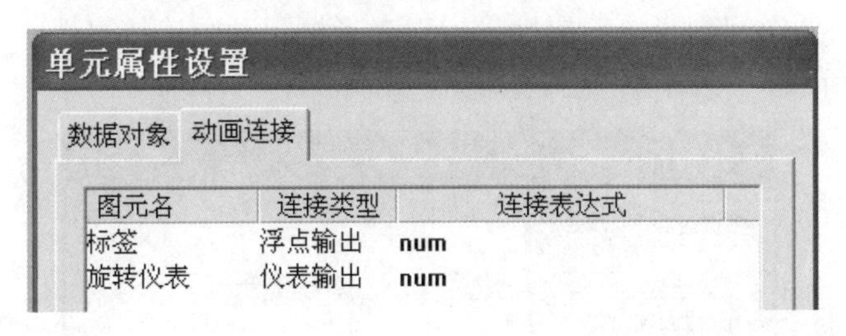

图 2-41　实训 2 出现仪表动画连接的对象“num”

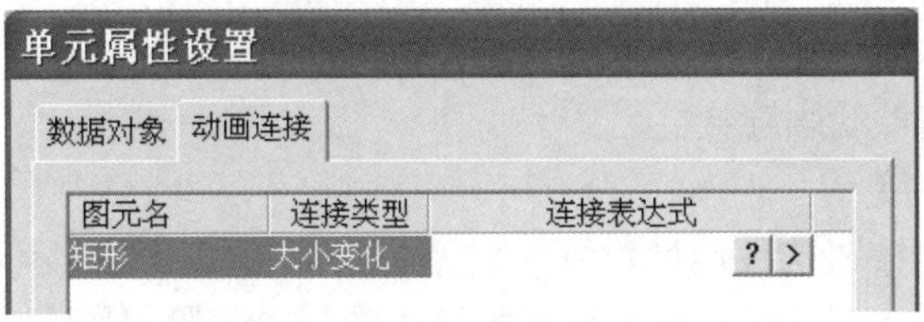

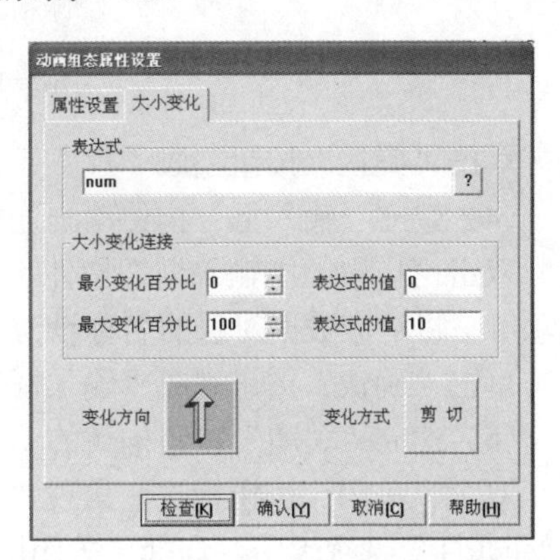

图 2-42　实训 2 储藏罐动画连接设置

图 2-43　实训 2 储藏罐动画组态属性设置

单击“确认”按钮回到“单元属性设置”对话框，会发现动画连接表达式中出现连接的对象“num”。

再次单击“确认”按钮完成“储藏罐”元件的动画连接。

（3）建立“灯”元件的动画连接

双击窗口中的“灯”元件，系统弹出“单元属性设置”对话框。在“动画连接”选项卡中，在列表框的第一行中选择图元名“三维圆球”，连接类型为“可见度”，右侧出现>按钮，如图 2-44 所示。单击>按钮进入“动画组态属性设置”对话框，在“可见度”选项卡中，表达式选择数据对象“灯”，当表达式非零时选择“对应图符可见”，如图 2-45 所示，单击“确认”按钮回到“单元属性设置”对话框。

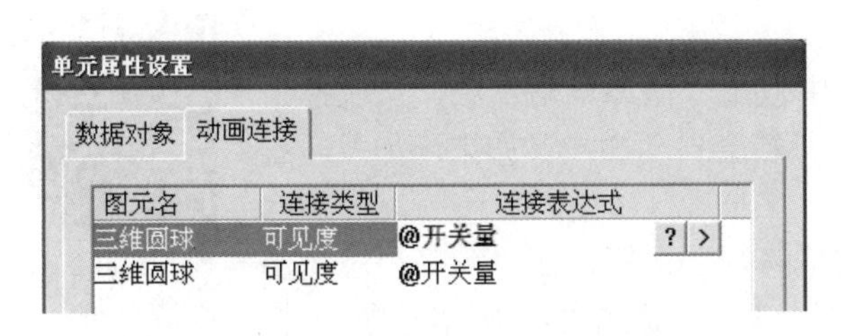

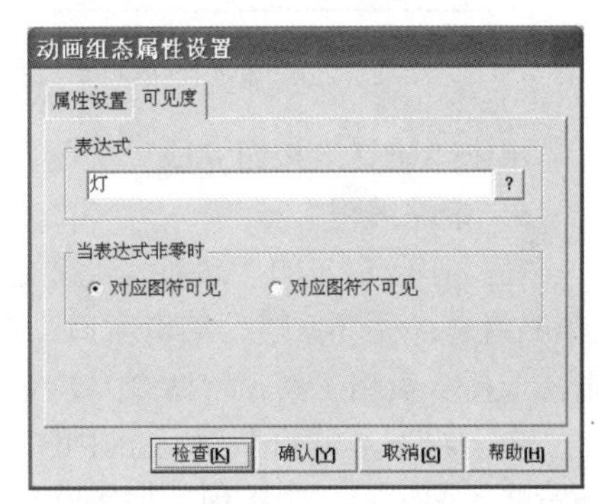

图 2-44　实训 2 指示灯单元属性设置

图 2-45　实训 2 指示灯动画组态属性设置

在列表框的第二行中选择图元名“三维圆球”，按上述步骤设置属性，表达式选择数据对象“灯”，当表达式非零时选择“对应图符不可见”。

单击“确认”按钮回到“单元属性设置”对话框，动画连接表达式中出现连接的对象“灯”，如图 2-46 所示。

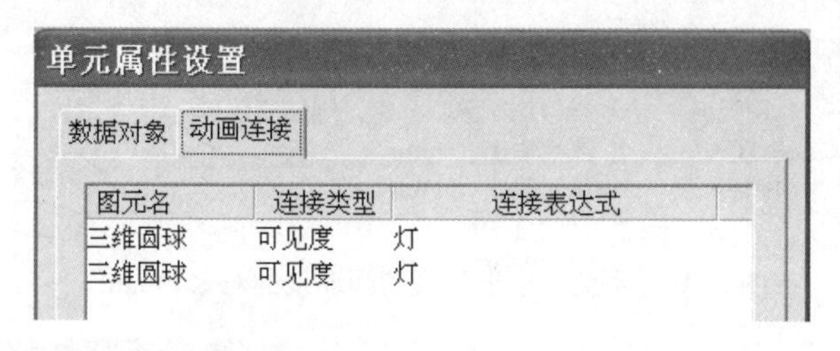

图 2-46　实训 2 指示灯动画连接

单击“确认”按钮完成“灯”元件的动画连接。

（4）建立“输入框”构件动画连接

双击窗口中的“输入框”构件，出现“输入框构件属性设置”对话框。在“操作属性”选项卡中将对应数据对象的名称设为“str”，如图 2-47 所示。

单击“确认”按钮完成“输入框”构件动画连接。

（5）建立“关闭”按钮构件的动画连接

双击“关闭”按钮构件，出现“标准按钮构件属性设置”对话框，如图 2-48 所示。在“操作属性”选项卡中，选择“关闭用户窗口”，在右侧下拉列表框中选择“超限报警”。

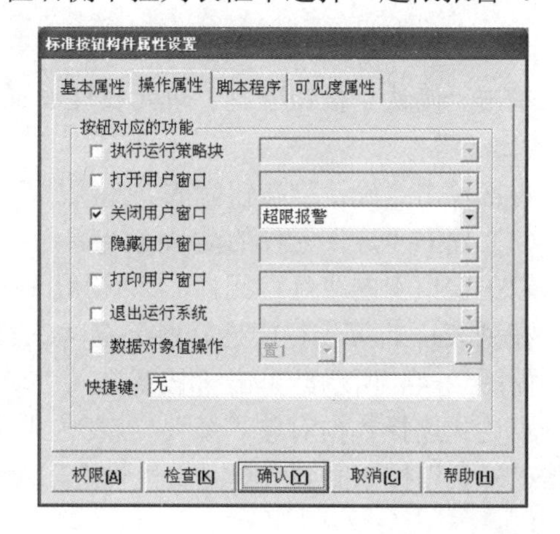

图 2-47　实训 2“输入框构件属性设置”对话框

图 2-48　实训 2“标准按钮构件属性设置”对话框

单击“确认”按钮完成“关闭”按钮动画连接。

5. 策略编程

在工作台窗口的“运行策略”选项卡中双击“循环策略”项，系统弹出“策略组态：循环策略”编辑窗口，策略工具箱会自动加载（如果未加载，右击，选择“策略工具箱”命令）。

二维码 2-5
策略编程

单击组态环境窗口工具条中的“新增策略行”按钮，在“策略组态：循环策略”编辑窗口中出现新增策略行。选中策略工具箱中的“脚本程序”，将鼠标指针移动到策略块图标上，通过单击添加“脚本程序”构件。

双击“脚本程序”策略块，进入“脚本程序”编辑窗口，在编辑区输入程序，如图 2-49 所示。

单击“确定”按钮，完成程序的输入。

关闭“策略组态：循环策略”编辑窗口，保存程序，返回到工作台窗口的“运行策略”选项卡中，选择“循环策略”项，单击“策略属性”按钮，系统弹出“策略属性设置”对话框，如图 2-50 所示，将策略执行方式的定时循环时间设置为 1000ms，单击“确认”按钮完成设置。

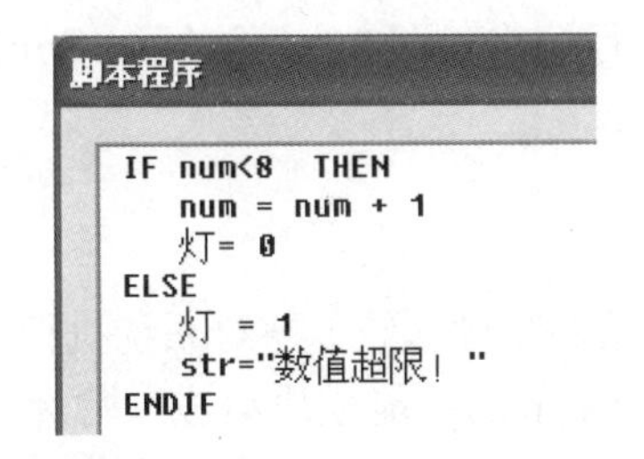

图 2-49　实训 2 编写脚本程序

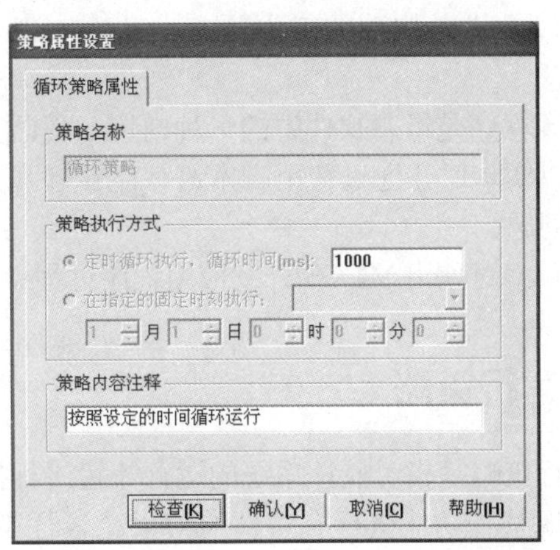

图 2-50　实训 2“策略属性设置”对话框

6．程序运行

单击组态环境窗口工具条中的“进入运行环境”按钮或按下键盘上的〈F5〉键，系统开始运行工程。

二维码 2-6
程序运行

可以看到，一个整数从零开始每隔 1000ms 加 1，储藏罐液位逐渐上升，界面中仪表指针随着累加数增加而转动；当整数累加至 8 时，停止累加，指示灯颜色改变，界面中出现提示信息“数值超限！”。

程序运行界面如图 2-51 所示。

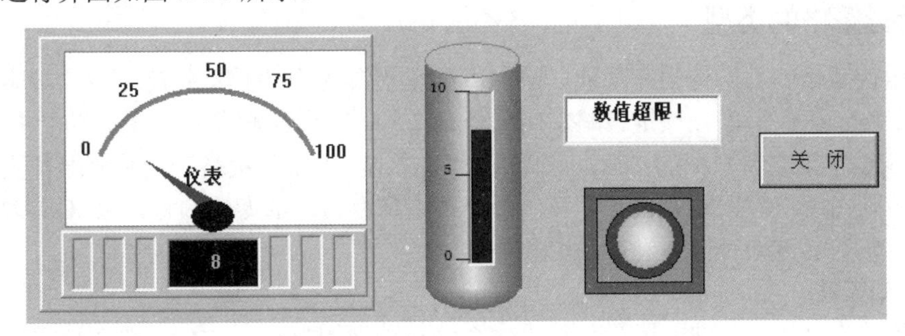

图 2-51　实训 2 程序运行界面

第3章　运行策略与脚本程序

运行策略的建立使系统能够按照设定的顺序和条件操作实时数据库，控制用户窗口的打开、关闭及设备构件的工作状态，从而实现对系统工作过程的精确控制及有序调度管理的目的。

脚本程序是组态软件中的一种内置编程语言引擎。当某些控制和计算任务通过常规组态方法难以实现时，通过使用脚本语言能够增强整个系统的灵活性，解决其常规组态方法难以解决的问题。

本章将对使用 MCGS 开发应用程序过程中涉及的运行策略和脚本程序进行详细介绍。

3.1　运行策略

运行策略是指对监控系统的运行流程进行控制的方法和条件，它能够对系统执行某项操作和实现某种功能进行有条件的约束。运行策略由多个复杂的功能模块组成，称为“策略块”，用来完成对系统运行流程的自由控制，使系统能按照设定的顺序和条件操作实时数据库，控制用户窗口的打开、关闭及控制设备构件的工作状态等，从而实现对系统工作过程的精确控制及有序的调度管理。

运行策略本身是系统提供的一个框架，其内部放置了由策略条件构件和策略构件组成的“策略行”。通过对运行策略的定义，系统能够按照设定的顺序和条件操作实时数据库，控制用户窗口的打开、关闭，并确定设备构件的工作状态等，从而实现对外部设备工作过程的精确控制。

MCGS 为用户提供了进行策略组态的专用窗口和工具箱。

3.1.1　运行策略的类型

根据运行策略的不同作用和功能，MCGS 把运行策略分为启动策略、退出策略、循环策略、报警策略、事件策略、热键策略、用户策略 7 种。每种策略都由一系列功能模块组成。

MCGS 运行策略窗口中的“启动策略”“退出策略”“循环策略”为系统固有的 3 个策略块，其余的则由用户根据需要自行定义，每个策略都有自己的专用名称。MCGS 系统的各个部分通过策略的名称来对策略进行调用和处理。

1．启动策略

启动策略在 MCGS 进入运行时首先由系统自动调用执行一次。一般在该策略中完成系统初始化功能，如给特定的数据对象赋不同的初始值、调用硬件设备的初始化程序等，具体需要何种处理，由用户组态设置。

2．退出策略

退出策略在 MCGS 退出运行前由系统自动调用执行一次。一般在该策略中完成系统善后处理功能，例如，可在退出时把系统当前的运行状态记录下来，以便下次启动时恢复本次的工作状态。

3．循环策略

在运行过程中，循环策略由系统按照设定的循环周期自动循环调用，循环体内所需执行的操作由用户设置。由于该策略块由系统循环扫描执行，故可把大多数关于流程控制的任务放在此策略块内处理，系统按先后顺序扫描所有的策略行，如果策略行的条件成立，则处理策略行中的功能块。在每个循环周期内，系统都进行一次上述处理工作。

4．报警策略

报警策略由用户在组态时创建，当指定数据对象的某种报警状态产生时，报警策略被系统自动调用一次。

5．事件策略

事件策略由用户在组态时创建，当对应表达式的某种事件状态产生时，事件策略被系统自动调用一次。

6．热键策略

热键策略由用户在组态时创建，当用户按下对应的快捷键时执行一次。

7．用户策略

用户策略是用户自定义的功能模块，根据需要可以定义多个，分别用来完成各自不同的任务。系统不能自动调用用户策略，需要在组态时指定调用用户策略的对象。

3.1.2 创建运行策略

在工作台窗口的“运行策略”选项卡中，单击“新建策略”按钮，选择策略类型为“用户策略”，即可新建一个用户策略块（窗口中增加一个策略块图标），如图 3-1 所示。

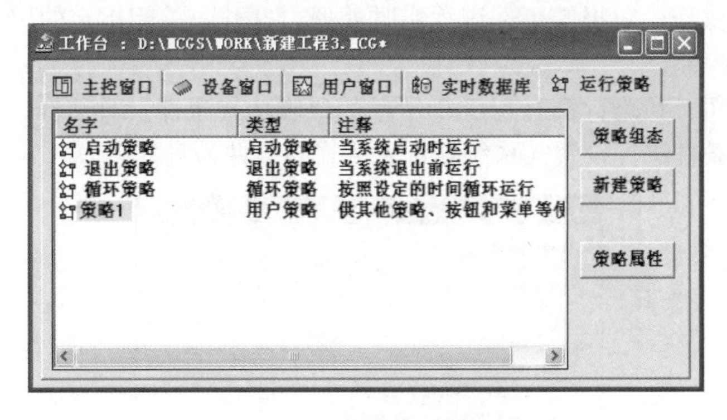

图 3-1　新建用户策略块

策略块的默认名称为“策略×”（×为区别各个策略块的数字代码）。在未做任何组态配置之前，“运行策略”选项卡包括 3 个系统固有的策略块，新建的策略块只是一个空的结构框架，具体内容须由用户设置。

3.1.3 设置策略属性

在工作台窗口“运行策略”选项卡中，选中新建的“策略 1”，单击“策略属性”按钮即可弹出图 3-2 所示的“策略属性设置”对话框。

1）策略名称：用于设置策略名称。

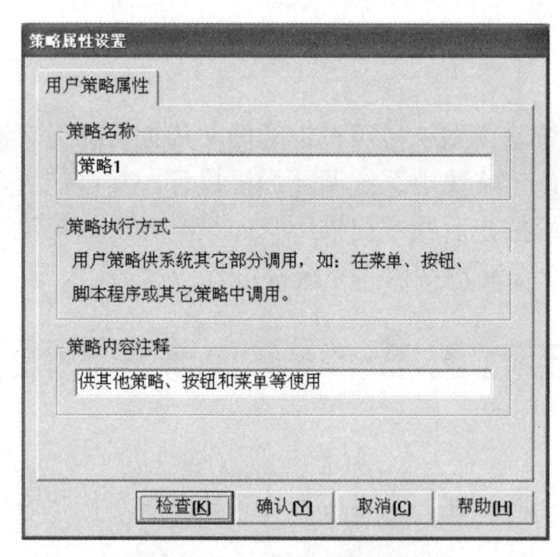

图 3-2　用户策略属性设置

2）策略内容注释：为策略添加文字说明。

系统固有的 3 个策略块，名称是专用的，不能修改，也不能被系统其他部分调用，只能在运行策略中使用。对于循环策略块，还需要设置循环时间或设置策略的运行时刻。

3.1.4　策略行条件部分

策略行条件部分在运行策略中用来控制运行流程。在每一策略行内，只有当策略条件部分设定的条件成立时，系统才能对策略行中的策略构件进行操作。

通过对策略行条件部分的组态，用户可以控制在什么时候、什么条件下和什么状态下，对实时数据库进行操作，对报警事件进行实时处理，打开或关闭指定的用户窗口，完成对系统运行流程的精确控制。

在策略块中，每一策略行都有图 3-3 所示的“表达式条件”对话框，用户在使用策略行时可以对策略行的条件进行设置（系统默认表达式的条件为真）。

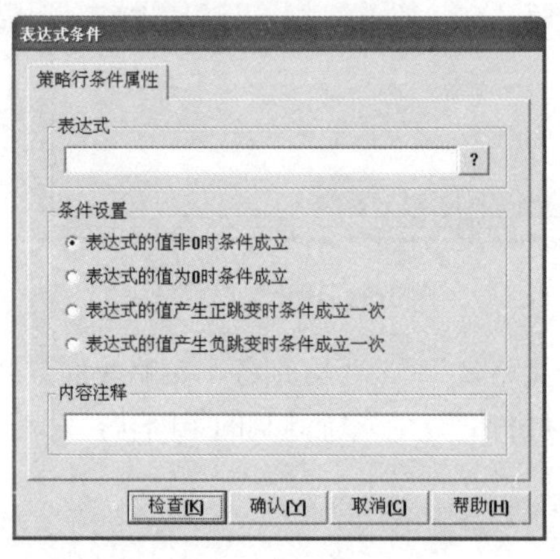

图 3-3　“表达式条件”对话框

表达式：输入策略行条件表达式。

条件设置：用于设置策略行条件表达式的值成立的方式。

1）表达式的值非 0 时条件成立：当表达式的值为非 0 时，条件成立，执行该策略。

2）表达式的值为 0 时条件成立：当表达式的值为 0 时，执行该策略。

3）表达式的值产生正跳变时条件成立一次：当表达式的值产生正跳变（值从 0～1）时，执行一次该策略。

4）表达式的值产生负跳变时条件成立一次：当表达式的值产生负跳变（值从 1～0）时，执行一次该策略。

内容注释：对策略行条件加以注释。

3.1.5 策略构件

MCGS 中的策略构件以功能块的形式来完成对实时数据库的操作、用户窗口的控制等功能，它充分利用面向对象的技术，把大量的复杂操作和处理封装在构件的内部。提供给用户的只是构件的属性和操作方法，用户只需在策略构件的属性对话框中正确设置属性值和选定构件的操作方法，就可满足大多数工程项目的需要。对于复杂的工程，只需定制所需的策略构件，然后将它们加入到系统中即可。

在传统的运行策略组态概念中，系统给用户提供了大量烦琐的模块，让用户利用这些模块来组态自己的运行策略，即使是非常简单的系统也要耗费大量的时间，这种组态只是比编程语言更图形化和直观化而已，对普通用户来说，难度和工作量仍然很大。

在 MCGS 运行策略组态环境中，一个策略构件就是一个完整的功能实体，用户要完成的不是“搭制”，而是真正地组态。在构件属性对话框内，正确地设置各项内容（像填表一样），就可完成所需的工作。同时，由于 MCGS 为用户提供了创建运行策略的良好构架，因此用户可以比较容易地将自己编制的功能模块以构件的形式装入系统设立的策略工具箱内，以便在组态运行策略块时调用。随着 MCGS 的广泛应用和不断发展，越来越多的功能强大的构件会不断地加入到系统中来。

目前，MCGS 策略工具箱为用户提供了如下几种最基本的策略构件。

1）策略调用构件：调用指定的用户策略。

2）数据对象构件：用于数据值读、写、存盘和报警处理。

3）设备操作构件：执行指定的设备命令。

4）退出策略构件：用于中断并退出所在的运行策略块。

5）脚本程序构件：执行用户编制的脚本程序。

6）音响输出构件：播放指定的声音文件。

7）定时器构件：用于定时。

8）计数器构件：用于计数。

9）窗口操作构件：打开、关闭、隐藏和打印用户窗口。

10）EXCEL 报表输出：将历史存盘数据以 Excel 文件形式输出，可对 Excel 文件进行显示、处理、打印和修改等操作。

11）报警信息浏览：对报警存盘数据进行显示。

12）存盘数据复制：将历史存盘数据转移或复制到指定的数据库或文本文件中。

13）存盘数据浏览：对历史存盘数据进行数据显示、打印。

14）存盘数据提取：对历史存盘数据进行统计处理。

15）配方操作处理：对配料参数等进行配方操作。

16）设置时间范围：设置操作的时间范围。

17）修改数据库：对实时数据存盘对象、历史数据库进行修改、添加和删除。

3.2 脚本程序

MCGS 脚本程序为有效地编制各种特定的流程控制程序和操作处理程序提供了方便的途径。它被封装在一个功能构件里（称为脚本程序功能构件），在后台由独立的线程来运行和处理，这样能够避免由于单个脚本程序的错误而导致整个系统的瘫痪。

在 MCGS 中，脚本程序是一种在语法上类似 Basic 的编程语言。它既可以应用在运行策略中，把整个脚本程序作为一个策略功能块执行，也可以在菜单组态中作为菜单的一个辅助功能运行，更常见的用法是将它应用在动画界面的事件中。MCGS 引入的事件驱动机制，与 Visual Basic 或 VC 中的事件驱动机制类似，比如对用户窗口有装载、卸载事件，对窗口中的控件有单击事件、键盘按键事件等。这些事件发生时，就会触发一个脚本程序，执行脚本程序中的操作。

3.2.1 脚本程序语言要素

1．数据类型

MCGS 脚本程序语言使用的数据类型有 3 种。

1）开关型。表示开或者关的数据类型，通常 0 表示关，非 0 表示开。也可以作为整数使用。

2）数值型。其值在 3.4E±38 范围内。

3）字符型。是最多 512 个字符组成的字符串。

2．变量、常量、系统变量及系统函数

（1）变量

脚本程序中，用户不能定义子程序和子函数，其中数据对象可以看成是脚本程序中的全局变量，在所有的程序段共用。可以用数据对象的名称来读写数据对象的值，也可以对数据对象的属性进行操作。

开关型、数值型、字符型 3 种数据对象分别对应于脚本程序中的 3 种数据类型。在脚本程序中不能对组对象和事件型数据对象进行读写操作，但可以对组对象进行存盘处理。

（2）常量

开关型常量：0 或非 0 的整数，通常 0 表示关，非 0 表示开。

数值型常量：带小数点或不带小数点的数值，如 12.45, 100。

字符型常量：双引号内的字符串，如“OK”“正常”。

（3）系统变量

MCGS 系统定义的内部数据对象作为系统内部变量，在脚本程序中可自由使用。在使用系统变量时，变量的前面必须加“＄”符号，如“＄Date”。

（4）系统函数

系统函数是 MCGS 系统定义的内部函数，在脚本程序中可自由使用，在使用系统函数时，函数的前面必须加“!”符号，如!abs( )。

3．事件

在 MCGS 的动画界面组态中，可以组态处理动画事件。动画事件是在某个对象上发生的可能带有参数也可能没有参数的动作驱动源。例如，用户窗口上可以发生事件 Load 和

Unload，分别在用户窗口打开和关闭时触发。可以对这两个事件组态一段脚本程序，当事件触发时（用户窗口打开或关闭时）被调用。

用户窗口的 Load 和 Unload 事件是没有参数的，但是 MouseMove 事件有，在组态这个事件时，可以在参数组态中，选择把 MouseMove 事件的几个参数连接到数据对象上，这样，当 MouseMove 事件被触发时，就会把 MouseMove 的参数，包括鼠标位置、按键信息等，送到连接的数据对象，然后在事件连接的脚本程序中，就可以对这些数据对象进行处理。

4．表达式

由数据对象（包括设计者在实时数据库中定义的数据对象、系统内部数据对象和系统函数）、括号和各种运算符组成的运算式称为表达式，表达式的计算结果称为表达式的值。

当表达式中包含逻辑运算符或比较运算符时，表达式的值只可能为 0（条件不成立，假）或非 0（条件成立，真），这类表达式称为逻辑表达式。当表达式中只包含算术运算符，以及表达式的运算结果为具体的数值时，这类表达式称为算术表达式。常量或数据对象是狭义的表达式，这些单个量的值即为表达式的值。表达式值的类型即为表达式的类型，必须是开关型、数值型和字符型这 3 种类型中的任一种。

表达式是构成脚本程序的最基本元素，在 MCGS 的部分组态中，也常常需要通过表达式来建立实时数据库与其对象的连接关系，正确输入和构造表达式是 MCGS 的一项重要工作。

5．运算符

1）算术运算符：

∧代表乘方；*代表乘法；／代表除法；＼代表整除；

＋代表加法；-代表减法；Mod 代表取模运算。

2）逻辑运算符：

AND 代表逻辑与；NOT 代表逻辑非；OR 代表逻辑或；XOR 代表逻辑异或。

3）比较运算符：

＞代表大于；＞＝代表大于等于；＝代表等于；

＜＝代表小于等于；＜代表小于；＜＞代表不等于。

6．运算符优先级

按照优先级从高到低的顺序，各个运算符排列如下：

1）()；

2）∧；

3）*、／、＼、Mod；

4）+、-；

5）＜、＞、＜＝、＞＝、＝、＜＞；

6）NOT；

7）AND、OR、XOR。

3.2.2 脚本程序基本语句

由于 MCGS 脚本程序的功能是实现某些多分支流程的控制及操作处理，所以它包括了几种简单的语句，即赋值语句、条件语句、退出语句和注释语句。同时，为了提供一些高级的循环功能，还提供了循环语句。所有的脚本程序都可由这 5 种语句组成，当需要在一个程序行中包含多条语句时，各条语句之间须用“：”分开，程序行也可以是没有任何语句的空行。大多数情况下，一个程序行只包含一条语句，赋值程序行中根据需要可在一行上放置多条语句。

1．赋值语句

赋值语句的形式为数据对象=表达式。

赋值语句用赋值号（=）来表示，它具体的含义是把“=”右边表达式的运算值赋给左边的数据对象。赋值号左边必须是能够读写的数据对象，如开关型数据、数值型数据及能进行写操作的内部数据对象，而组对象、事件型数据对象、只读的内部数据对象、系统函数及常量，均不能出现在赋值号的左边，因为不能对这些对象进行写操作。

赋值号的右边为表达式，表达式的类型必须与左边数据对象值的类型相符合，否则系统会提示“赋值语句类型不匹配”的错误信息。

2．条件语句

条件语句有如下 3 种形式。

1）if [表达式] then [语句]

2）if [表达式] then

  [语句]

  endif

3）if　[表达式] then

  [语句]

  else

  [语句]

  endif

条件语句中的 4 个关键字“if”“then”“else”“endif”不区分大小写。如果拼写不正确，系统检查程序会提示出错信息。

条件语句允许多级嵌套，即条件语句中可以包含新的条件语句，MCGS 脚本程序的条件语句最多可以有 8 级嵌套，这为编制多分支流程的控制程序提供了可能。

“if”语句的表达式一般为逻辑表达式，也可以是值为数值型的表达式，当表达式的值为非 0 时，条件成立，执行“then”后的语句。否则，条件不成立，将不执行该条件块中包含的语句，执行该条件块后面的语句。

值为字符型的表达式不能作为“if”语句中的表达式。

3．循环语句

循环语句的关键字为 while 和 endwhile，其结构为：

```
while [条件表达式]
…
endwhile
```

当条件表达式成立时（非 0），循环执行 while 和 endwhile 之间的语句，直到条件表达式不成立（为 0）时退出。

4．退出语句

退出语句的关键字为“Exit”，用于中断脚本程序的运行，停止执行其后面的语句。一般在条件语句中使用退出语句，以便在某种条件下停止并退出脚本程序的执行。

5．注释语句

以单引号“’”开头的语句称为注释语句。注释语句在脚本程序中只起到注释说明的作用，实际运行时，系统不对注释语句进行任何处理。

3.2.3 脚本程序的查错和运行

脚本程序编制完成后，系统首先对程序代码进行检查，以确认脚本程序的编写是否正确。检查过程中，如果发现脚本程序有错误，则会返回相应的信息，以提示可能的出错原因，帮助用户查找和排除错误。常见的提示信息有如下几种。

1）组态设置正确，没有错误。

2）未知变量。

3）未知表达式。

4）未知的字符型变量。

5）未知的操作符。

6）未知函数。

7）函数参数不足。

8）括号不配对。

9）if 语句缺少 endif。

10）if 语句缺少 then。

11）else 语句缺少对应的 if 语句。

12）endif 缺少对应的 if 语句。

13）未知的语法错误。

根据系统提供的错误信息进行相应的改正，系统检查通过，就可以在运行环境中运行脚本程序，以达到简化组态过程、优化控制流程的目的。

实训 3 实时曲线

一、学习目标

1．掌握数据变化实时趋势曲线的绘制方法。

2．熟悉实时数据库中数值型对象的定义和使用。

3．熟悉循环策略编程中脚本程序的设计方法。

二、设计任务

一个实数从 0 开始每隔 1000ms 递增 0.5，当达到 10 时，每隔 1000ms 递减 0.5，到 0 后又开始递增，如此循环变化；绘制该实数的实时变化曲线（类似三角波）。

二维码 3-1
新建工程项目

三、任务实现

1．建立新工程项目

工程名称：“实时曲线”；窗口名称：“实时曲线”；窗口内容注释：“绘

制实数实时变化曲线”。

2．制作图形界面

在工作台窗口的“用户窗口”选项卡中双击“实时曲线”图标，进入“动画组态实时曲线”窗口。

二维码 3-2
制作图形画面

1）添加一个“实时曲线”构件。单击工具箱中的“实时曲线”构件图标，然后将鼠标指针移动到窗口上，单击空白处并拖动鼠标，画出一个适当大小的矩形框，所设计的界面中出现“实时曲线”构件。

2）添加一个“按钮”构件。单击工具箱中的“标准按钮”构件图标，然后将鼠标指针移动到窗口上，单击空白处并拖动鼠标，画出一个适当大小的矩形框，所设计的界面中出现“按钮”构件。双击“按钮”构件，系统弹出“标准按钮构件属性设置”对话框，在“基本属性”选项卡中将按钮标题改为“关闭”。

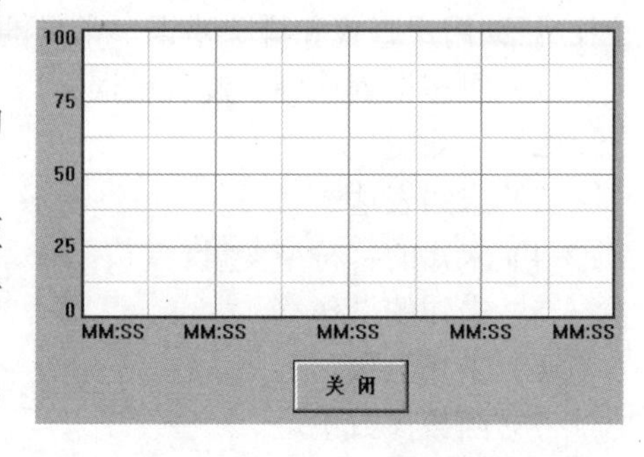

图 3-4　实训 3 图形界面

设计的图形界面如图 3-4 所示。

3．定义数据对象

二维码 3-3
定义数据对象

在工作台窗口中切换至“实时数据库”选项卡中。

1）单击“新增对象”按钮，再双击新出现的对象，系统弹出“数据对象属性设置”对话框。在“基本属性”选项卡中将对象名称改为“data”，对象类型选“数值”，小数位设为“0”，对象初值设为“0”，最小值设为“0”，最大值设为“100”。

定义完成后，单击“确认”按钮，会发现在工作台窗口的“实时数据库”选项卡中增加了 1 个数值型对象“data”。

2）单击“新增对象”按钮，再双击新出现的对象，系统弹出“数据对象属性设置”对话框。在“基本属性”选项卡中将对象名称改为“bz”，对象类型选“数值”，小数位设为“0”，对象初值设为“0”，最小值设为“0”，最大值设为“10”。

定义完成后，单击“确认”按钮，会发现在工作台窗口的“实时数据库”选项卡中增加了 1 个数值型对象“bz”。

建立的实时数据库如图 3-5 所示。

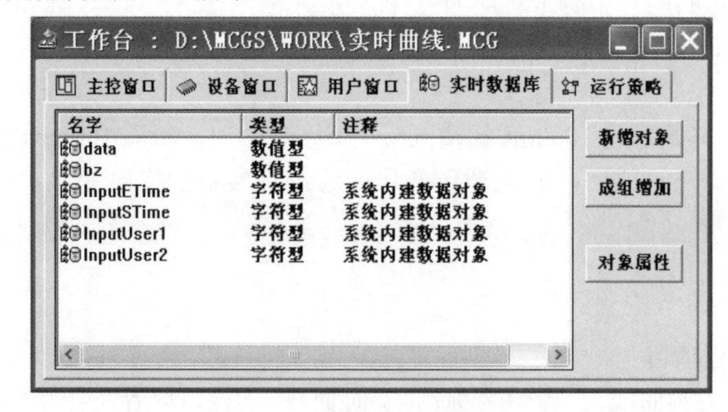

图 3-5　实训 3 实时数据库

4．建立动画连接

二维码 3-4
建立动画连接

在工作台窗口的“用户窗口”标签中双击“实时曲线”图标，进入“动画组态实时曲线”窗口。

（1）建立“实时曲线”构件的动画连接

双击窗口中的“实时曲线”构件，系统弹出“实时曲线构件属性设置”对话框。

在“标注属性”选项卡中，将 X 轴标注间隔设为“1”，时间格式选择“MM”，时间单位选择“分钟”，将 X 轴长度设为“5”，将 Y 轴最大值设为“100.0”，如图 3-6 所示；在“画笔属性”选项卡中，曲线 1，选择“data”，如图 3-7 所示；在“可见度属性”选项卡，表达式选数据对象“data”，选择“实时曲线构件可见”项，如图 3-8 所示。

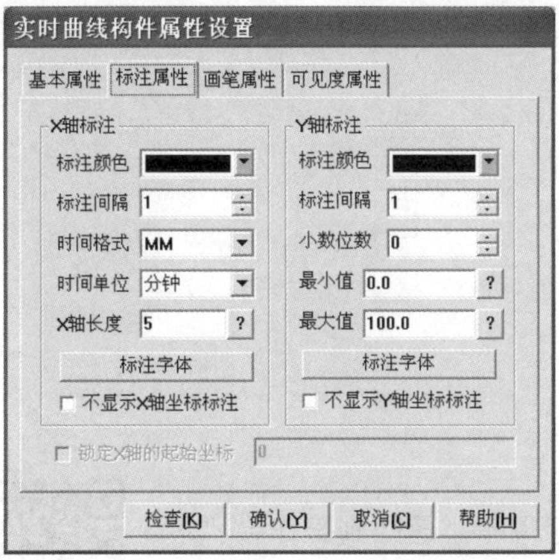

图 3-6　实训 3 实时曲线标注属性设置

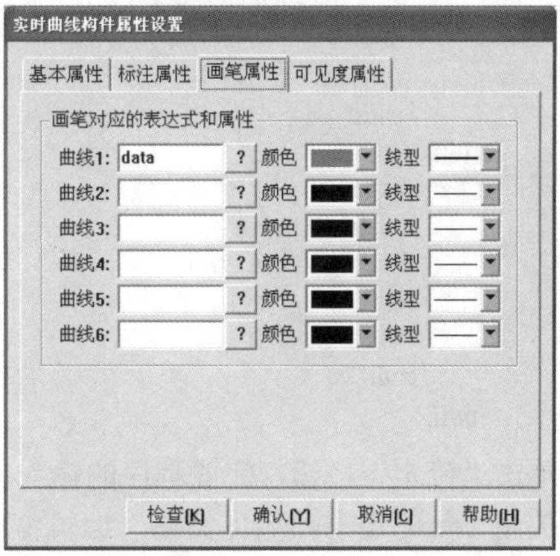

图 3-7　实训 3 实时曲线画笔属性设置

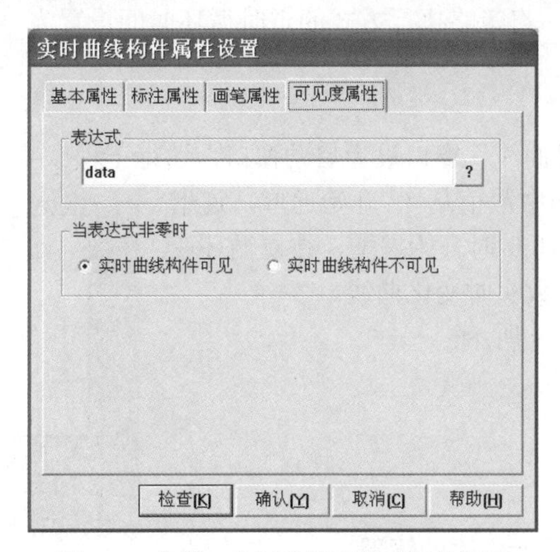

图 3-8　实训 3 实时曲线可见度属性设置

单击“确认”按钮，完成“实时曲线”构件动画连接。

（2）建立“关闭”按钮构件的动画连接

双击“关闭”按钮构件，出现“标准按钮构件属性设置”对话框，在“操作属性”选项卡中，选择“关闭用户窗口”，在右侧下拉列表框中选择“实时曲线”。

单击“确认”按钮，完成“关闭”按钮动画连接。

5．策略编程

二维码 3-5
策略编程

在工作台窗口中切换至“运行策略”选项卡中。双击“循环策略”项，系统弹出“策略组态：循环策略”编辑窗口，策略工具箱会自动加载（如果未加载，右击，选择“策略工具箱”命令）。

单击组态环境窗口工具条中的“新增策略行”按钮，在“策略组态：循环策略”编辑窗口中会出现新增策略行。选中策略工具箱中的“脚本程序”，将鼠标指针移动到策略块图标上，通过单击，添加“脚本程序”构件。

双击“脚本程序”策略块，进入“脚本程序”编辑窗口，在编辑区输入如下程序。

```
if bz =0 then
        if data<10 then
            data = data + 0.5
        else
            bz = 1
        endif
endif
if bz = 1 then
       if data >0 then
           data = data - 0.5
       else
           bz= 0
       endif
endif
```

单击“确定”按钮，完成程序的输入。

二维码 3-6
程序运行

关闭“策略组态：循环策略”编辑窗口，保存程序，返回到工作台“运行策略”选项卡，选择“循环策略”项，单击“策略属性”按钮，系统弹出“策略属性设置”对话框，将策略执行方式的定时循环时间设置为 1000ms，单击“确认”按钮。

6．程序运行

保存工程，将“实时曲线”窗口设为启动窗口，运行工程。

可以看到开发的界面中数值从 0 开始递增，递增到 10 时开始递减，递减到 0 时开始递增，往复循环变化，并且界面中绘制了该数实时变化曲线。

程序运行界面如图 3-9 所示。

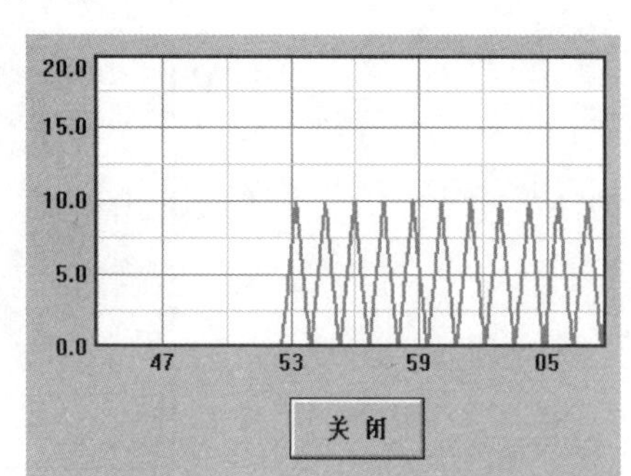

图 3-9　实训 3 程序运行界面

实训 4　液位控制

一、学习目标

1．熟悉组态软件对象元件库的管理。

2．熟悉实时数据库中数值型对象和开关型对象的定义及使用。

3．掌握事件策略的建立和程序设计方法。

二、设计任务

1．打开开关，指示灯亮，启动水泵，管道内有水流通过，储藏罐液位上升。

2．关闭开关，指示灯灭，关闭水泵，管道内无水流通过，储藏罐液位停止上升。

二维码 4-1
新建工程项目

三、任务实现

1．建立新工程项目

工程名称：“液位控制”；窗口名称：“液位控制”；窗口内容注释：“水泵控制储藏罐液位”。

二维码 4-2
制作图形画面

2．制作图形界面

在工作台窗口的“用户窗口”选项卡中双击“液位控制”图标，进入“动画组态液位控制”窗口。

1）添加 1 个“开关”元件。单击工具箱中的“插入元件”图标，系统弹出“对象元件库管理”对话框，选择开关库中的一个开关对象，单击“确定”按钮，所设计的界面中出现选择的“开关”元件。

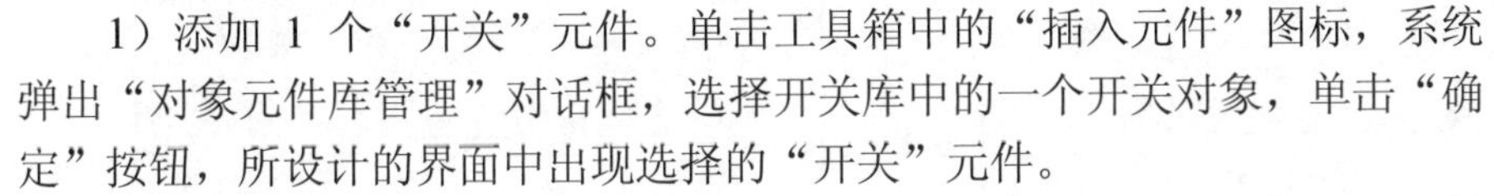

2）添加 1 个“指示灯”元件。单击工具箱中的“插入元件”图标，系统弹出“对象元件库管理”对话框，选择指示灯库中的一个指示灯对象，单击“确定”按钮，所设计的界面中出现选择的“指示灯”元件。

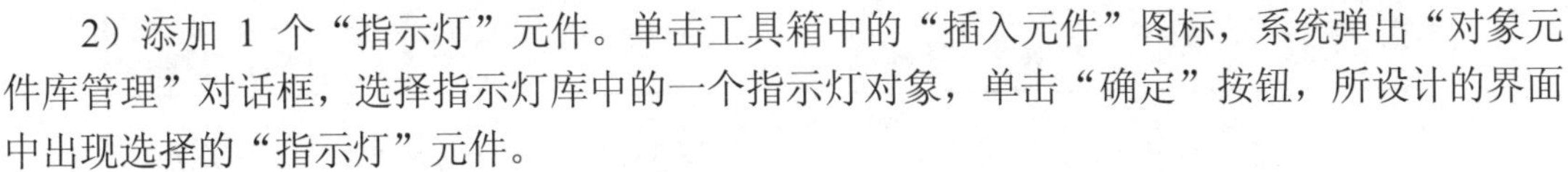

3）添加 1 个“水泵”元件。单击工具箱中的“插入元件”图标，系统弹出“对象元件库管理”对话框，选择水泵库中的一个水泵对象，单击“确定”按钮，所设计的界面中出现选择的“水泵”元件。右击“水泵”元件，选择“排列”→“旋转”→“左右镜像”命令。

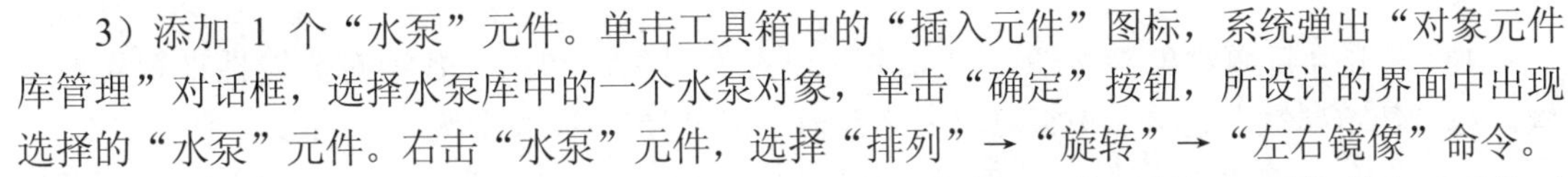

4）添加 1 个“储藏罐”元件。单击工具箱中的“插入元件”图标，系统弹出“对象元件库管理”对话框，选择储藏罐库中的一个储藏罐对象，单击“确定”按钮，所设计的界面中出现选择的“储藏罐”元件。

5）添加 1 段“流动块”构件。单击工具箱中的“流动块”构件图标，将鼠标指针移动到所设计的界面的合适位置，按下鼠标左键移动，形成一道虚线，单击，生成一段流动块，右击（或双击）结束流动块的绘制。

6）添加 1 个“按钮”构件。将按钮标题改为“关闭”。

设计的图形界面如图 3-10 所示。

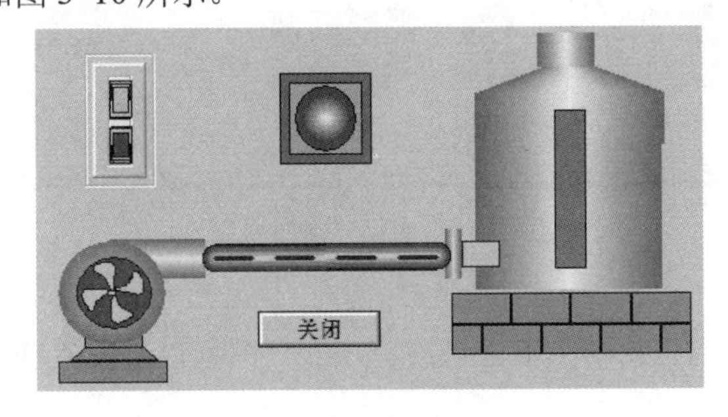

图 3-10　实训 4 界面图形

二维码 4-3
定义数据对象

3．定义数据对象

在工作台窗口中切换至“实时数据库”选项卡中。

1）单击“新增对象”按钮，再双击新出现的对象，系统弹出“数据对象属性设置”对话框。在“基本属性”选项卡中将对象名称改为“开关”，对象类型选“开关”，如图 3-11 所示。

2）单击“新增对象”按钮，再双击新出现的对象，系统弹出“数据对象属性设置”对话框。在“基本属性”选项卡中将对象名称改为“指示灯”，对象类型选“开关”，如图 3-12 所示。

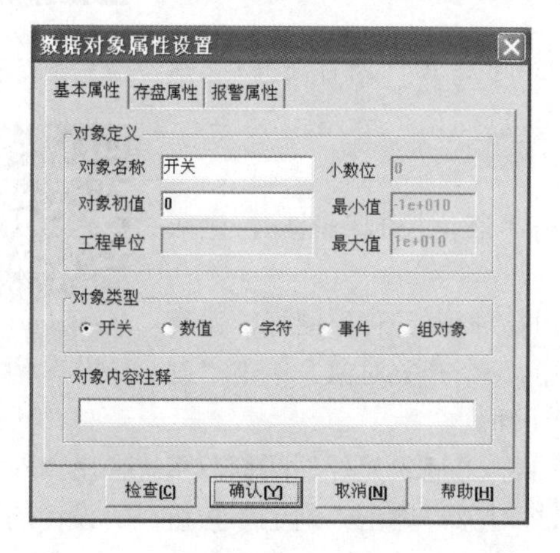

图 3-11　实训 4 对象“开关”属性设置

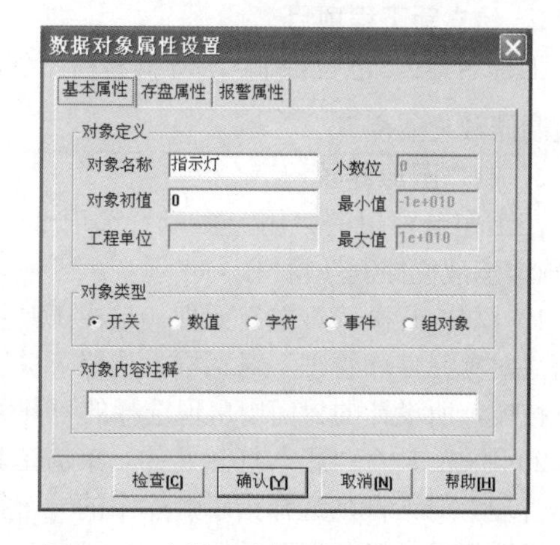

图 3-12　实训 4 对象“指示灯”属性设置

3）单击“新增对象”按钮，再双击新出现的对象，弹出“数据对象属性设置”对话框。在“基本属性”选项卡中将对象名称改为“水泵”，对象类型选“开关”。

4）定义 1 个数型值对象。单击“新增对象”按钮，再双击新出现的对象，系统弹出“数据对象属性设置”对话框。在“基本属性”选项卡中将对象名称改为“Data”，对象类型选“数值”，小数位设为“0”，对象初值设为“0”，最小值设为“0”，最大值设为“100”。

建立的实时数据库如图 3-13 所示。

图 3-13　实训 4 实时数据库

二维码 4-4
建立动画连接

4．建立动画连接

在工作台窗口的“用户窗口”双击“液位控制”图标，进入“动画组态液位控制”窗口。

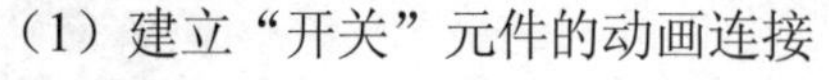

（1）建立“开关”元件的动画连接

双击窗口中的“开关”元件，系统弹出“单元属性设置”对话框，在“动画连接”选项卡中选择列表框中第一行的“组合图符”，连接类型为“按钮输入”，其右侧会出现 > 按钮，如图 3-14 所示。单击 > 按钮，进入“动画组态属性设置”对话框，选择“按钮动作”选项卡中，选择其中的“数据对象值操作”项，在其右侧下拉列表框中选择

“取反”，再单击“？”按钮，选择对象名“开关”，如图 3-15 所示。在“动画组态属性设置”对话框的“可见度”选项卡中，表达式选数据对象“开关”。

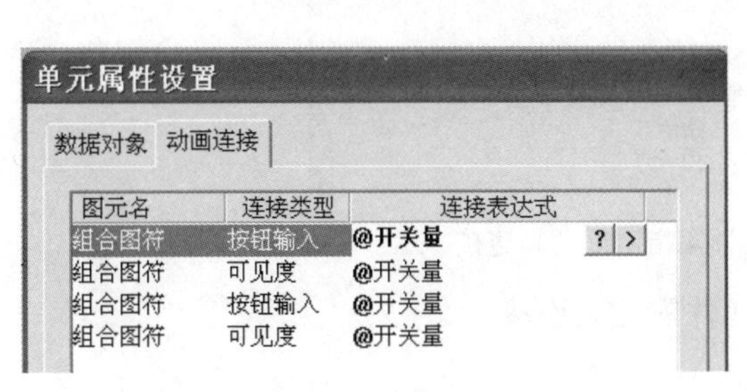

图 3-14　实训 4 开关单元属性设置

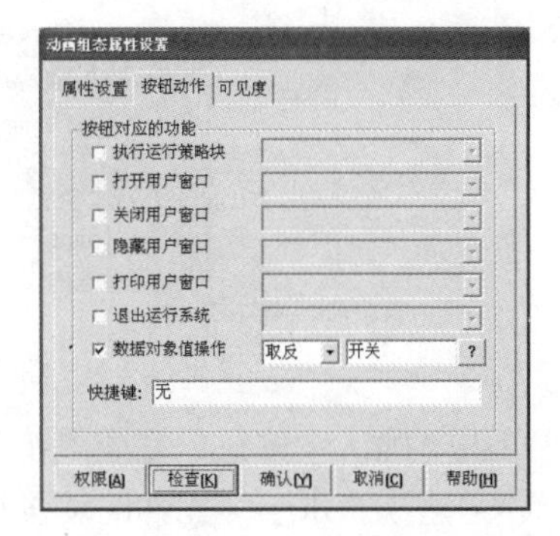

图 3-15　实训 4 开关动画组态属性设置

选择列表框中第三行的“组合图符”，连接类型为“按钮输入”，按上述步骤设置属性。

单击“确认”按钮完成“开关”元件的动画连接，如图 3-16 所示。

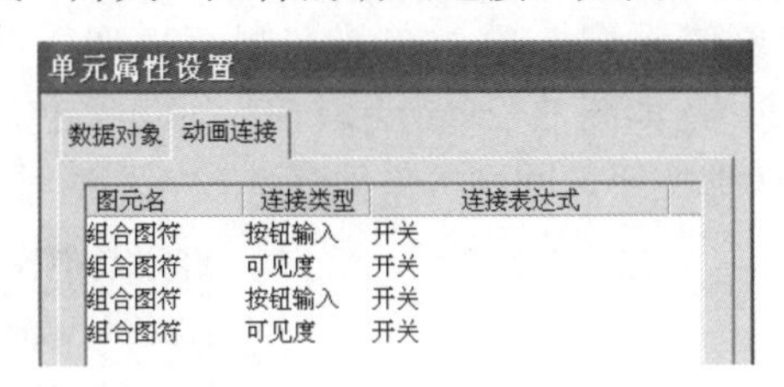

图 3-16　实训 4 开关动画连接

（2）建立“指示灯”元件的动画连接

双击窗口中的“指示灯”元件，系统弹出“单元属性设置”对话框。在“动画连接”选项卡中，选择列表框中第一行的“三维圆球”，连接类型为“可见度”，右侧出现 > 按钮，如图 3-17 所示。单击 > 按钮进入“动画组态属性设置”对话框，在“可见度”选项卡，表达式选择数据对象“指示灯”，当表达式非零时选择“对应图符可见”，如图 3-18 所示。单击“确认”按钮，回到“单元属性设置”对话框。

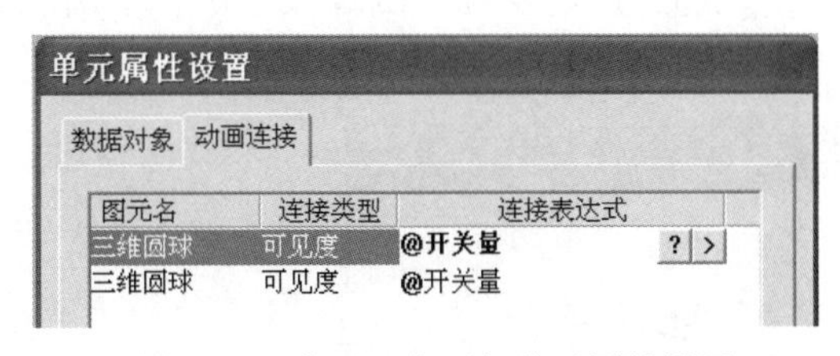

图 3-17　实训 4 指示灯单元属性设置

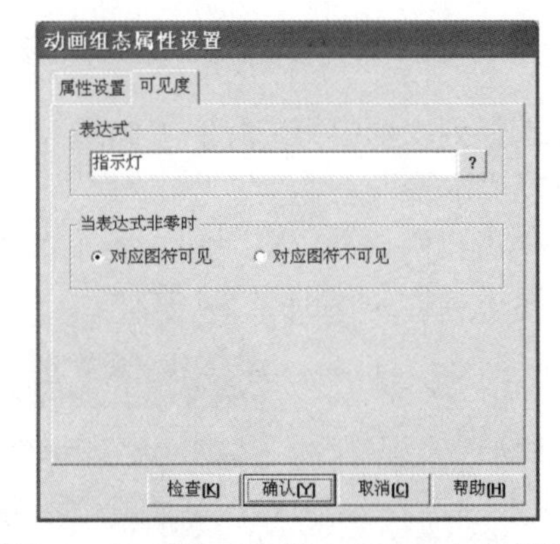

图 3-18　实训 4 指示灯动画组态属性设置

选择列表框中第二行的“三维圆球”，按上述步骤设置属性，表达式选择数据对象“指示灯”，当表达式非零时选择“对应图符不可见”。

单击“确认”按钮回到“单元属性设置”对话框”，会发现动画连接表达式中出现连接的对象“指示灯”，如图 3-19 所示。

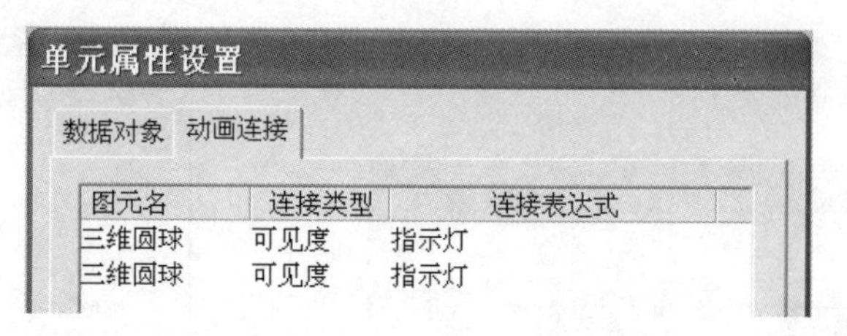

图 3-19　实训 4 指示灯动画连接

单击“确认”按钮，完成“指示灯”元件的动画连接。

（3）建立“水泵”元件的动画连接

双击窗口中的“水泵”元件，系统弹出“单元属性设置”对话框，在“动画连接”选项卡中选择列表框中第一行的“椭圆”，连接类型为“填充颜色”，其右侧会出现 > 按钮，如图 3-20 所示。单击 > 按钮进入“动画组态属性设置”对话框。选择“按钮动作”选项卡，选择其中的“数据对象值操作”项，在其右侧下拉列表框中选择“取反”，再单击“？”按钮选择对象名“水泵”，如图 3-21 所示。在“填充颜色”选项卡中，表达式选择数据对象“水泵”。单击“确认”按钮，回到“单元属性设置”对话框。

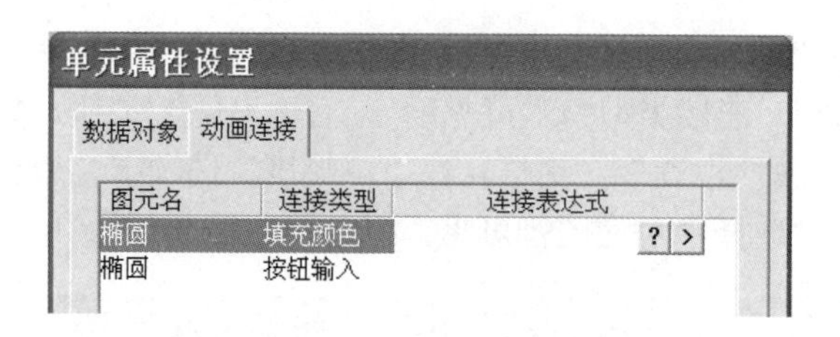

图 3-20　实训 4 水泵单元属性设置

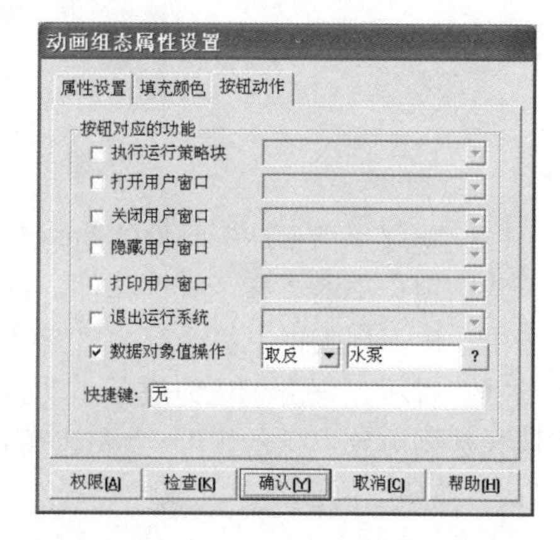

图 3-21　实训 4 水泵动画组态属性设置

选择列表框中第二行的“椭圆”，连接类型为“按钮输入”，按上述步骤设置属性，表达式选择“水泵”。

单击“确认”按钮回到“单元属性设置”对话框”，会发现动画连接表达式中出现连接的对象“水泵”，如图 3-22 所示。

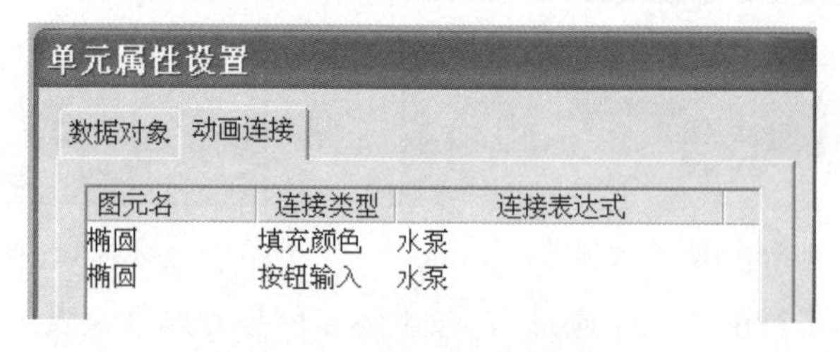

图 3-22　实训 4 水泵动画连接

再次单击“确认”按钮完成“水泵”元件的动画连接。

（4）建立“储藏罐”元件的动画连接

双击窗口中的“储藏罐”元件，系统弹出“单元属性设置”对话框。在“动画连接”选项卡中，选择列表框中的“矩形”，连接类型为“大小变化”，其右侧会出现>按钮，如图 3-23 所示。单击>按钮进入“动画组态属性设置”对话框，在“大小变化”选项卡中，表达式选择数据对象“Data”，最小和最大表达式的值分别设为“0”和“100”，如图 3-24 所示。

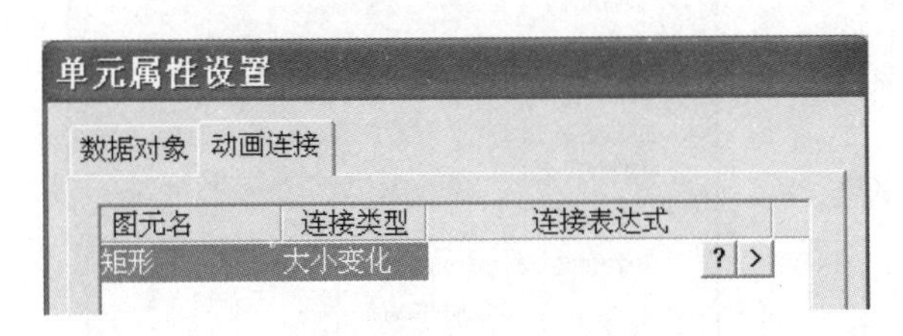

图 3-23　实训 4 储藏罐动画连接设置

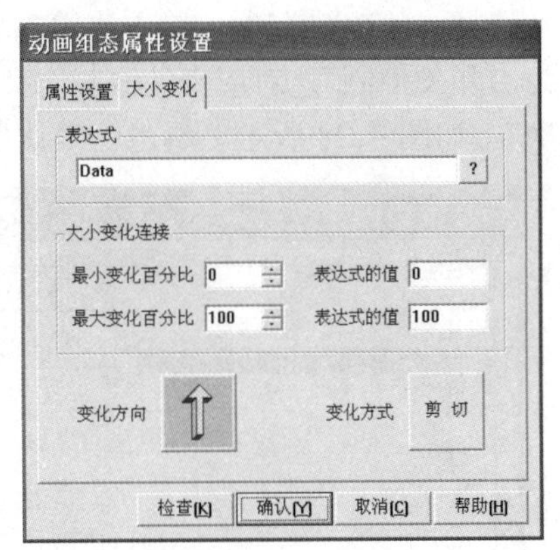

图 3-24　实训 4 储藏罐动画组态属性设置

单击“确认”按钮回到“单元属性设置”对话框”，会发现动画连接表达式中出现连接的对象“Data”。

再次单击“确认”按钮完成“储藏罐”元件的动画连接。

（5）建立“流动块”构件的动画连接

双击窗口中的流动块，系统弹出“流动块构件属性设置”对话框，如图 3-25 所示，在“流动属性”选项卡中，将表达式设为“水泵=1”，其他属性不变，如图 3-26 所示。

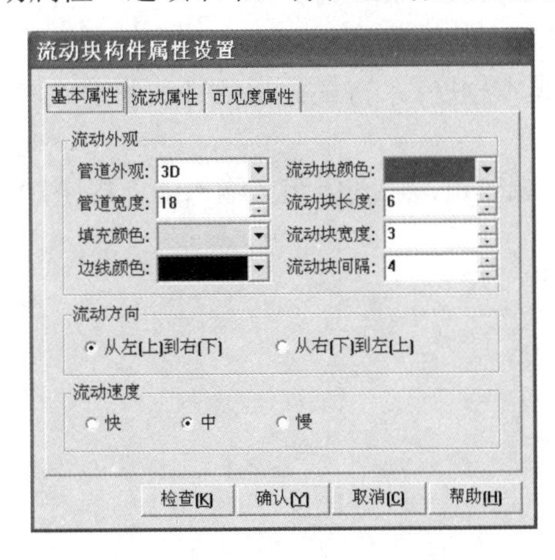

图 3-25　实训 4 流动块基本属性设置

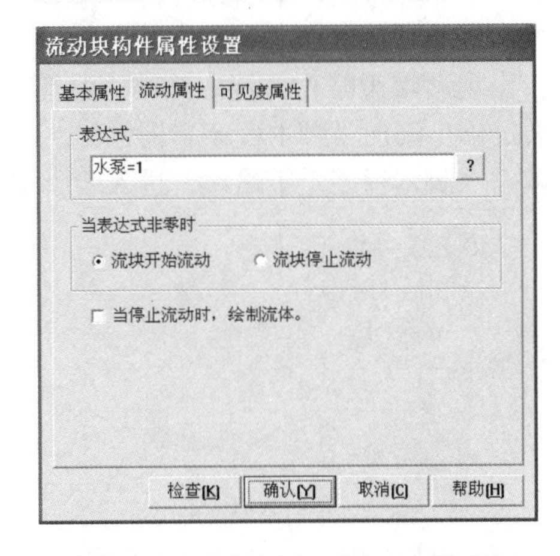

图 3-26　实训 4 流动块流动属性设置

（6）建立“按钮”构件的动画连接

双击“关闭”按钮构件，出现“标准按钮构件属性设置”对话框，在“操作属性”选项卡中，选择“关闭用户窗口”，在右侧下拉列表框中选择“液位控制”。

单击“确认”按钮完成“关闭”按钮动画连接。

二维码 4-5
策略编程

5. 策略编程

（1）开关控制程序

在工作台窗口的“运行策略”选项卡中单击“新建策略”按钮，系统弹出“选择策略的类型”对话框，选择“事件策略”，如图 3-27 所示。单击“确定”按钮，工作台窗口的“运行策略”选项卡中出现新建的“策略 1”。

选择“策略 1”项，单击“策略属性”按钮，弹出“策略属性设置”对话框，策略名称设为“开关控制”，对应表达式设为“开关”，事件的内容选择“表达式的值有改变时，执行一次”，如图 3-28 所示。单击“确认”按钮完成策略属性设置。

图 3-27　实训 4 选择“事件策略”

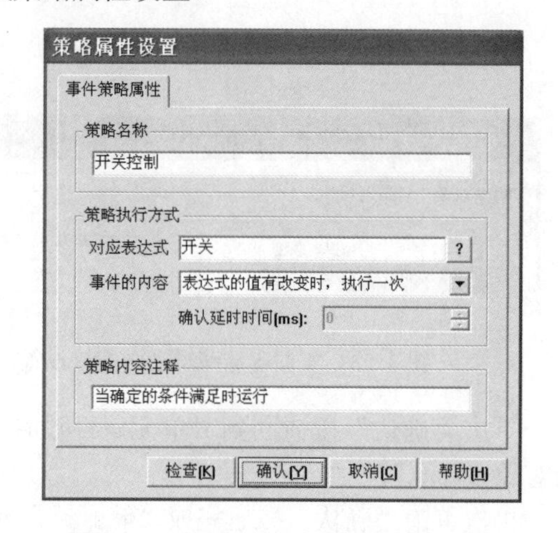

图 3-28　实训 4“事件策略”属性设置

双击新建的策略“开关控制”项，系统弹出“策略组态：开关控制”编辑窗口，策略工具箱会自动加载（如果未加载，右击，选择“策略工具箱”命令）。

单击组态环境窗口工具条中的“新增策略行”按钮，在“策略组态：开关控制”编辑窗口中会出现新增策略行。选中策略工具箱中的“脚本程序”，将鼠标指针移动到策略块图标上，通过单击添加“脚本程序”构件。

双击“脚本程序”策略块，进入“脚本程序”编辑窗口，在编辑区输入如下程序。

```
if 开关=1 then
    指示灯=1
    水泵=1
else
    指示灯=0
    水泵=0
endif
```

单击“确定”按钮，完成程序的输入。

关闭“策略组态：开关控制”编辑窗口，保存程序，返回到工作台“运行策略”选项卡中。

（2）数值累加程序

在工作台窗口的“运行策略”选项卡中，双击“循环策略”项，系统弹出“策略组态：循环策略”编辑窗口，策略工具箱自动加载（如果未加载，右击，选择“策略工具箱”命令）。

单击组态环境窗口工具条中的“新增策略行”按钮，在“策略组态：循环策略”编辑窗口中出现新增策略行。选中策略工具箱中的“脚本程序”，将鼠标指针移动到策略块图标上，通过单击添加“脚本程序”构件。

双击“脚本程序”策略块，进入“脚本程序”编辑窗口，在编辑区输入如下程序。

```
if( 水泵 =1)  then
   data = data + 1
endif
```

单击“确定”按钮，完成程序的输入。

关闭“策略组态：循环策略”编辑窗口，保存程序，返回到工作台“运行策略”选项卡中，选择“循环策略”项，单击“策略属性”按钮，系统弹出“策略属性设置”对话框，将策略执行方式的定时循环时间设置为1000ms，单击“确认”按钮。

6．程序运行

二维码 4-6
程序运行

保存工程，将“液位控制”窗口设为启动窗口，运行工程。

单击所运行工程界面中的开关，打开开关，指示灯颜色变化，启动水泵，管道内有水流通过，储藏罐液位上升；再次单击开关，关闭开关，指示灯颜色变化，关闭水泵，管道内无水流通过，储藏罐液位停止上升。

程序运行界面如图 3-29 所示。

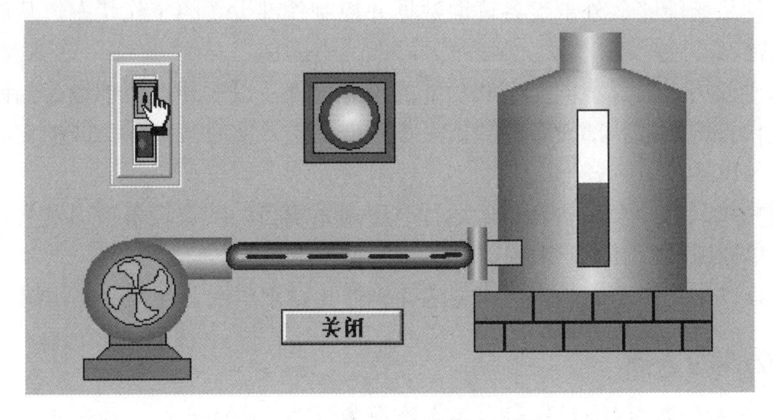

图 3-29　实训 4 程序运行界面

第 4 章　报警处理与报表输出

实时数据库只负责报警的判断、通知和存储 3 项工作，而报警产生后所要进行的其他处理操作（即对报警动作的响应）则需要设计者在组态时制订方案，例如希望在报警产生时打开一个指定的用户窗口，或者显示和该报警相关的信息等。

在实际工程应用中，大多数监控系统需要对数据采集设备采集的数据进行存盘、统计分析，并根据实际情况打印出数据报表。数据报表在工控系统中是必不可少的一部分，是整个工控系统的最终结果输出。

本章将对 MCGS 开发应用程序过程中涉及的报警处理和报表输出进行介绍。

4.1　MCGS 的设备窗口

设备窗口是 MCGS 系统与作为控制对象的外部设备建立联系的后台作业环境，负责驱动外部设备，控制外部设备的工作状态。系统通过设备与数据之间的通道，把外部设备的运行数据采集进来，送入实时数据库，供系统其他部分调用，并且把实时数据库中的数据输出到外部设备，实现对外部设备的操作与控制。

设备窗口是 MCGS 系统的重要组成部分，在设备窗口中可以建立系统与外部硬件设备的连接关系，使系统能够从外部设备读取数据并控制外部设备的工作状态，从而实现对工业过程的实时监控。

设备窗口专门用来放置不同类型和功能的设备构件，以实现对外部设备的操作和控制。设备窗口通过设备构件把外部设备的数据采集进来，送入实时数据库，或把实时数据库中的数据输出到外部设备。

一个应用系统只有一个设备窗口，运行时应用系统自动装载设备窗口及其含有的设备构件，并在后台单独运行。对用户来说，设备窗口是不可见的。

在设备窗口内用户组态的基本操作是选择构件、设置属性、连接通道和调试设备。

4.1.1　设备构件的选择

设备构件是 MCGS 系统对外部设备实施设备驱动的中间媒介，通过建立的数据通道，在实时数据库与控制对象之间实现数据交换，达到对外部设备的工作状态进行实时检测与控制的目的。

MCGS 为用户提供了多种类型的“设备构件”，作为系统与外部设备进行联系的媒介。进入设备窗口，从设备工具箱里选择相应的构件，配置到窗口内，建立接口与通道的连接关系，设置相关的属性，即完成了设备窗口的组态工作。

MCGS 系统内部设立有“设备工具箱”，工具箱内提供了与常用硬件设备相匹配的设备构件。在设备窗口内配置设备构件的操作方法如下。

1）单击工作台窗口中的“设备窗口”标签，进入“设备窗口”选项卡中。

2）双击设备窗口图标或单击“设备组态”按钮，打开设备组态窗口。

3）单击工具条中的“工具箱”按钮，打开设备工具箱。

4）观察所需的设备是否显示在设备工具箱内，如果所需设备没有出现，单击“设备管理”按钮，在弹出的“设备管理”对话框中选定所需的设备。

5）双击设备工具箱内对应的设备构件，或选择设备构件后，在“设备窗口”中单击，将选中的设备构件设置到设备窗口内。

6）对设备构件的属性进行正确设置。

MCGS 设备工具箱内一般只列出工程所需的设备构件，以方便工程使用。如果需要在工具箱中添加新的设备构件，可单击工具箱上部的“设备管理”按钮，系统会弹出“设备管理”对话框，其中的“可选设备”栏内列出了已经完成登记的、系统目前支持的所有设备。找到需要添加的设备构件，选中它，双击，或者单击“增加”按钮，该设备构件就添加到右侧的“选定设备”栏中。“选定设备”栏中的设备构件就是设备工具箱中的设备构件。如果将自己定制的新构件完成登记，添加到设备窗口中，也可以用同样的方法将它添加到设备工具箱中。

4.1.2 设备构件的属性设置

在设备窗口内配置了设备构件之后，接着应根据外部设备的类型和性能设置设备构件的属性。不同的硬件设备，属性内容大不相同，但对大多数硬件设备而言，其对应的设备构件应包括如下组态操作。

1）设置设备构件的基本属性。

2）建立设备通道和实时数据库之间的连接。

3）设备通道数据处理内容的设置。

4）硬件设备的调试。

在设备组态窗口内，选择设备构件，单击工具条中的“属性”按钮或者执行“编辑”→“属性”命令，或者双击该设备构件，即可打开选中构件的“设备属性设置”对话框，如图 4-1 所示。该对话框中有 4 个选项卡，即基本属性、通道连接、设备调试和数据处理，需要分别进行设置。

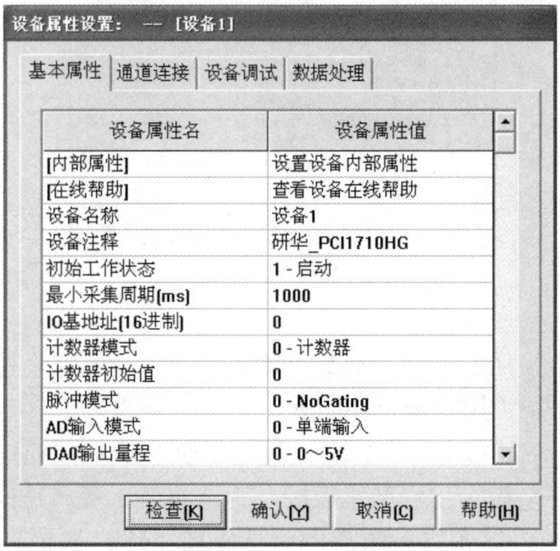

图 4-1 “设备属性设置”对话框

1．基本属性

图 4-1 显示了设备构件的“基本属性”选项卡。在 MCGS 中，设备构件的基本属性分为两类：一类是各种设备构件共有的属性，有设备名称、设备注释、运行时设备初始工作状态、最小数据采集周期；另一类是每种构件特有的属性，如研华_PCI1710HG 数据采集卡的特有属性有 AD 输入模式、DA0 输出量程等。

大多数设备构件的属性在“基本属性”选项卡中就可完成设置，而有些设备构件的一些属性无法在“基本属性”选项卡中设置，需要在设备构件内部的属性对话框中设置，MCGS 把这些属性称为设备内部属性。

在“基本属性”选项卡中，单击“[内部属性]”对应的按钮即可弹出对应的“内部属性设置”对话框（如没有内部属性，则无对话框弹出）。

“初始工作状态”是指进入 MCGS 运行环境时，设备构件的初始工作状态。设为“启动”时，设备构件自动开始工作；设为“停止”时，设备构件处于非工作状态，需要在系统的其他地方（如运行策略中的设备操作构件内）来启动设备，使其开始工作。

在 MCGS 中，系统对设备构件的读写操作是按一定的时间周期来进行的，“最小采集周期[ms]”是指系统操作设备构件的最小周期。运行时，设备窗口用一个独立的线程来管理和调度设备构件的工作，在系统的后台按照设定的采集周期，定时驱动设备构件采集和处理数据，因此设备采集任务将以较高的优先级执行，才能保证数据采集的实时性和严格的同步要求。实际应用中，可根据需要对设备的不同通道设置不同的采集或处理周期。

2．通道连接

MCGS 设备中一般包含一个或多个用来读取或者输出数据的物理通道，如图 4-2 所示。

MCGS 把这样的物理通道称为设备通道，如模拟量输入装置的输入通道、模拟量输出装置的输出通道、开关量输入输出装置的输入输出通道等。

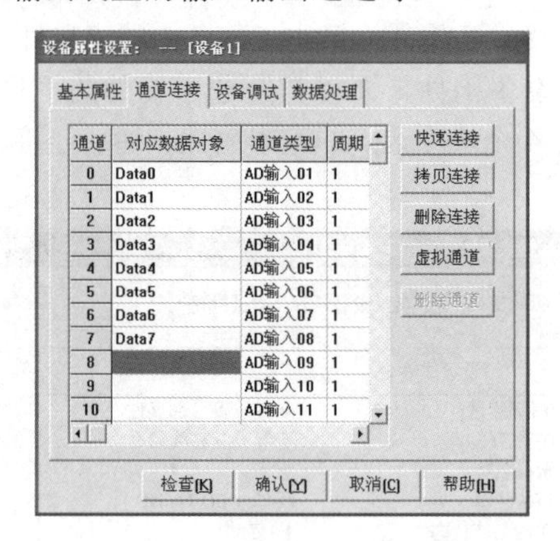

图 4-2　设备通道连接属性设置

设备通道只是数据交换用的通路，而数据输入到哪里和从哪里读取数据以供输出，即进行数据交换的对象，则必须由用户指定和配置。

实时数据库是 MCGS 的核心，各部分之间的数据交换均须通过实时数据库来完成。因此，所有的设备通道都必须与实时数据库连接。所谓通道连接，是指由用户指定设备通道与数据对象之间的对应关系，这是设备组态的一项重要工作。如果不进行通道连接组态，则 MCGS 无法对设备进行操作。

在实际应用中，开始可能并不知道系统所采用的硬件设备，可以利用 MCGS 系统的设备无关性，先在实时数据库中定义所需要的数据对象，组态完成整个应用系统，在最后的调试阶段，再把所需的硬件设备接上，进行设备窗口的组态，建立设备通道和对应数据对象的连接。

一般说来，设备构件的每个设备通道及其输入或输出数据的类型是由硬件本身决定的，所以连接时，连接的设备通道与对应的数据对象的类型必须匹配，否则连接无效。

在图 4-2 中，单击“快速连接”按钮，会弹出“快速连接”对话框，如图 4-3 所示，设置这个对话框中的选项可以快速建立一组设备通道和数据对象之间的连接；单击图 4-2 中的“拷贝连接”按钮，可以把当前选中的通道所建立的连接复制到下一通道，但只对数据对象的名称进行索引增加；单击图 4-2 中的“删除连接”按钮，可删除当前选中的通道已建立的连接或删除指定的虚拟通道。

在 MCGS 对设备构件进行操作时，不同的通道可使用不同的处理周期。通道处理周期是图 4-1 中“基本属性”选项卡中设置的最小采集周期的倍数，如果设置为“0”，则不对对应的设备通道进行处理。为提高处理速度，建议把不需要的设备通道的处理周期设置为“0”。

3．设备调试

使用“设备调试”选项卡，可以在设备组态的过程中很方便地对设备进行调试，以检查设备组态设置是否正确、硬件是否处于正常工作状态。同时，在有些设备调试窗口中，可以直接对设备进行控制和操作，这样方便了设计人员对整个系统的检查和调试。

在“通道值”一列中，系统对输入通道显示的是经过数据转换处理后的最终结果值，如图 4-4 所示。

图 4-3 “快速连接”对话框

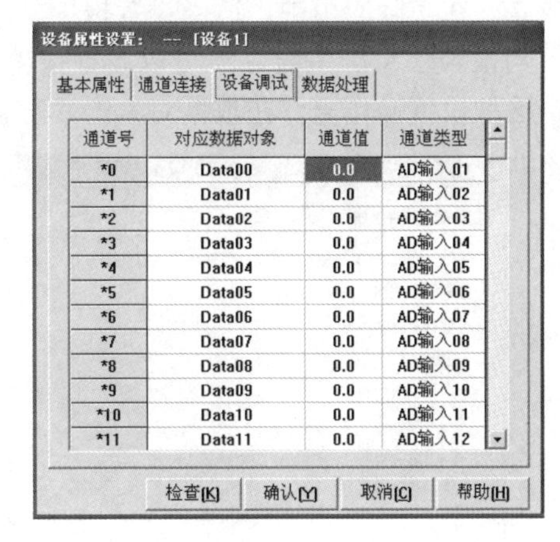

图 4-4 设备调试

对输出通道，可以给对应的通道输入指定的值，经过数据转换处理后，输出到外部设备。

4.2 报警处理

MCGS 把报警处理作为数据对象的属性，封装在数据对象内，由实时数据库在运行时自动处理。当数据对象的值或状态发生改变时，实时数据库判断对应的数据对象是否发生了报警或已产生的报警是否已经结束，并把所产生的报警信息通知给系统的其他部分。同时，实时数据库根据用户的组态设定，把报警信息存入指定的存盘数据库文件中。

4.2.1 定义报警

在处理报警之前必须先定义报警。报警的定义在数据对象的“报警属性”选项卡中进行，如图 4-5 所示。首先要选中“允许进行报警处理”复选框，使实时数据库能对该对象进行报警处理；其次要正确设置报警限值或报警状态。

数值型数据对象有 6 种报警方式，即下下限报警、下限报警、上限报警、上上限报警、上偏差报警和下偏差报警。

开关型数据对象有 4 种报警方式，即开关量报警、开关量跳变报警、开关量正跳变报警和开关量负跳变报警。开关量报警时可以选择是开（值为 1）报警还是关（值为 0）报警，当一种状态为报警状态时，另一种状态就为正常状态，当报警状态保持不变时，只产生一次报警；开关量跳变报警为开关量在跳变（值从 0 变 1 和值从 1 变 0）时的报警，开关量跳变报警也被称为开关量变位报警，即在正跳变和负跳变时都产生报警；开关量正跳变报警只在开关量正跳变时发生；开关量负跳变报警只在开关量负跳变时发生。4 种开关量报警方式适用于不同的场合，用户在使用时可以根据不同的需要选择一种或多种报警方式。

事件型数据对象不用进行报警限值或状态设置，当它所对应的事件发生时，报警也就产生了。对于事件型数据对象，报警的产生和结束是同时完成的。

字符型数据对象和组对象不能设置报警属性，但对组对象所包含的成员可以单个设置报警。组对象一般可用来对报警进行分类，以方便系统其他部分对同类报警进行处理。

当多个报警同时产生时，系统优先处理优先级高的报警。当报警延时次数大于 1 时，实时数据库只有在检测到对应数据对象连续多次处于报警状态后，才认为该数据对象的报警条件成立。在实际应用中，适当设置报警延时次数，可避免因干扰信号而引起的误报警行为。

当报警信息产生时，还可以设置报警信息是否需要自动存盘和自动打印，如图 4-6 所示，这种设置操作需要在数据对象的“存盘属性”选项卡中完成。

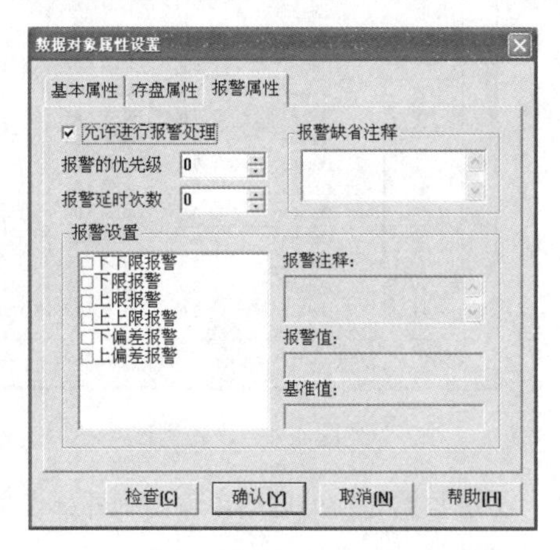

图 4-5　数值型数据对象报警方式设置

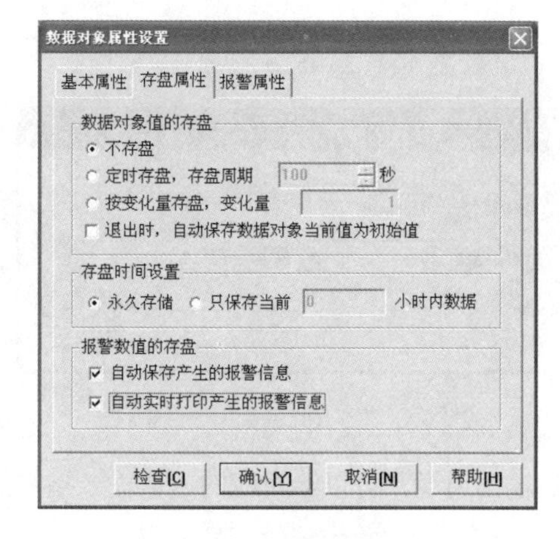

图 4-6　对象存盘属性设置

4.2.2 处理报警

报警的产生、通知和存储由实时数据库自动完成，对报警动作的响应由设计者根据需要在报警策略中组态完成。

在工作台窗口中，单击“运行策略”标签，在其中单击“新建策略”按钮，弹出选择策略类型的对话框，选择“报警策略”，单击“确定”按钮，系统就添加了一个新的报警策略，默认名为“策略 X”（X 表示数字）。

1．报警条件

在运行策略中，报警策略是专门用于响应变量报警的，在报警策略的属性中可以设置对应的报警变量和响应报警的方式，在“运行策略”选项卡中选中刚才添加的报警策略，单击“策略属性”按钮，弹出“策略属性设置”对话框，如图 4-7 所示。

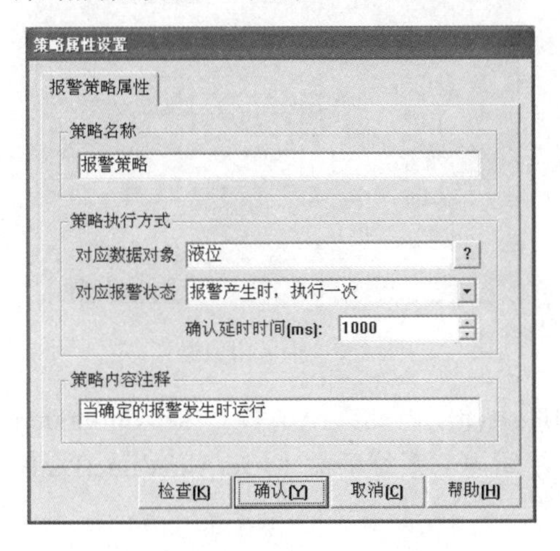

图 4-7 “策略属性设置”对话框

对话框中各部分的说明如下。

1）策略名称：输入报警策略的名称。

2）策略执行方式。

对应数据对象：用于与实时数据库的数据对象连接。

对应报警状态：对应的报警状态有 3 种，即“报警产生时，执行一次”“报警结束时，执行一次”“报警应答时，执行一次”。

确认延时时间[ms]：当报警产生时，延时一定时间后，系统检查数据对象是否还处在报警状态，如果是，则条件成立，报警策略会被系统自动调用一次。

3）策略内容注释：用于对策略加以注释。当设置的变量达到报警条件时，并与设定的对应报警状态和确认延时时刻一致时，系统就会调用此策略，用户可以在策略中组态需要在报警时执行的动作，如打开一个报警提示窗口或执行一个声音文件等。

2．报警应答

报警应答的作用是告诉系统操作员已经知道对应数据对象的报警产生，并进行了相应的处理，同时，MCGS 将自动记录下应答的时间（要选取数据对象的报警信息自动存盘属性才有效）。报警应答可在数据对象策略构件中实现，也可以在脚本程序中使用系统内部函数“!AnswerAlm”来实现。

在实际应用中，对于重要的报警事件，都要由操作员进行及时的应急处理，报警应答机制能记录下报警产生的时间和应答报警的时间，为事后进行事故分析提供实际数据。

3．报警限值

在工作台窗口的“运行策略”选项卡中选择一个策略，单击“策略组态”按钮，弹出“策略组态”窗口，新增策略行，选中策略工具箱中的“数据对象”构件，添加到策略块上，双击策略块“数据对象”构件，弹出“数据对象操作”对话框，如图 4-8 所示，在“报警限值操作”选项卡中可设置指定对象的下限值为“20”、上限值为“300”。

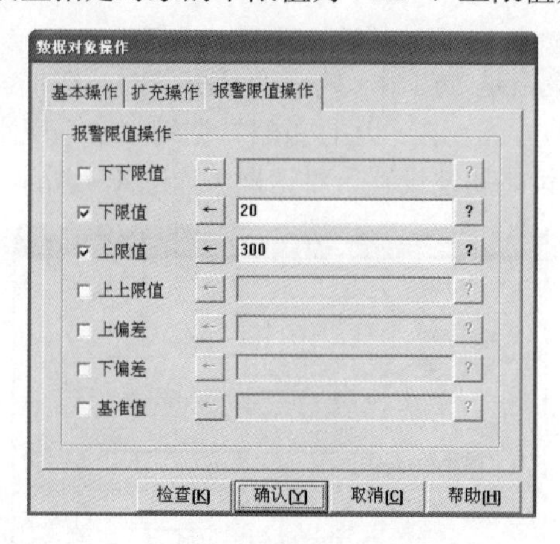

图 4-8　报警限值操作

同时也可以在脚本程序中使用内部系统函数“!SetAlmValue(DatName,Value,Flag)”来设置数据对象的报警限值，使用内部系统函数“!GetAlmValue(DatName.Value,Flag)”读取数据对象的报警限值。

4.2.3　显示报警信息

在用户窗口中放置报警显示动画构件，并对其进行组态配置，运行时可实现对指定数据对象报警信息的实时显示，如图 4-9 所示。

时间	对象名	报警类型	报警事件	当前值	界限值
12-07 14:47:33.Data0		上限报警	报警产生	120.0	100.0
12-07 14:47:33.Data0		上限报警	报警结束	120.0	100.0
12-07 14:47:33.Data0		上限报警	报警应答	120.0	100.0

图 4-9　报警信息显示

报警显示动画构件显示的报警信息包含如下内容：报警事件产生的时间；产生报警的数据对象名称；报警类型（限值报警、状态报警、事件报警）；报警事件（产生、结束、应答）；对应数据对象的当前值（触发报警时刻数据对象的值）；报警界限值；报警内容注释。

组态时，在用户窗口中双击报警显示构件可将其激活，进入该构件的编辑状态。在编辑状态下，用户可以自由改变各显示列的宽度，对不需要显示的信息，将其列宽设置为零即可。在编辑状态下，双击报警显示构件，系统将弹出图 4-10 所示的对话框。

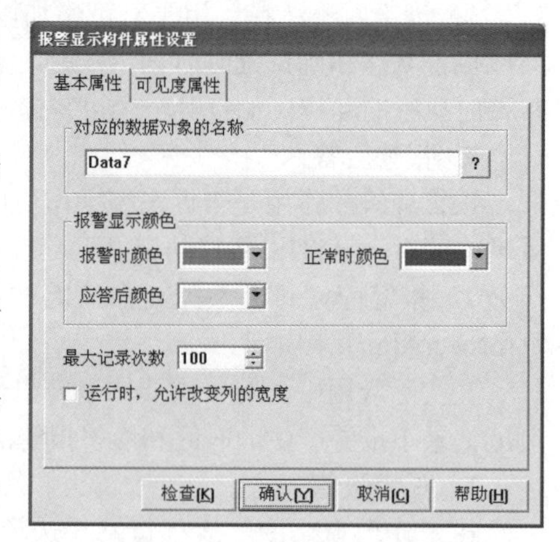

图 4-10　报警显示属性设置

4.3 报表输出

所谓数据报表，就是根据实际需要以一定格式将统计分析后的数据记录显示并打印出来，以便对生产过程中系统监控对象的状态进行综合记录和规律总结。

4.3.1 报表机制

在大多数应用系统中，数据报表一般分成两种类型，即实时数据报表和历史数据报表。

实时数据报表是指实时地将当前时刻的数据对象的值按一定的报告格式（用户组态）进行显示和打印出来，它是对瞬时量的反映。实时数据报表可以通过 MCGS 系统的自由表格构件来组态显示并被打印输出。

历史数据报表是指从历史数据库中提取存盘数据记录，把历史数据以一定的格式显示和打印出来。

为了能够快速方便地组态工程数据报表，MCGS 系统提供了灵活方便的报表组态功能。系统提供了“Excel 报表输出”策略构件和“历史表格”动画构件，两者均可以用于报表组态。

“Excel 报表输出”策略构件可对数据进行处理并生成数据报表，通过 Office 中 Excel 强大的数据处理能，把 MCGS 存盘数据库或其数据库中的数据进行相应的处理，以 Excel 报表的形式保存，并将报表进行实时显示和打印输出。

“历史表格”动画构件是 MCGS 系统提供的内嵌的报表组态构件，用户只需在 MCGS 系统下组态绘制报表，通过 MCGS 的打印窗口和显示窗口即可打印和显示数据报表。本小节主要介绍如何通过 MCGS 内嵌的“历史表格”动画构件组态报表。

MCGS“历史表格”动画构件实现了强大的报表和统计功能，主要特性有以下几点。

1）可以显示静态数据、实时数据库的动态数据、历史数据库中的历史记录及对它们的统计结果。

2）可以方便、快捷地完成各种报表的显示和打印操作。

3）在历史表格构件中内嵌了数据库查询功能和数据统计功能，可以很轻松地完成各种查询和统计任务。

4）历史表格具有数据修改功能，可以使报表的制作更加完美。

5）“历史表格”动画构件是基于“所见即所得”机制的，用户可以在窗口上利用“历史表格”动画构件强大的格式编辑功能，配合 MCGS 的画图功能，做出各种精美的报表，包括与曲线混排、在报表上放置各种图形和徽标等。

6）可以把历史表格中的数据保存到文件中、复制到剪贴板上、复制到 Excel 中，或者从文件和剪贴板中装载先前保存的历史表格数据。

7）可以打印出多页报表。MCGS 自由表格是一个简化的历史表格，它取消了与历史数据的连接和历史表格中的统计功能，以及其与历史数据报表制作有关的功能，但是具备与历史表格一样的格式化和表格结构组态，可以很方便地和实时数据连接，构造实时数据报表。由于自由表格的组态与历史表格非常接近，只是在数据连接上稍有差异，因此本书将一起介绍它们的使用方法。

4.3.2 创建报表

在 MCGS 的工具箱中单击“自由表格”或“历史表格”按钮，如图 4-11 所示，在用户窗口中，按住鼠标左键就可以绘制出一个表格。

选择表格，使用工具条上的按钮对表格的各种属性进行设置，比如去掉外面的粗边框、改变填充颜色、改变边框线型等，再比如在报表上拉出一根直线，并放置一幅位图，如图 4-12 所示。

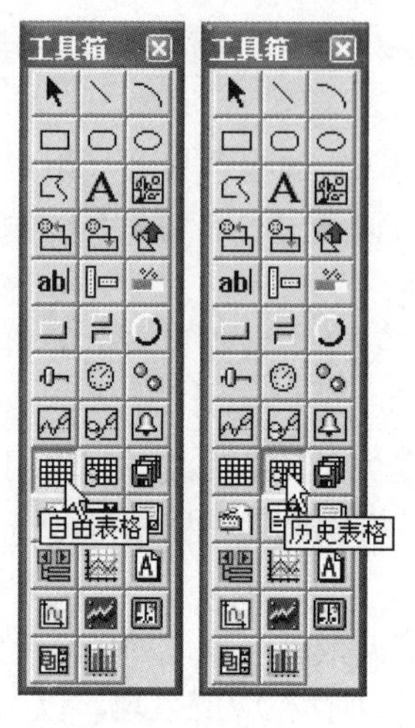

图 4-11 “自由表格”按钮和“历史表格”按钮

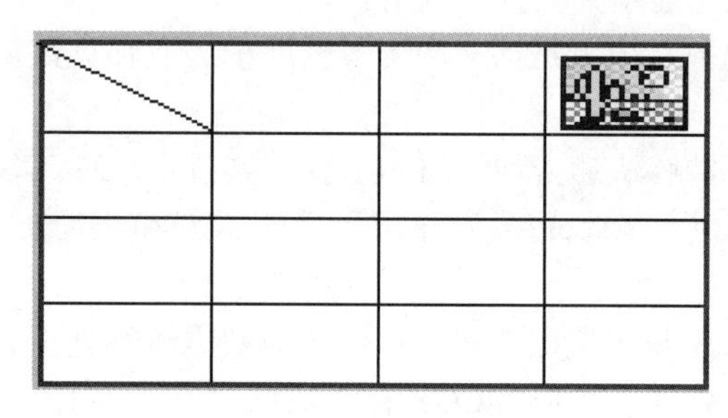

图 4-12 绘制表格

也可以对表格的事件进行组态，即在表格上右击，在弹出的快捷菜单中选择“事件编辑”命令，系统弹出“事件编辑”对话框，就可以对表格的事件进行编辑。

4.3.3 报表组态

报表创建后，系统默认为一张空表。需要对表格进行组态，才能形成最终需要的报表，下面就来详细介绍报表的组态过程。

对报表的组态，需要先双击表格构件，进入报表组态状态，如图 4-13 所示。

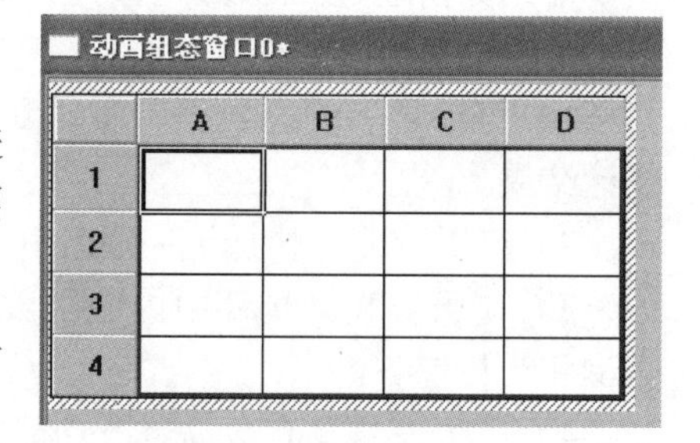

图 4-13 进入报表组态状态

可以发现，MCGS 弹出了表格组态工具条，同时主菜单中的“表格”菜单也可以使用了。在表格周围，浮现出了一个行列索引条，原先在表格上方的直线和位图也暂时放到表格后面了。

表格的组态，不论是自由表格还是历史表格，都分为两个层次来进行。这两个层次在表格的组态中体现为表格两种状态的组态，即显示界面组态和连接方式组态。

显示界面的组态包括：表格单元是否合并；表格单元内固定显示的字符串；如果表格单元内连接了数据，使用什么样的形式来显示这些数据（格式化字符串）；表格单元在运行时是否可以编辑；是否需要把表格单元中的数据输出到某个数据变量中去。

连接方式组态用于数据连接。在自由表格中，对每个单元格进行数据连接；在历史表格中，用户可以根据实际情况确定是否需要构成一个单元区域以便连接到数据源中，或是否对数据对象进行统计处理等。

1．表格基本编辑方法

1）单击某单元格，选中的单元格上有黑框显示。

2）按住鼠标左键拖动可选择多个单元格。选中的单元格区域周围有黑框显示，第一个单元格反白显示，其他单元格不反白显示。

3）单击行列索引条（报表中标识行列的灰色单元格）则选择整行或整列。

4）单击报表左上角的固定单元格则可以选择整个报表。

5）允许在获得焦点的单元格中直接输入文本。双击单元格，使输入光标位于该单元格内，输入字符即可。按下〈Enter〉键或单击其他单元格则确认输入，按下〈Esc〉键则会取消本次输入。

6）如果某个单元格在界面组态状态下输入了文本，而且没有在连接组态状态下连接任何内容，则在运行时，输入的文本会被当成标签直接显示；如果在连接组态状态下连接了数据，则在运行时，输入的文本被试图解释为格式化字符串，如果不能被解释为格式化字符串（不符合要求），则系统会忽略输入的文本。

7）在单元格内输入文本时，可以使用〈Ctrl+Enter〉组合键来输入一个回车符。利用该方法可以在一个表格单元内输入多行文本，或输入竖排文字。

8）允许通过拖动鼠标来改变行高、列宽。将鼠标指针移动到固定行或固定列之间的分隔线上，鼠标指针形状变为双向黑色箭头时，按住鼠标左键拖动，可修改行高、列宽。

9）当选定一个单元格时，可以使用一般组态工具条上的字体设置按钮。字体设置按钮用来设置字体和字色。可以使用填充色来设置单元格内填充的颜色。可以使用线型、线色来设置单元格的边线。通过表格组态工具条中的设置边线按钮组，可以选择设置哪条边线的线型和颜色。通过表格组态工具条中的边线消隐按钮组，可以选择显示和消隐边线。

10）可以使用“编辑”菜单中的“复制”“剪切”“粘贴”命令和一般组态工具条上的“复制”“剪切”和“粘贴”按钮来进行单元格内容的编辑。

11）可以使用表格编辑工具条中的对齐按钮来进行单元格的对齐设置。

12）可以使用合并单元格和拆分单元格按钮来进行单元格的合并与拆分。

对自由表格的界面组态，只有直接填写显示文本和直接填写格式化字符串两种方式。对历史表格，除了直接填写显示文本和填写格式化字符串两种方式以外，还可以进行单元格的编辑和输出组态，其方法是在界面组态状态下，选定需要组态的一个或一组单元格，右击，在弹出的快捷菜单中选择“表元连接”命令，或者在“表格”菜单中选择“表元连接”命令，在系统弹出的“单元格界面属性设置”对话框中进行相应设置。

2．表格连接组态

（1）自由表格连接组态

自由表格的连接组态非常简单，只需要切换到连接组态状态下，然后在各个单元格中直接填写数据对象名，或者直接按照脚本程序语法填写表达式即可。表达式可以是字符型、数值型和开关型的。充分利用索引复制的功能，可以快速填充连接。同时也可以一次填充多个单元格，其方法是选定一组单元格，在选定的单元格上右击，选择相应命令后系统弹出“数据对象浏览”对话框，在对话框的列表框中选定多个数据对象，如图 4-14 所示然后按下〈Enter〉键，MCGS 将按照从左到右、从上到下的顺序填充各个单元框，如图 4-15 所示。

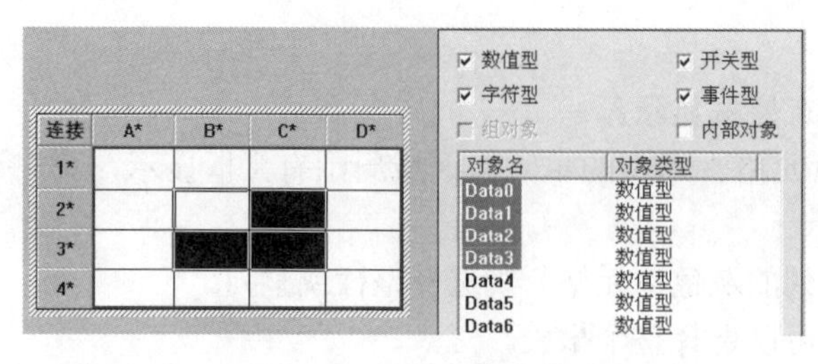

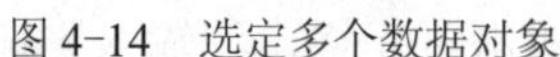

图 4-14　选定多个数据对象

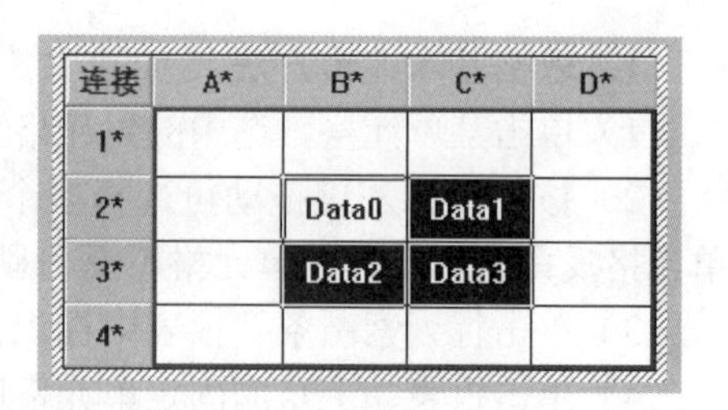

图 4-15　连接组态效果图

（2）历史表格连接组态

历史表格的连接组态则比较复杂。在历史表格的连接组态状态下，表格单元可以作为单个表格单元来组态连接，也可以形成表格单元区域来组态连接。

如果把表格单元连接到脚本程序表达式、单元格表达式及单元格统计结果，必须把单元格作为单个表格单元来组态；如果把表格单元连接到数据源，则必须把表格单元组成表格区域来组态，即使是一个表格单元，也要组成表格区域来进行组态。

为了组成表格区域，应在连接组态状态下选定一组或一个单元格，使用表格编辑工具条上的合并单元按钮或“表格”→“合并单元”命令，然后这些单元格内就会出现斜线填充，这表示这些单元格已经组成一个表格区域，必须一起组态它们的连接属性，如图 4-16 所示。

对单个单元格进行组态，选定了需要组态的单元格后，使用“表格”→“表元连接”命令，或者右击，选择相应命令后系统弹出“单元连接属性设置”对话框，如图 4-17 所示。如同界面组态一样，也可以一次选定多个单元格，对多个单元格同时进行组态。

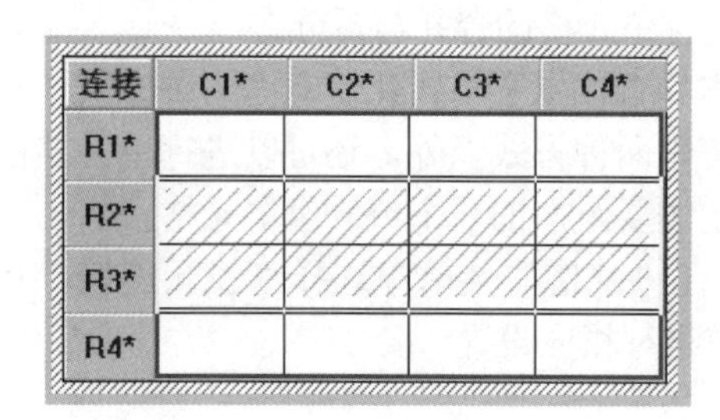

图 4-16　组成表格区域

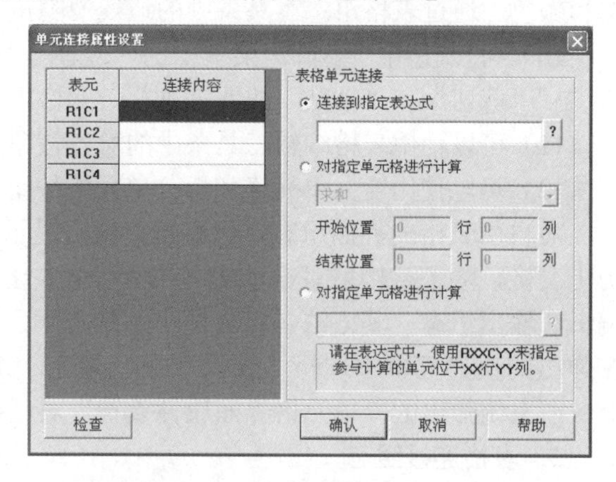

图 4-17　“单元连接属性设置”对话框

在“单元连接属性设置”对话框中，可以设置如下选项。

单元格列表：列出了所有正在组态的单元格。R2C4 表示第 2 行第 4 列的单元格。使用鼠标选定某列后，就可以在右边的表格单元连接中对选定的单元格进行连接设置。

表格单元连接：可以组态如下选项。

① 连接到指定表达式：把表格内容连接到一个脚本程序表达式。

② 对指定单元格进行计算：可以选定对某个区域内的单元格进行计算。此选项通常用于汇总单元格内，对一行或一列内的一批单元格进行汇总统计。可以提供的计算方法有求

和、求平均值、求最大值等。

③ 对指定单元格进行计算：可以写出一个单元格表达式，对几个单元格进行计算。注意，这里的单元格表达式不同于脚本程序表达式。

对表元区域进行组态时，首先选定需要组态的表元区域，使用“表格”→“表元连接”命令或右击，选择相应的命令后系统弹出“数据库连接设置”对话框，如图 4-18 所示。

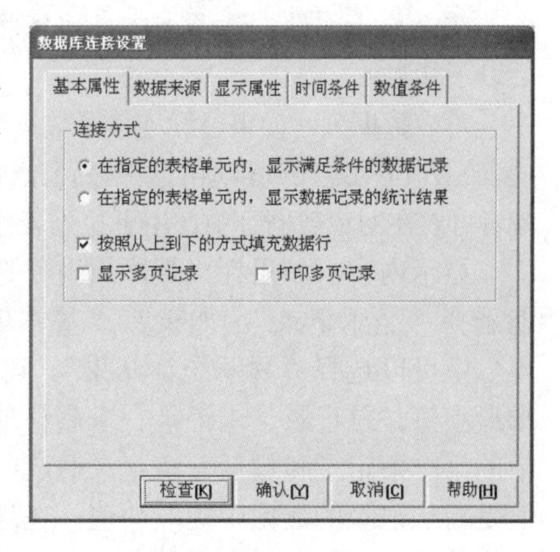

图 4-18 “数据库连接设置”对话框

1）在其中的“基本属性”选项卡中，可以组态的选项包括以下几种。

连接方式：可以选择显示数据记录或显示统计结果。如果选择显示数据记录，则数据源会直接从数据库中根据指定的查询条件提取一行到多行数据；如果选择显示统计结果，则数据源会根据指定的查询条件，从数据库中提取到需要的数据后进行统计分析处理，然后生成一行数据，填充到选定表元区域中。

按照从上到下的方式填充数据行：选择此选项，将导致 MCGS 按照水平填充的方式填充数据，也就是说，当需要填充多行数据时，是按照从上到下的方式填充的。反之，如果不选择此选项，则数据按照从左到右的方式填充。

显示多页记录：选择该选项，当填充的数据行数多于表元区域的行数时，在表元区域的右边会出现一个滚动条，可以通过拖动滚动条来浏览所有的数据行。当对该窗口进行打印时，MCGS 会自动增加打印页数，并滚动数据行，填充新的一页，以便把所有的数据打印出来。

2）数据库连接设置的第二个选项卡中是“数据来源”，如图 4-19 所示。

在“数据来源”选项卡中可以选择的选项有以下几个。

组对象对应的存盘数据：选择该选项后，可以从“组对象名”下拉列表框中选择一个有存盘属性的组对象。

标准 Access 数据库文件：使用该选项，可以连接到一个 Access 数据库的数据表中。

ODBC 数据库：使用该选项，可以连接到一个 ODBC 数据源上。

3）图 4-18 中的“显示属性”选项卡，如图 4-20 所示。

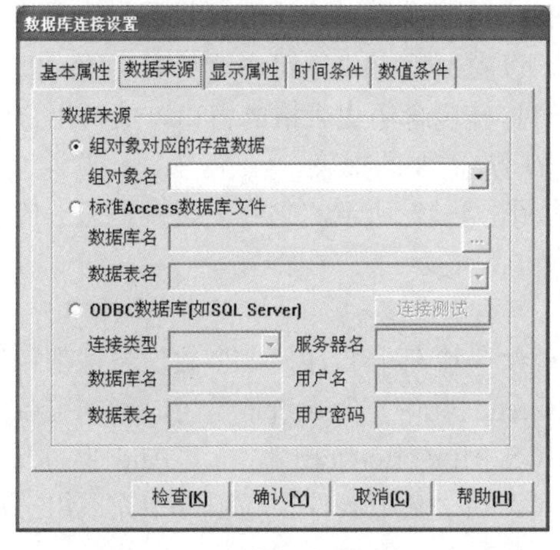

图 4-19 “数据来源”选项卡

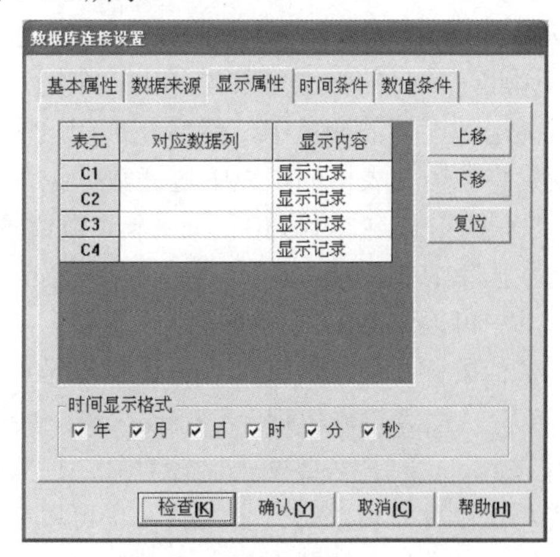

图 4-20 “显示属性”选项卡

在“显示属性”选项卡中，可以将获取到的数据连接到表元上。其可使用的组态配置包括以下几种。

对应数据列：如果已经连接了数据源并且数据源可以使用，就可以使用“复位”按钮将所有的表元列自动连接到合适的数据列上，使用“上移”“下移”按钮可以改变连接数据列的顺序。或者可以在对应数据列中使用下拉列表框列出所有可用的数据列，并从中选择合适的一个。

显示内容：如果在“基本属性”选项卡中选择了显示所有记录，则在“显示内容”中只能选择“显示记录”。如果在“基本属性”选项卡中选择了显示统计结果，则在“显示内容”中可以选择“显示统计结果”。可以选择的统计方法包括求和、求平均值、求最大值、求最小值、首记录、末记录、求累计值等。其中，首记录和末记录是指所有满足条件的记录中的第一条记录和最后一条记录对应的数据列的值，通常其用于时间列或字符串列。求累计值是指从记录的数据中提取的值，在这里，记录的数据不是普通数据，而是某种累计仪表产生的数据，比如在一个小时内，水表产生的数据是 32.1,32.9,33.4,…,211.11，则这个小时内提取出来的累计水量为 211.11 – 32.1 = 179.01。

时间显示格式：组态时间列在表格中的显示格式。

4）图 4-18 中的第四个选项卡“时间条件”如图 4-21 所示。组态的结果将影响从数据库中选择哪些记录和记录的排列顺序。可以组态的选项包括以下几个。

排序列名：可以选择一个排序列，然后选择升序或者降序，就可以把从数据库中提出的数据记录按照需要的顺序排列。

时间列名：选择一个时间列，才能进行下面有关时间范围的选择。

设定时间范围：在选定时间列后，就可以进行时间范围的选择。通过时间范围的选择，可以提取出需要的时间段内的数据记录，并填充到报表中。时间范围的填充方法如下。

① 所有存盘数据：所有存盘数据都满足要求。

② 最近时间 X 分：最近 X 分钟内的存盘数据。

③ 固定时间：可以选择当天、前一天、本周、前一周、本月、前一月。分割时间点是指从什么时间开始计算这一天。如果选择前一天，分割时间点是早晨 6 点，则最后设定的时间范围是从昨天早晨 6 点到今天早晨 6 点。

按变量设置的时间范围处理存盘数据：可以连接两个变量，用于把需要的时间在填充历史表格时送进来。变量应该是字符型变量，其格式为“YYYY-MM-DD HH:MM:SS”，或为“YYYY年 MM 月 DD 日 HH 时 MM 分 SS 秒”。在用户窗口打开时，系统进行一次历史表格填充。

因此，常见的方法是首先弹出一个用户窗口，以对话框方式让用户填写需要的时间段，把时间送到连接的变量中，然后在关闭这个窗口时打开包含历史表格的窗口，此时用户设置的变量将在历史表格的填充中过滤数据记录，生成用户需要的报表。

5）图 4-18 中的第五个选项卡“数值条件”如图 4-22 所示，它用于按设置的数值条件过滤数据库中的记录。

其中可以组态的项目包括以下几种。

数值条件：包括数据列名、运算符号和比较对象 3 个部分。任何一个数值条件都包括这 3 个部分，运算符号包括=、>、<、>=、<=、Between。其中，Between 是为时间列准备的。使用 Between 时，需要两个比较对象，形成“MCGS_Time Between 时间 1 And 时间 2”的形式。比较对象可以是一个常数，也可以是表达式。在“数值条件”选项卡中完成组态后，可以使用“增加”按钮来将数值条件添加到条件列表框中。

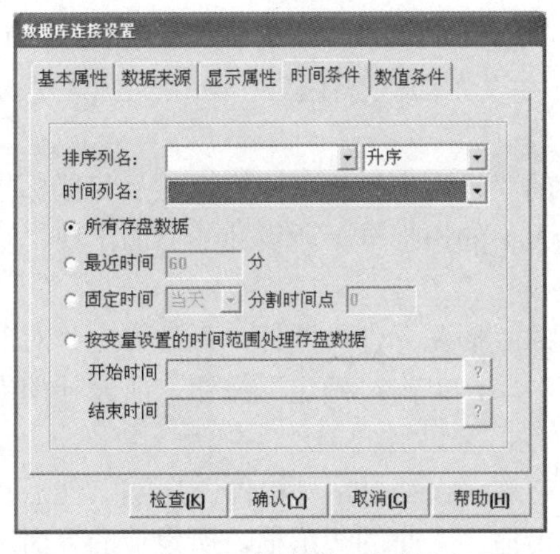

图 4-21 “时间条件”标签

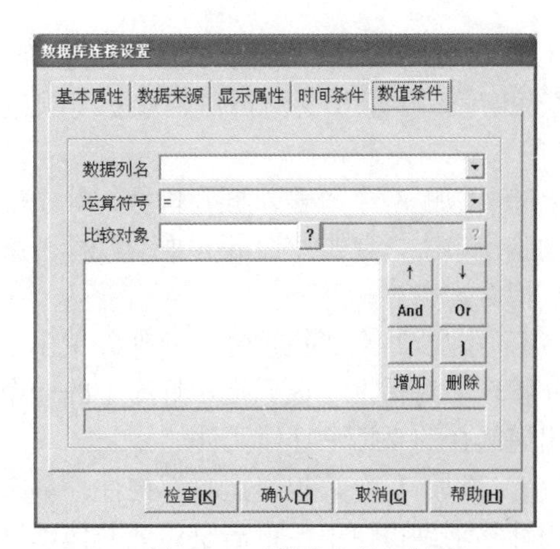

图 4-22 “数值条件”标签

条件列表框：列出了所有的条件和逻辑运算关系，在条件列表框下面的只读编辑框中，会显示出最后合成的数值条件的表达式。

条件逻辑编辑按钮：包括↑、↓、And、Or、(、)、增加、删除等。仔细调整逻辑编辑关系，可以形成复杂的逻辑数值条件表达式。要注意条件列表框下面合成的最后表达式，它有助于组态出正确的表达式。

实训 5　报警信息显示

一、学习目标

1. 掌握组态软件模拟设备的连接方法。
2. 掌握组态软件超限报警信息处理及显示方法。

二、设计任务

1. 当储藏罐液位高于上限报警值或低于下限报警值时，显示报警信息，上、下限灯改变颜色；
2. 可以在程序运行时修改上、下限报警值。

二维码 5-1
新建工程项目

三、任务实现

1. 建立新工程项目

工程名称：“报警信息”；窗口名称：“报警信息”；窗口内容注释：“超限显示报警信息”。

二维码 5-2
制作图形画面

2. 制作图形界面

在工作台窗口的“用户窗口”选项卡中双击“报警信息”图标，进入“动画组态报警信息”窗口。

1）添加 1 个“储藏罐”元件。单击工具箱中的“插入元件”图标，系统弹出“对象元件库管理”对话框，选择储藏罐库中的一个储藏罐对象，单击“确定”按钮，所设计的界面中出现选择的“储藏罐”元件。

2）添加 5 个“标签”构件。字符分别为“液位值”“上限值”“下限值”“上限灯”和“下限灯”，所有标签的边线颜色均设置为“无边线颜色”（双击标签就可进行设置）。

3）添加 3 个“输入框”构件。单击工具箱中的“输入框”构件图标，然后将鼠标指针移动到窗口上，单击空白处并拖动鼠标，画出适当大小的矩形框，所设计的界面出现“输入框”构件。

4）添加 2 个“指示灯”元件。单击工具箱中的“插入元件”图标，系统弹出“对象元件库管理”对话框，选择指示灯库中的一个指示灯对象，单击“确定”按钮，所设计的界面中出现选择的“指示灯”元件。

5）添加 1 个“报警显示”构件。单击工具箱中的“报警显示”构件图标🔔，然后将鼠标指针移动到窗口上，单击空白处并拖动鼠标，画出适当大小的矩形框，所设计的界面出现“报警显示”构件。

设计的图形界面如图 4-23 所示。

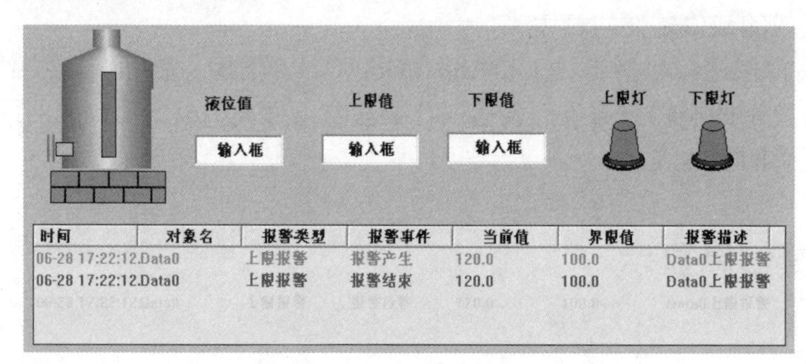

图 4-23　实训 5 图形界面

3．定义数据对象

二维码 5-3
定义数据对象

在工作台窗口中切换至“实时数据库”选项卡。

（1）定义 3 个数值型对象

单击“新增对象”按钮，再双击新出现的对象，系统弹出“数据对象属性设置”对话框。在“基本属性”选项卡中将对象名称改为“液位”，对象类型选“数值”，小数位设为“0”，对象初值设为“0”，最小值设为“0”，最大值设为“100”。

使用同样的方法定义对象“液位上限”，对象类型选“数值”，小数位设为“0”，对象初值设为“80”，最小值设为“50”，最大值设为“100”。

使用同样的方法定义对象“液位下限”，对象类型选“数值”，小数位设为“0”，对象初值设为“20”，最小值设为“0”，最大值设为“50”。

（2）定义 2 个开关型对象

单击“新增对象”按钮，再双击新出现的对象，系统弹出“数据对象属性设置”对话框。在“基本属性”选项卡中将对象名称改为“上限灯”，对象类型选“开关”。

使用同样的方法定义对象“下限灯”，对象类型选“开关”。

建立的实时数据库如图 4-24 所示。

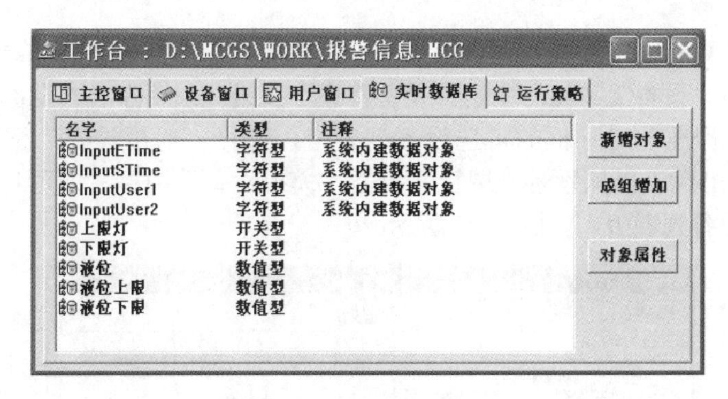

图 4-24　实训 5 实时数据库

4. 设置数据对象的报警属性

二维码 5-4
设置对象属性

切换至工作台窗口的“实时数据库”选项卡，双击数据对象“液位”，系统弹出“数据对象属性设置”对话框，在“报警属性”选项卡中选择“允许进行报警处理”复选框，报警设置域被激活。选择报警设置域中的“下限报警”，将报警值设为“20”，报警注释输入“水位低于下限！” 如图 4-25 所示；选择报警设置域中的“上限报警”，将报警值设为“80”，报警注释输入“水位高于上限！”，如图 4-26 所示。

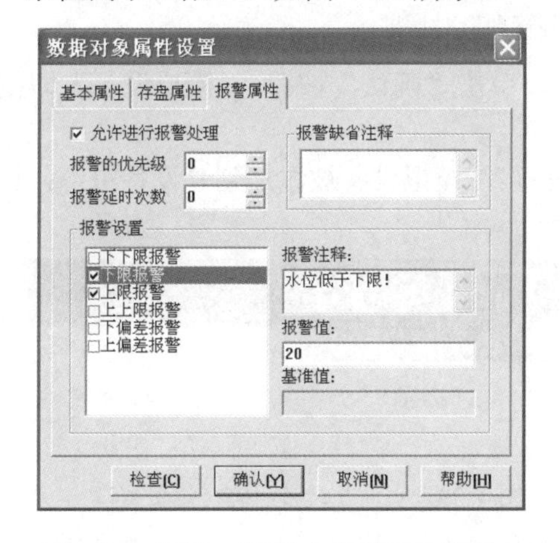

图 4-25　实训 5“液位”报警属性设置 1

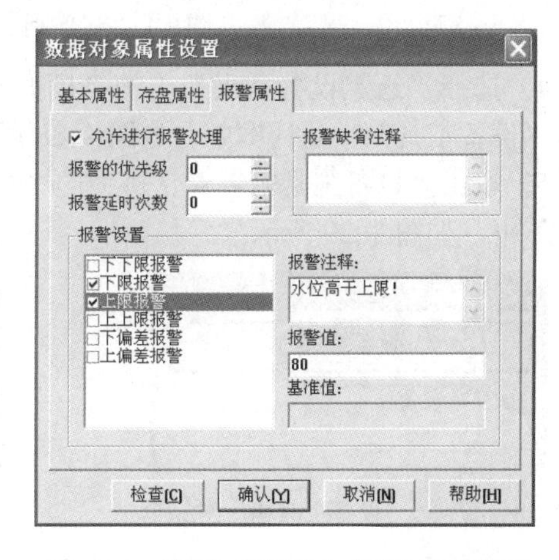

图 4-26　实训 5“液位”报警属性设置 2

选择“存盘属性”选项卡，报警数据的存盘项选择“自动保存产生的报警信息”。

单击“确认”按钮，“液位”报警设置完毕。

5. 模拟设备连接

二维码 5-5
模拟设备连接

模拟设备是供用户调试工程的虚拟设备。该构件可以产生标准的正弦波、方波、三角波、锯齿波信号。其幅值和周期可以任意设置。通过模拟设备的连接，可以使动画不需要手动操作就可以自动运行。通常情况下，在启动 MCGS 组态软件时，模拟设备会自动装载到设备工具箱中。

如果未被装载，可按照以下步骤将其加入。

1）在工作台窗口的“设备窗口”选项卡中双击“设备窗口”图标，进入“设备组态：设备窗口”。

2）单击“MCGS 组态环境”窗口工具条中的“工具箱”图标，系统弹出“设备工具箱”对话框，单击“设备工具箱”中的“设备管理”按钮，系统弹出“设备管理”对话框。

3）在“设备管理”对话框的可选设备列表中，选择“通用设备”下的“模拟数据设备”，在其下方会出现“模拟设备”图标，双击“模拟设备”图标，即可将“模拟设备”添加到右侧的选定设备列表中，如图 4-27 所示。

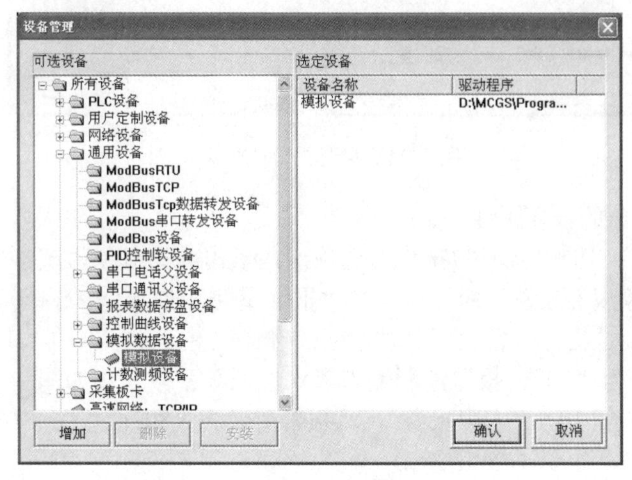

图 4-27　实训 5“设备管理”对话框

4）选择“选定设备列表”中的“模拟设备”，单击“确认”按钮，“模拟设备”即被添加到“设备工具箱”对话框中，如图 4-28 所示。

5）双击“设备工具箱”对话框中的“模拟设备”，模拟设备被添加到“设备组态：设备窗口”中，如图 4-29 所示。

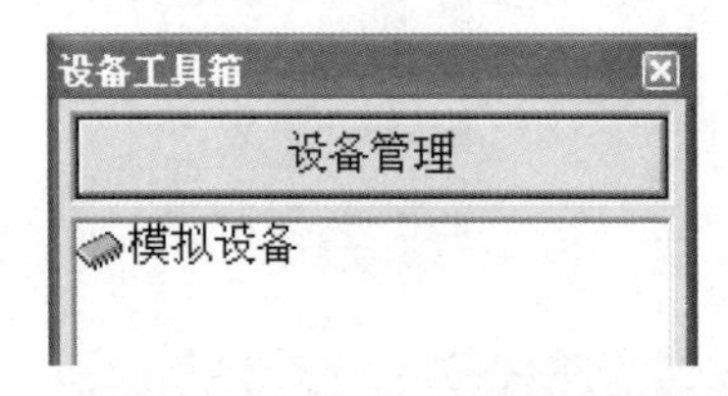

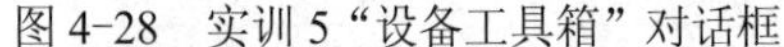

图 4-28　实训 5“设备工具箱”对话框

图 4-29　实训 5 设备组态：设备窗口

6）双击“设备 0-[模拟设备]”，进入“设备属性设置”对话框，如图 4-30 所示。

7）单击“基本属性”选项卡中的[内部属性]选项，其右侧会出现按钮，单击此按钮进入“内部属性”对话框。将通道 1 的最大值设置为“100”，将周期设置为 1s，如图 4-31 所示。单击“确认”按钮，完成内部属性设置。

8）选择“通道连接”选项卡，进入通道连接设置。选择通道 0 对应数据对象的输入框，输入“液位”（或右击，弹出数据对象列表后，双击选择“液位”），如图 4-32 所示。

9）选择“设备调试”选项卡，可看到通道 0 对应数据对象的值在变化，如图 4-33 所示。

10）单击“确认”按钮，完成设备属性设置。

6. 建立动画连接

在工作台窗口的“用户窗口”选项卡中双击“报警信息”图标，进入“动画组态报警信息”窗口。

二维码 5-6
建立动画连接

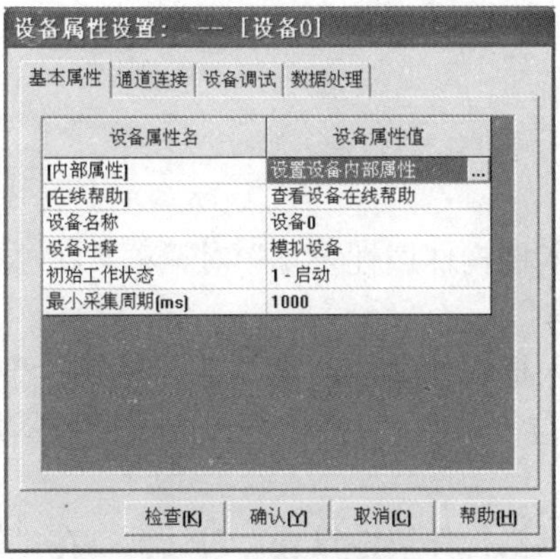

图 4-30　实训 5“设备属性设置”对话框

图 4-31　实训 5“内部属性”对话框

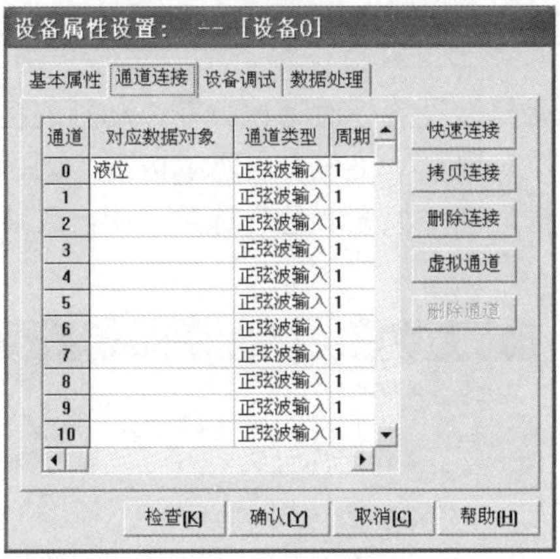

图 4-32　实训 5“通道连接”选项卡

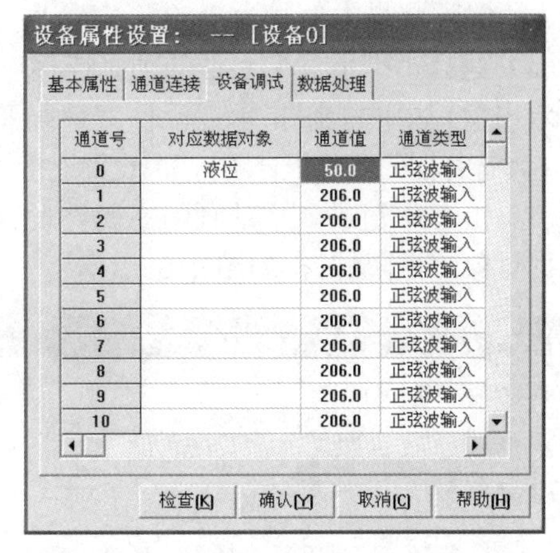

图 4-33　实训 5“设备调试”选项卡

（1）建立“储藏罐”元件的动画连接

双击窗口中的“储藏罐”元件，系统弹出“单元属性设置”对话框。在“动画连接”选项卡中选择图元名“矩形”，设置连接类型为“大小变化”，右侧会出现 > 按钮，如图 4-34 所示。单击 > 按钮进入“动画组态属性设置”对话框，在“大小变化”选项卡中，表达式选择数据对象“液位”，最小和最大表达式的值分别设为“0”和“100”，如图 4-35 所示。

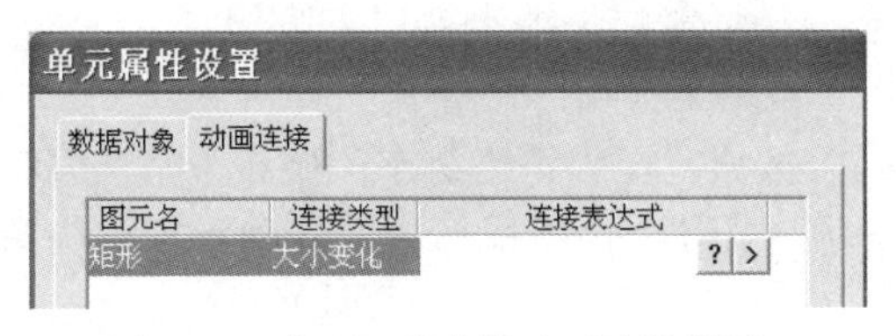

图 4-34　实训 5 储藏罐动画连接设置

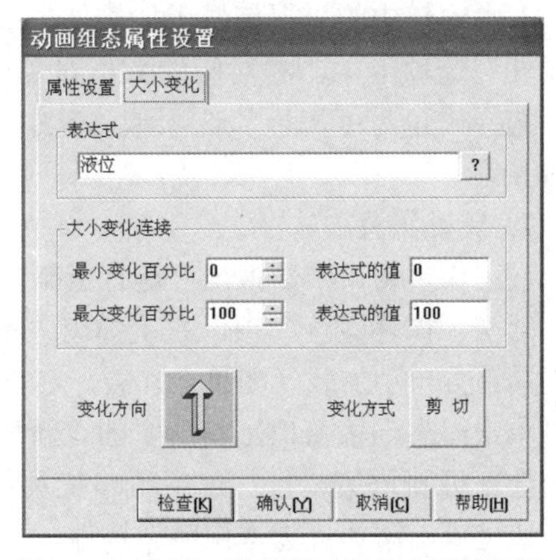

图 4-35　实训 5 储藏罐动画组态属性设置

单击“确认”按钮回到“单元属性设置”对话框，动画连接表达式中会出现连接的对象“液位”。

再次单击“确认”按钮完成“储藏罐”元件的动画连接。

（2）建立“输入框”构件动画连接

双击窗口中的液位值“输入框”构件，出现“输入框构件属性设置”对话框。在“操作属性”选项卡中，将对应数据对象的名称设置为“液位”。

双击窗口中的上限值“输入框”构件，出现“输入框构件属性设置”对话框。在“操作属性”选项卡中，将对应数据对象的名称设置为“液位上限”，将数值输入的取值范围最小值设为“50”，将最大值设为“100”。

双击窗口中的下限值“输入框”构件，出现“输入框构件属性设置”对话框。在“操作属性”选项卡中，将对应数据对象的名称设置为“液位下限”，将数值输入的取值范围最小值设为“0”，将最大值设为“50”。

（3）建立“指示灯”元件的动画连接

双击窗口中的上限指示灯元件，系统弹出“单元属性设置”对话框。在“动画连接”选项卡中，选择图元名“组合图符”，设置连接类型为“填充颜色”，右侧会出现 > 按钮，如图 4-36 所示。单击 > 按钮进入“动画组态属性设置”对话框，在“填充颜色”选项卡中，表达式选择数据对象“上限灯”，如图 4-37 所示。

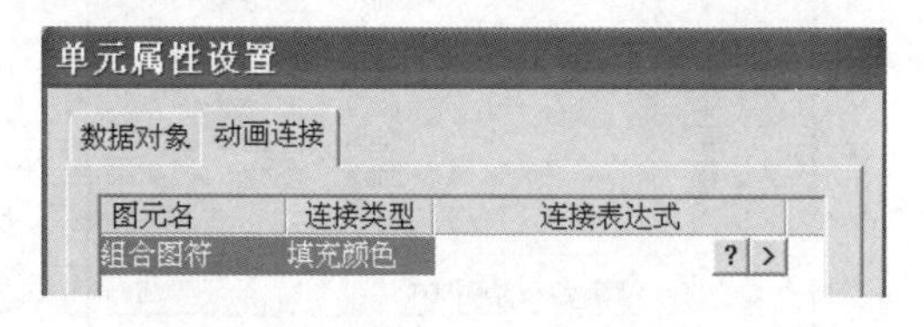

图 4-36　实训 5 指示灯单元属性设置

图 4-37　实训 5 指示灯动画组态属性设置

单击“确认”按钮回到“单元属性设置”对话框，动画连接表达式中会出现连接的对象“上限灯”。

单击“确认”按钮完成“指示灯”元件的动画连接。

使用同样的方法建立下限指示灯元件的动画连接，表达式选择数据对象“下限灯”。

（4）建立“报警显示”构件的动画连接

双击窗口中的“报警显示”构件，系统弹出“报警显示构件属性设置”对话框，在“基本属性”选项卡中，将对应的数据对象的名称设为“液位”，如图 4-38 所示；选择“可见度属性”选项卡，其中表达式选择数据对象“液位”，如图 4-39 所示。

二维码 5-7
策略编程

7. 策略编程

在工作台窗口中切换至“运行策略”选项卡。

双击“循环策略”项，系统弹出“策略组态：循环策略”编辑窗口，策略工具箱会自动加载（如果未加载，右击，选择“策略工具箱”命令）。

单击组态环境窗口工具条中的“新增策略行”按钮，在“策略组态：循环策略”编辑窗口中会出现新增策略行。选中策略工具箱中的“脚本程序”，将鼠标指针移动到策略块图标上，通过单击添加“脚本程序”构件。

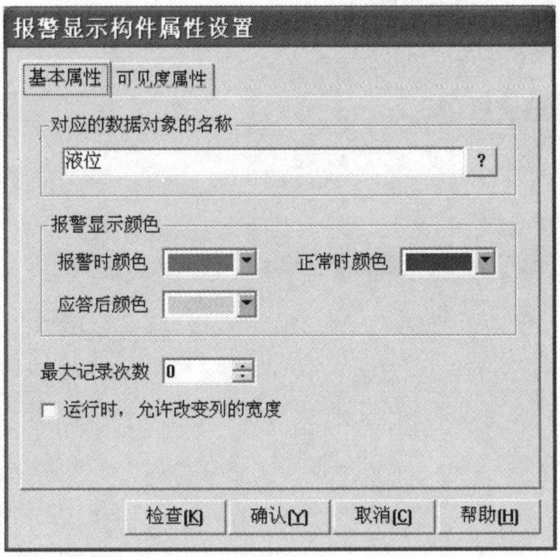

图 4-38　实训 5 报警显示基本属性设置

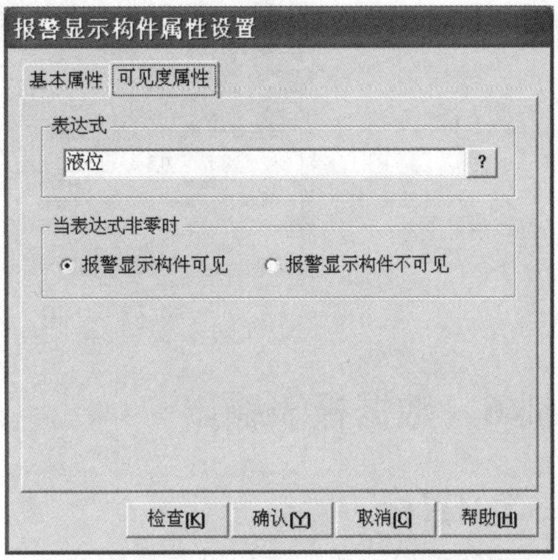

图 4-39　实训 5 报警显示可见度属性设置

双击“脚本程序”策略块，进入“脚本程序”编辑窗口，在编辑区输入如下程序。

```
if 液位 >=液位上限 then
  上限灯=1
else
  上限灯=0
endif
if 液位  <=液位下限 then
  下限灯=1
else
  下限灯=0
endif
!setalmvalue(液位,液位上限,3)
!setalmvalue(液位,液位下限,2)
```

单击“确定”按钮，完成程序的输入。

关闭“策略组态：循环策略”编辑窗口，保存程序，返回到工作台“运行策略”选项卡，选择“循环策略”项，单击“策略属性”按钮，系统弹出“策略属性设置”对话框，将策略执行方式的定时循环时间设置为 200ms，单击“确认”按钮。

8．程序运行

保存工程，将“报警信息”窗口设为启动窗口，运行工程。

二维码 5-8
程序运行

会看到，当储藏罐的液位达到上限报警值或低于下限报警值时，系统报警，此时对应的上限灯或下限灯改变颜色，报警信息窗口显示报警类型、报警事件、当前值、界限值、报警描述等报警信息，可以修改报警上限值、下限值。

程序运行界面如图 4-40 所示。

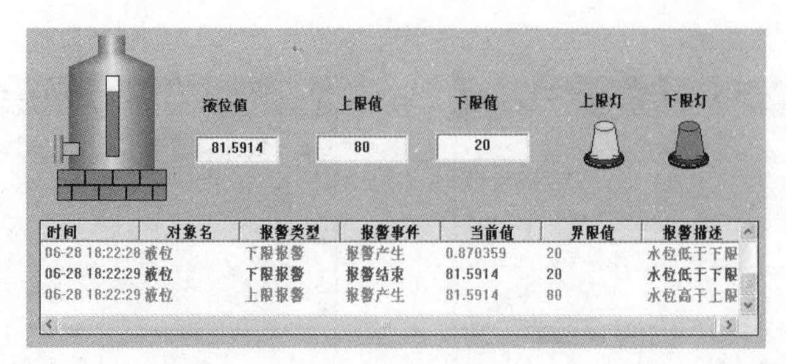

图 4-40　实训 5 程序运行界面

实训 6　数据报表输出

一、学习目标

1．熟悉组态软件模拟设备的连接方法。

2．掌握组态软件数据报表的制作和输出方法。

二、设计任务

二维码 6-1
新建工程项目

1．建立实时报表，显示储藏罐液位的实时变化数据。

2．建立历史报表，显示储藏罐液位的历史变化数据。

三、任务实现

1．建立新工程项目

工程名称："报表输出"；窗口名称："报表输出"；窗口内容注释："输出实时和历史报表"。

二维码 6-2
制作图形画面

2．制作图形界面

在工作台窗口的"用户窗口"选项卡双击"报表输出"图标，进入"动画组态报表输出"窗口。

1）添加 2 个"储藏罐"元件。单击工具箱中的"插入元件"图标，系统弹出"对象元件库管理"对话框，选择储藏罐库中的一个储藏罐对象，单击"确定"按钮，所设计的界面中出现选择的"储藏罐"元件。

2）添加 2 个"输入框"构件。单击工具箱中的"输入框"构件图标，然后将鼠标指针移动到窗口上，单击空白处并拖动鼠标，画出适当大小的矩形框，所设计的界面中出现"输入框"构件。

3）添加 4 个"标签"构件。字符分别为"水罐 1 液位""水罐 2 液位""实时报表"和"历史报表"。所有标签的边线颜色均设置为"无边线颜色"（双击标签就可进行设置）。

4）添加 1 个实时报表构件。单击工具箱中的"自由表格"构件图标▦，在窗口空白处绘制一个自由表格框架。

双击表格进入编辑状态，调整表格大小（把鼠标指针移到 A 与 B 或 1 与 2 之间，当鼠标指针呈分隔线形状时，拖动鼠标至所需大小即可）。

保持编辑状态，右击，从弹出的快捷菜单中选取"删除一列"命令，连续操作两次，剩下 2 列；再右击，选取"删除一行"命令，连续操作两次，剩下 2 行。

在A列第1行单元格中输入“液位1”，在A列第2行单元格中输入“液位2”；在B列第1行、第2行单元格中输入“1|0”（表示输出的数据有1位小数，无空格），如图4-41所示。单击空白处生成实时报表。

5）添加1个历史报表构件。单击工具箱中的“历史表格”构件图标，在窗口空白处绘制历史表格框架。

双击表格进入编辑状态，调整表格大小（把鼠标指针移到C1与C2或R1与R2之间，当鼠标指针呈分隔线形状时，拖动鼠标至所需大小即可）。

保持编辑状态，右击，从弹出的快捷菜单中选取“删除一列”命令，剩下3列。

在C1列R1行单元格中输入“采集时间”，在C2列R1行单元格中输入“液位1”，在C3列R1行单元格中输入“液位2”；在C2列R2行、R3行和R4行单元格中输入“1|0”，在C3列R2行、R3行和R4行单元格中输入“1|0”，如图4-42所示。单击空白处生成历史报表。

	A	B
1	液位1	1|0
2	液位2	1|0

图4-41　实训6实时报表设计

	C1	C2	C3
R1	采集时间	液位1	液位2
R2		1|0	1|0
R3		1|0	1|0
R4		1|0	1|0

图4-42　实训6历史报表设计

设计的图形界面如图4-43所示。

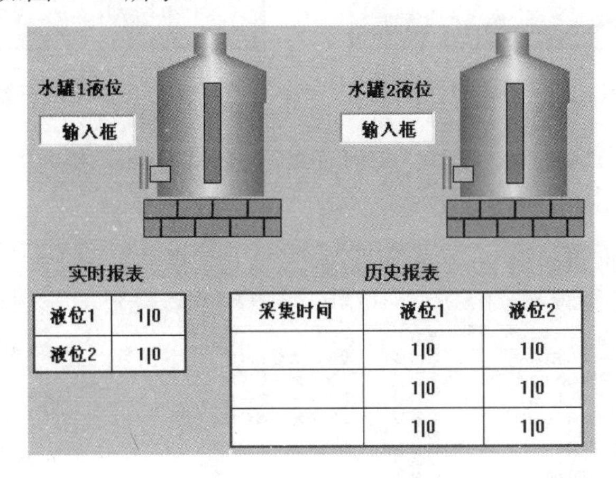

图4-43　实训6图形界面

3．定义数据对象

在工作台窗口中切换至“实时数据库”选项卡。

（1）定义2个数值型对象

单击“新增对象”按钮，再双击新出现的对象，系统弹出“数据对象属性设置”对话框。在“基本属性”选项卡中将对象名称改为“液位1”，对象类型选“数值”，小数位设为“0”，对象初值设为“0”，最小值设为“0”，最大值设为“50”。

二维码6-3
定义数据对象

单击“新增对象”按钮，再双击新出现的对象，系统弹出“数据对象属性设置”对话框。在“基本属性”选项卡中将对象名称改为“液位 2”，对象类型选“数值”，小数位设为“0”，对象初值设为“0”，最小值设为“0”，最大值设为“100”。

（2）定义组对象

单击“新增对象”按钮，再双击新出现的对象，系统弹出“数据对象属性设置”对话框。在“基本属性”选项卡中将对象名称改为“液位组”，对象类型选“组对象”，如图 4-44 所示。

在“组对象成员”选项卡中，选择“数据对象列表”中的“液位 1”，单击“增加”按钮，数据对象“液位 1”被添加到右边的“组对象成员列表”中；使用同样的方法将“液位 2”添加到“组对象成员列表”中，如图 4-45 所示。

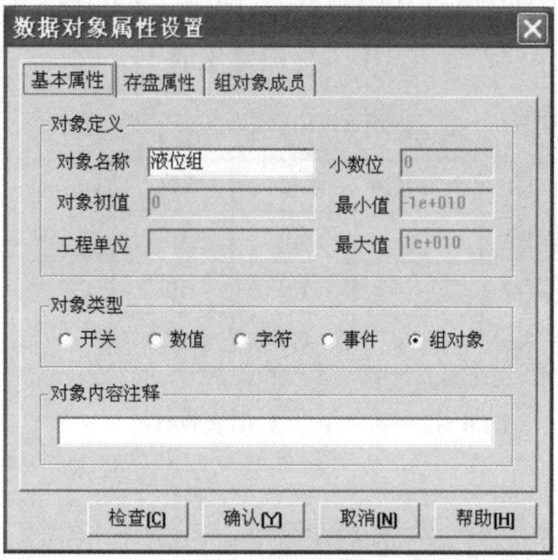

图 4-44 实训 6 液位组对象基本属性设置

图 4-45 实训 6 液位组对象成员属性设置

进入“存盘属性”选项卡，选择“定时存盘”，存盘周期设为 5s。

建立的实时数据库如图 4-46 所示。

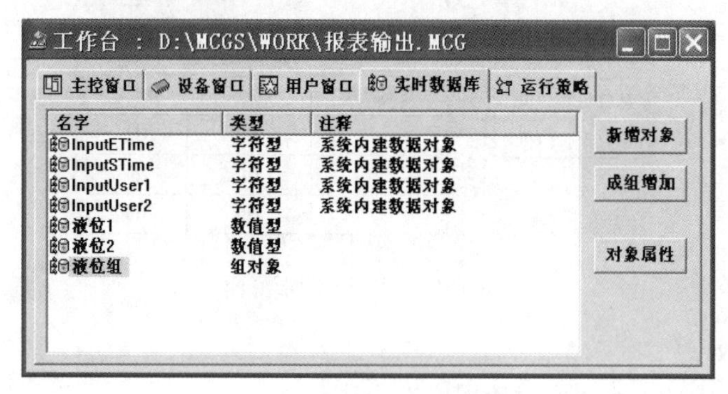

图 4-46 实训 6 实时数据库

4. 模拟设备连接

通常情况下，在启动 MCGS 组态软件时，模拟设备会自动装载到设备工具箱中。如果未被装载，可按照以下步骤将其加入。

1）在工作台窗口的“设备窗口”选项卡中双击“设备窗口”图标，进入“设备组态：设备窗口”。

二维码 6-4
模拟设备连接

2）单击“MCGS 组态环境”窗口工具条中的“工具箱”图标，系统弹出“设备工具箱”对话框，单击“设备管理”按钮，系统弹出“设备管理”对话框。

3）在“设备管理”对话框的“可选设备”列表中，选择“通用设备”下的“模拟数据设备”，在其下方会出现“模拟设备”图标。双击“模拟设备”图标，即可将“模拟设备”添加到右侧的“选定设备”列表中，如图 4-47 所示。

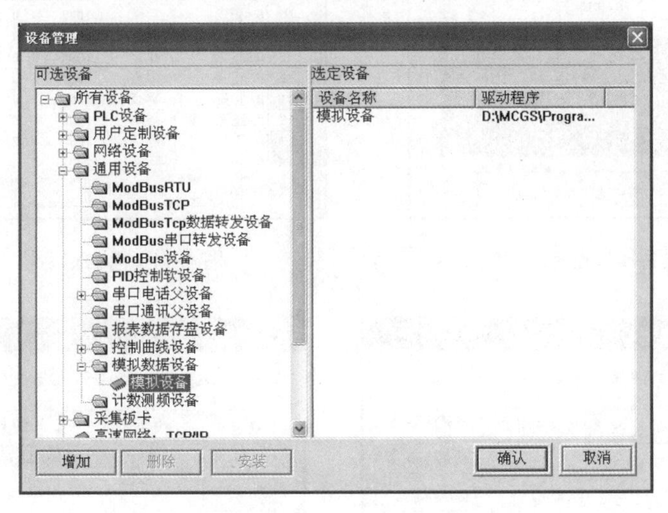

图 4-47　实训 6“设备管理”对话框

4）选择可选“设备”列表中的“模拟设备”，单击“确认”按钮，“模拟设备”即被添加到“设备工具箱”对话框中，如图 4-48 所示。

5）双击“设备工具箱”对话框中的“模拟设备”，模拟设备被添加到“设备组态：设备窗口”中，如图 4-49 所示。

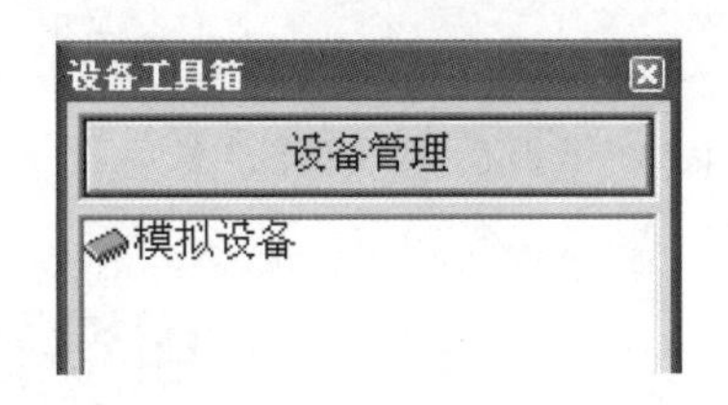

图 4-48　实训 6“设备工具箱”对话框

图 4-49　实训 6 设备组态：设备窗口

6）双击“设备 0-[模拟设备]”，进入“设备属性设置”对话框，如图 4-50 所示。

7）单击“基本属性”选项卡中的[内部属性]选项，其右侧会出现按钮，单击此按钮打开“内部属性”对话框。将通道 1 的最大值设置为“50”，将周期设置为 2s；将通道 2 的最大值设置为“100”，将周期设置为 2s，如图 4-51 所示。单击“确认”按钮，完成“内部属性”设置。

8）选择“通道连接”选项卡，进入通道连接设置。选择通道 0 对应数据对象输入框，输入“液位 1”，选择通道 1 对应数据对象输入框，输入“液位 2”（或右击输入框，弹出数据对象列表后，双击选择“液位 1”“液位 2”），如图 4-52 所示。

9）选择“设备调试”选项卡，可看到通道 1、通道 2 对应数据对象的值在变化，如图 4-53 所示。

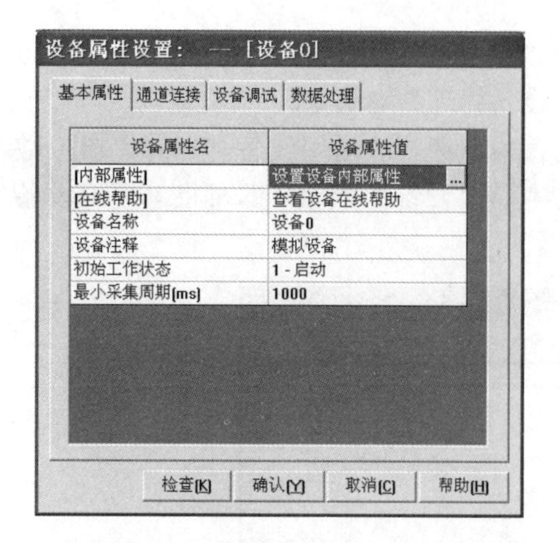

图 4-50 “设备属性设置”对话框

图 4-51 “内部属性”对话框

图 4-52 实训 6“通道连接”选项卡

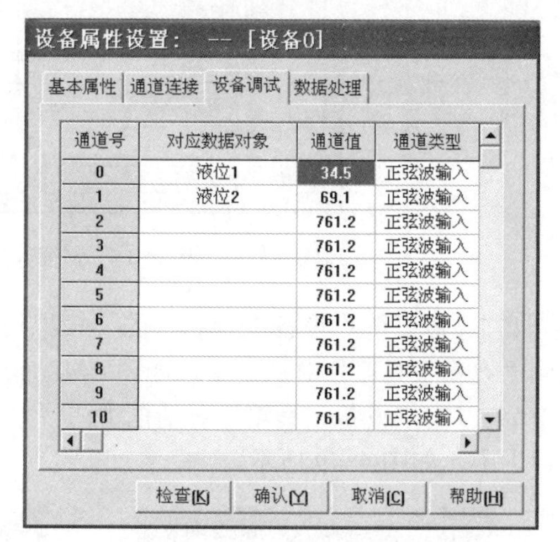

图 4-53 实训 6“设备调试”选项卡

10）单击“确认”按钮，完成设备属性设置。

5．建立动画连接

在工作台窗口的“用户窗口”选项卡中双击“报表输出”图标，进入“动画组态报表输出”窗口。

二维码 6-5
建立动画连接

（1）建立“储藏罐”元件的动画连接

双击窗口中的“储藏罐”元件（水罐 1），系统弹出“单元属性设置”对话框。在“动画连接”选项卡中，选择图元名“矩形”，设置连接类型为“大小变化”，右侧会出现 > 按钮，如图 4-54 所示。单击 > 按钮进入“动画组态属性设置”对话框，在“大小变化”选项卡中，表达式选择数据对象“液位 1”，最小和最大表达式的值分别设为“0”和“50”，如图 4-55 所示。

单击“确认”按钮回到“单元属性设置”对话框，动画连接表达式中会出现连接的对象“液位 1”。

再次单击“确认”按钮，完成“储藏罐”元件的动画连接。

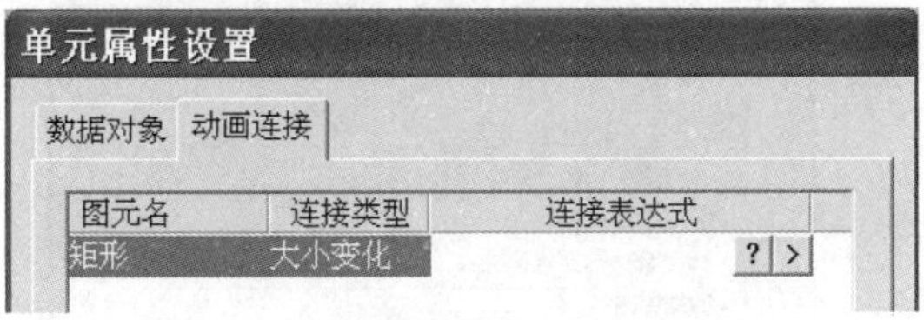

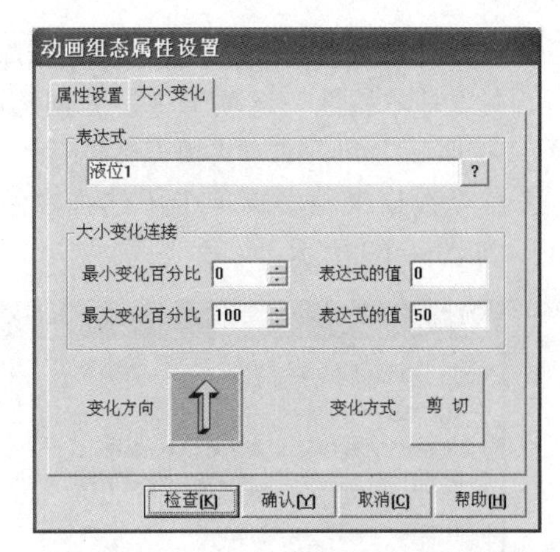

图 4-54　实训 6 储藏罐动画连接设置

图 4-55　实训 6 储藏罐动画组态属性设置

使用同样的方法建立“储藏罐”元件（水罐 2）的动画连接，表达式选择数据对象“液位 2”，最小和最大表达式的值分别设为“0”和“100”。

（2）建立“输入框” 构件动画连接

双击窗口中的水罐 1 液位“输入框”构件，出现“输入框构件属性设置”对话框。在“操作属性”选项卡中，将对应数据对象的名称设置为“液位 1”。

双击窗口中的水罐 2 液位“输入框”构件，出现“输入框构件属性设置”对话框。在“操作属性”选项卡中，将对应数据对象的名称设置为“液位 2”。

（3）建立实时报表动画连接

双击实时报表，在 B 列中，选择液位 1 对应的单元格，右击，从弹出的快捷菜单中选择“连接”命令，如图 4-56 所示。再次右击，弹出数据对象列表，双击数据对象“液位 1”，B 列第 1 行单元格所显示的数值即为“液位 1”的数据。

使用同样的方法，将 B 列第 2 行单元格与数据对象“液位 2”建立连接，如图 4-57 所示。

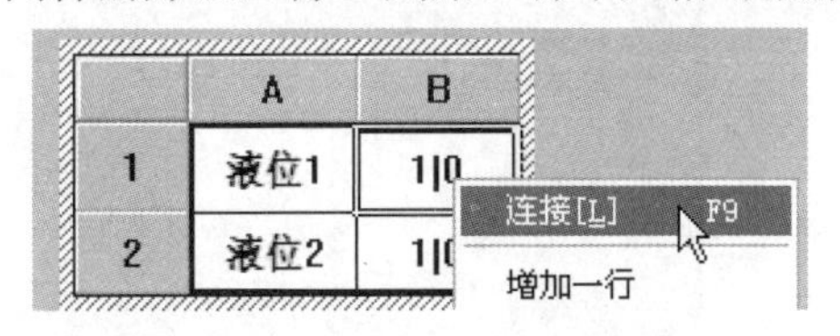

图 4-56　实训 6 实时报表动画连接 1

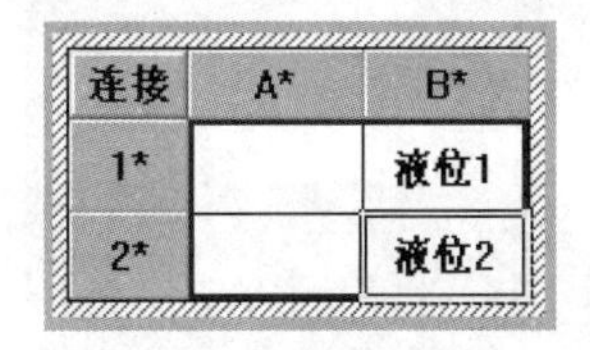

图 4-57　实训 6 实时报表动画连接 2

（4）建立历史报表动画连接

双击历史报表，选择 R2、R3、R4 行，右击，从弹出的快捷菜单中选择“连接”命令。

选择“MCGS 组态环境”→“表格”→“合并表元”命令，所选区域会出现反斜杠，如图 4-58 所示。

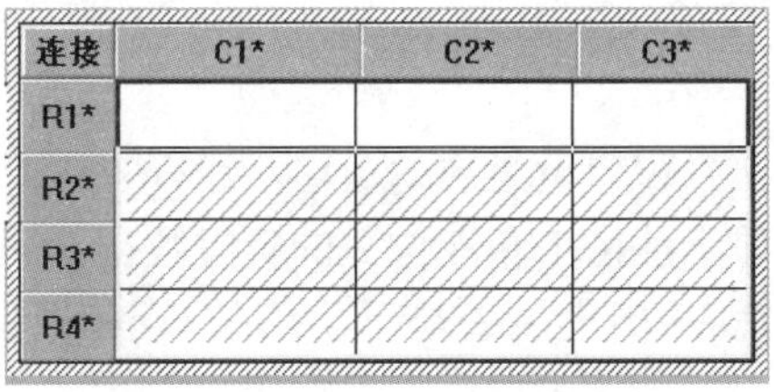

连接	C1*	C2*	C3*
R1*			
R2*			
R3*			
R4*			

图 4-58　实训 6 合并历史报表单元格

双击反斜杠区域，系统弹出“数据库连接设置”对话框。

在“基本属性”选项卡中，分别选取“在指定的表格单元内，显示满足条件的数据记录”“按照从上到下的方式填充数据行”及“显示多页记录”选项，如图4-59所示。

在“数据来源”选项卡中选择“组对象对应的存盘数据”选项，组对象名选“液位组”，如图4-60所示。

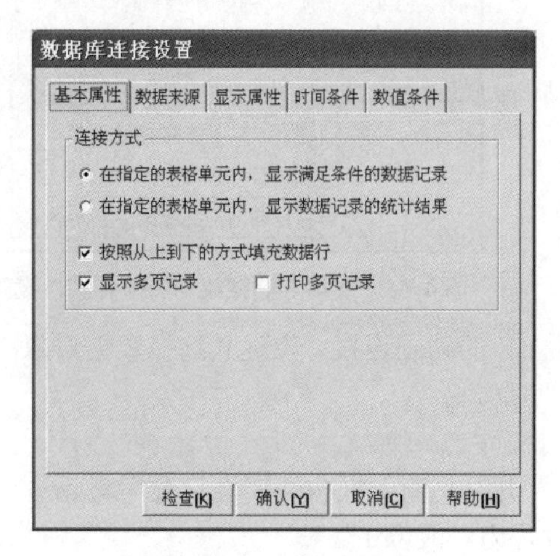

图4-59　实训6 数据库连接设置1

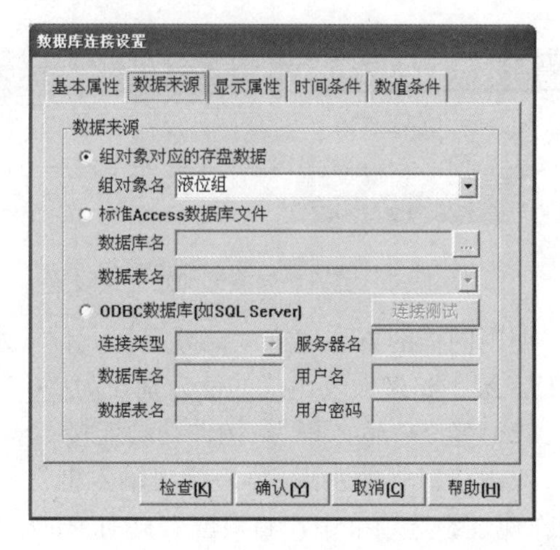

图4-60　实训6 数据库连接设置2

在“显示属性”选项卡中，单击“复位”按钮，如图4-61所示。

在“时间条件”选项卡中，排序列名选“MCGS_Time”，“升序”；时间列名选“MCGS_Time”；选择“所有存盘数据”选项，如图4-62所示。

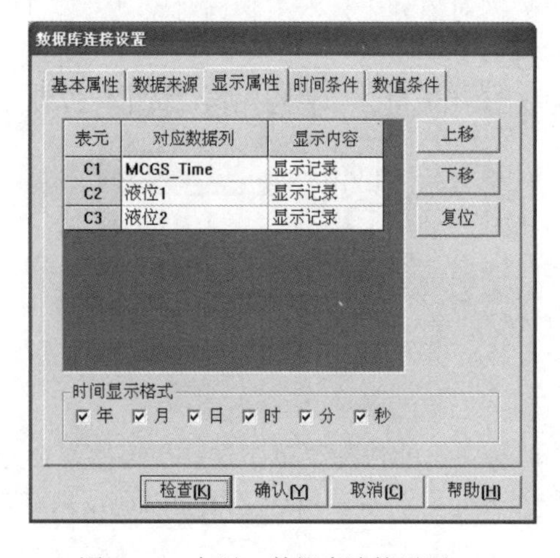

图4-61　实训6 数据库连接设置3

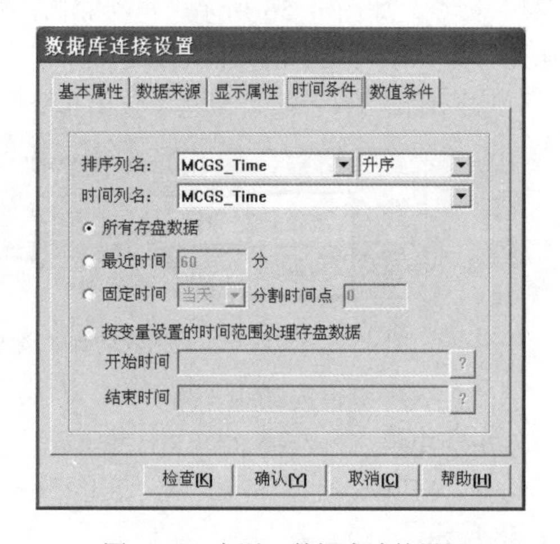

图4-62　实训6 数据库连接设置4

6．程序运行

保存工程，将“报表输出”窗口设为启动窗口，运行工程。

此时会看到，实时报表显示液位1和液位2的实时数据。

关闭程序，再次运行工程，历史报表显示出液位1和液位2的历史数据。

二维码6-6
程序运行

程序运行界面如图 4-63 所示。

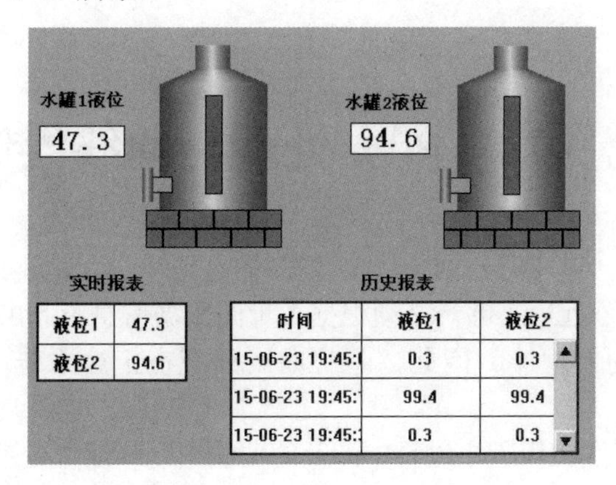

图 4-63　实训 6 程序运行界面

第 5 章　配方处理与曲线绘制

在实际生产过程中，对实时数据、历史数据的查看、分析是不可缺少的工作，但对大量数据仅进行定量的分析还远远不够，必须根据大量的数据信息绘制出趋势曲线，从趋势曲线的变化中发现数据的变化规律。因此，趋势曲线处理在工控系统中成为一个非常重要的部分。

本章将对 MCGS 开发应用程序过程中涉及的曲线绘制和配方处理进行介绍。

5.1　MCGS 的主控窗口

MCGS 的主控窗口是组态工程的主窗口，是所有设备窗口和用户窗口的父窗口。它相当于一个大的容器，可以放置一个设备窗口和多个用户窗口，并负责这些窗口的管理和调度，并调度用户策略的运行。同时，主控窗口又是组态工程结构的主框架，可在主控窗口内建立菜单系统，创建各种菜单命令，展现工程的总体概貌和外观，设置系统运行流程及特征参数，方便用户的操作。

在 MCGS 单机版中，一个应用系统只允许有一个主控窗口。主控窗口是作为一个独立的对象存在的，其强大的功能和复杂的操作都被封装在对象的内部，组态时只需对主控窗口的属性进行正确的设置即可。

5.1.1　菜单组态

为应用系统编制一套功能齐全的菜单系统（菜单组态）是主控窗口组态配置的一项重要工作。在工程创建时，MCGS 在主控窗口中自动建立了系统默认菜单系统，但它只提供了最简单的菜单命令，以使生成的应用系统能正常运行。

在工作台窗口的“主控窗口”选项卡中选中主控窗口图标，单击“菜单组态”按钮，或双击主控窗口图标，即弹出菜单组态窗口，如图 5-1 所示，在该窗口内完成菜单的组态工作。

MCGS 菜单组态允许用户自由设置所需的每一个含多个命令的菜单，设置的内容包括菜单命令的名称、菜单命令对应的快捷键、菜单注释和菜单命令所执行的功能。如在主控窗口中组建一个图 5-2 所示的系统菜单。

运行工程，按图 5-2 中的组态配置所生成的菜单的结构如图 5-3 所示，其由顶层菜单、菜单项、下拉式菜单及菜单命令分隔线 4 部分组成。顶层菜单是位于窗口菜单条上的菜单，也是系统运行时正常显示的菜单。顶层菜单既可以是一个下拉式菜单，又可以是一个独立的菜单项。下拉式菜单是包含有多项命令的菜单，通常该菜单的右端带有标识符，起到菜单中命令分级的作用。MCGS 最多允许有 4 级菜单结构。

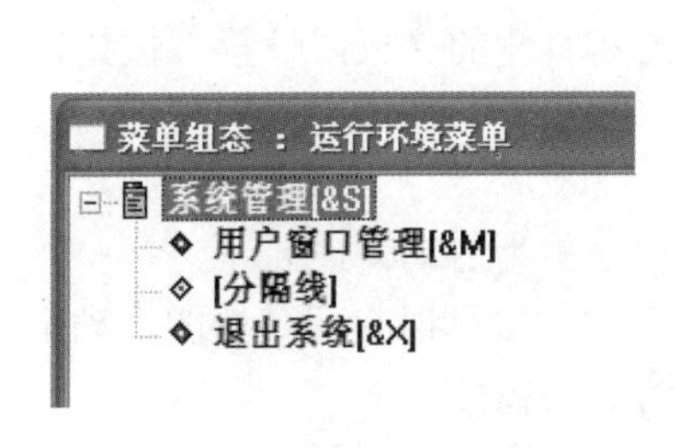

图 5-1　菜单组态窗口

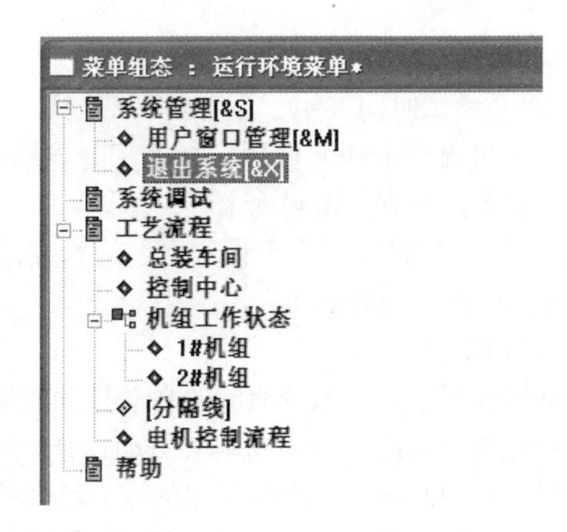

图 5-2　组建系统菜单

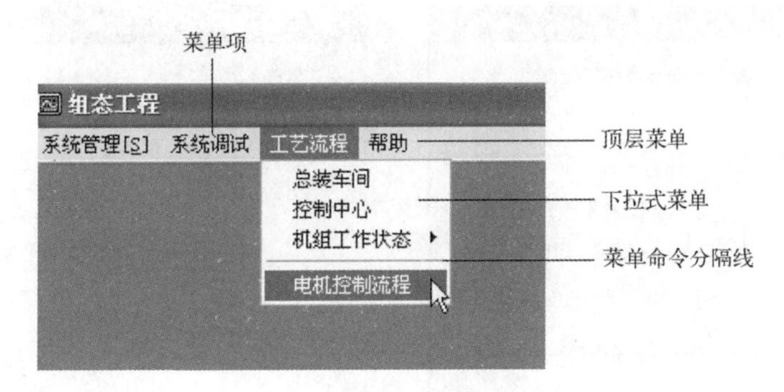

图 5-3　生成菜单结构图

5.1.2　属性设置

主控窗口是应用系统的父窗口和主框架，其基本职责是调度与管理运行系统，以反映出应用工程的总体概貌，并由此决定了主控窗口的属性内容，其主要包括基本属性、启动属性、内存属性、系统参数及存盘参数。

在工作台“主控窗口”选项卡中选中主控窗口图标，单击工具条中的“属性”按钮，或执行“编辑”→“属性”命令，再或者右击主控窗口，选择“属性”命令，系统弹出“主控窗口属性设置”对话框，其中包括基本属性、启动属性、内存属性等选项卡。

1. 基本属性

基本属性会指明反映工程外观的显示要求，包括工程的名称（窗口标题）、系统启动时首页显示的界面（称为软件封面）、是否显示菜单等。

选择“基本属性”选项卡，进入“基本属性默认”对话框，如图 5-4 所示，其中的各选项详细介绍如下。

1）窗口标题：用于设置工程运行窗口的标题。

2）窗口名称：用于主控窗口的名称，系统默认为“主控窗口”，并以灰色显示，不可更改。

3）菜单设置：用于确定是否建立菜单系统，如果选择“无菜单”，运行时将不显示菜单栏。

4）封面窗口：用于确定工程运行时是否有封面，可在下拉菜单中选择相应的窗口作为封面窗口。

5）封面显示时间：用于设置封面持续显示的时间，以 s 为单位。当设计好的应用系统运行时，单击封面上任何位置，封面都会自动消失。当将封面显示时间设置为“0”时，封面将一直显示，直到单击封面上任何位置时，方可消失。

6）系统运行权限：用于设置系统运行权限。单击其右侧的“权限设置”按钮，可进入“用户权限设置”对话框。

2．启动属性

启动属性用于指定系统启动时自动打开的用户窗口（称为启动窗口）。

应用系统启动时，主控窗口会自动打开一些用户窗口，以即时显示某些图形动画，如反映工程特征的封面图形，主控窗口的这一特性就被称为启动属性。

单击“启动属性”标签，进入“启动属性”选项卡，如图 5-5 所示。

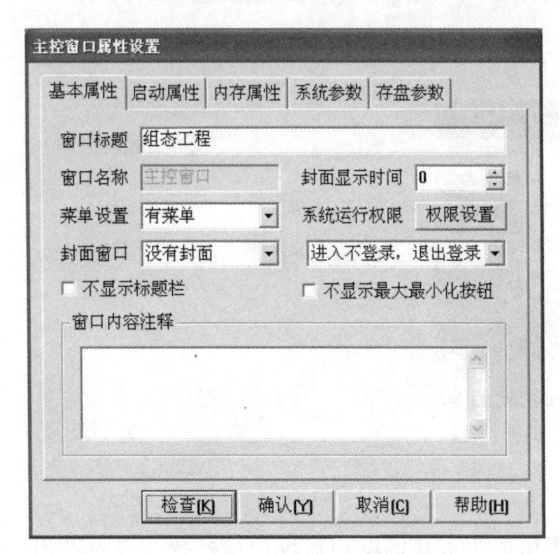

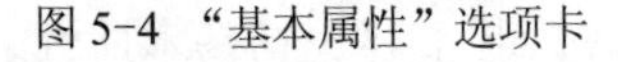
图 5-4 “基本属性”选项卡

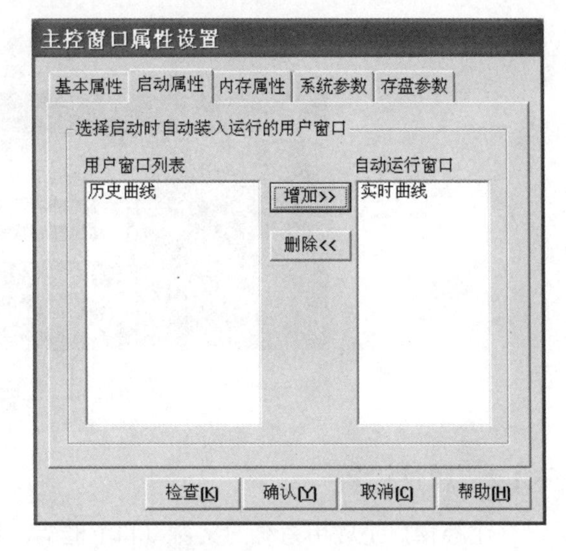

图 5-5 “启动属性”选项卡

图 5-5 的左侧为用户窗口列表，其中列出了所有定义的用户窗口名称；右侧为启动时自动打开的用户窗口列表，利用“增加”和“删除”按钮，可以调整自动启动的用户窗口。单击“增加”按钮或双击左侧用户窗口列表内指定的用户窗口，可以把该窗口选到右侧，成为系统启动时自动运行的用户窗口；单击“删除”按钮或双击右侧列表内指定的用户窗口，可以将该用户窗口从自动运行窗口列表中删除。

所设计的应用系统启动时，一次打开的窗口个数没有限制，但由于计算机内存的限制，一般只将最需要的窗口选为启动窗口。启动的窗口过多，会影响系统的启动速度。

3．内存属性

内存属性用于指定系统启动时自动装入内存的用户窗口。所设计的应用系统运行过程中，打开装入内存的用户窗口可提高界面间的切换速度。

在所设计的应用系统运行过程中，当需要打开一个用户窗口时，系统首先把窗口的特征数据从磁盘调入内存，然后执行窗口打开的指令，这样，打开窗口的过程可能比较缓慢，满足不了工程的需要。为了加快用户窗口的打开速度，MCGS 提供了一种直接从内存中打开窗口的机制，即把用户窗口装入内存，以节省磁盘操作所用的时间。将位于主控窗口内的某些用户窗口定义为内存窗口，称为主控窗口的内存属性。

利用主控窗口的内存属性，可以设置所设计的应用系统运行过程中始终位于内存中的用户窗口，而不管该窗口是处于打开状态还是处于关闭状态。由于窗口存在于内存之中，打开时不需要从磁盘上读取，因而能提高打开窗口的速度。MCGS 最多可允许 20 个用户窗口在运行时装入内存。受计算机内存大小的限制，一般只把需要经常打开和关闭的用户窗口在运行时装入内存即可。预先装入内存的窗口过多，也会影响运行系统装载的速度。

5.2 配方处理

在制造领域，配方是用来描述生产一件产品所用的不同配料之间的比例关系，是生产过程中一些变量对应的参数设定值的集合。例如，一个面包厂生产面包时有一个基本的配料配方，此配方列出了所有要用来生产面包的配料成分表（如水、面粉、糖、鸡蛋、黄油等），另外，也列出了所有可选配料成分表（如水果、果核、巧克力片等），而这些可选配料成分可以被添加到基本配方中用于生产各种各样的面包。又如在钢铁厂，一个配方可能就是机器设置参数的一个集合；而对于批处理器，一个配方可能被用来描述批处理过程中的不同步骤。

5.2.1 配方管理原理

MCGS 配方构件采用数据库处理方式，可以在一个用户工程中同时建立和保存多种配方。每种配方的配方成员和配方记录可以任意修改，各个配方成员的参数可以在开发和运行环境下修改，可随时指定配方数据库中的某个记录为当前的配方记录，把当前配方记录的配方参数装载到 MCGS 实时数据库的对应变量中，也可把 MCGS 实时数据库的变量值保存到当前配方记录中，同时提供对当前配方记录的保存、删除、锁定、解锁等功能。

MCGS 配方构件由 3 部分组成，即配方组态设计、配方操作和配方编辑。在 MCGS 组态环境窗口中选择“工具”→“配方组态设计”命令，可以进行配方组态设计；在运行策略中可以组态“配方操作”；在运行环境中可以进行“配方编辑”操作。

使用 MCGS 配方构件一般分为如下 3 步。

第一步，配方组态设计，选择“工具”→“配方组态设计”命令，可设置各个配方所要求的各种成员和参数值，例如，一个钢铁厂生产钢铁需要的各种原料及参数配置比例。

第二步，配方操作，在运行策略中设置对配方参数的操作方式，如编辑配方记录、装载配方记录等操作。

第三步，动态编辑配方，在运行环境中动态地编辑配方参数。

5.2.2 配方组态设计

选择“工具”→“配方组态设计”命令，进入 MCGS 配方组态设计窗口。

配方组态设计窗口是一个独立的编辑环境，用户在使用配方构件时必须熟悉配方组态设计的各种操作，配方组态设计窗口由配方菜单、配方列表框和配方显示表格等部分组成。其中，配方菜单用于完成配方以及配方编辑和修改操作，配方列表用于显示工程中所有的配方，“配方显示表格”用于显示选定配方的各种参数，可以在配方显示表格中对各种配方参数进行编辑、修改。

使用配方组态设计进行配方参数设置的步骤如下。

1）新建配方。执行“文件”→“新增配方”命令，会自动建立一个系统默认的配方结构，系统默认的配方名称为“配方 X”，配方的参数个数为 32，配方参数名称为 NameX，对应的数据库变量为空，数据类型为数值型。配方的最大记录个数为 32。通过执行“文件”→“配方改名”命令可以修改配方构件的名称，“配方参数”可以修改配方的参数个数和最大记录个数，即配方表的行数和列数，在配方显示表格中可以修改配方参数名称和变量连接，新建的配方如图 5-6 所示。

2）执行“文件”→“配方参数”命令，打开图 5-7 所示的对话框，从中可以编辑此配方的配方记录，即进行配方参数值设定。

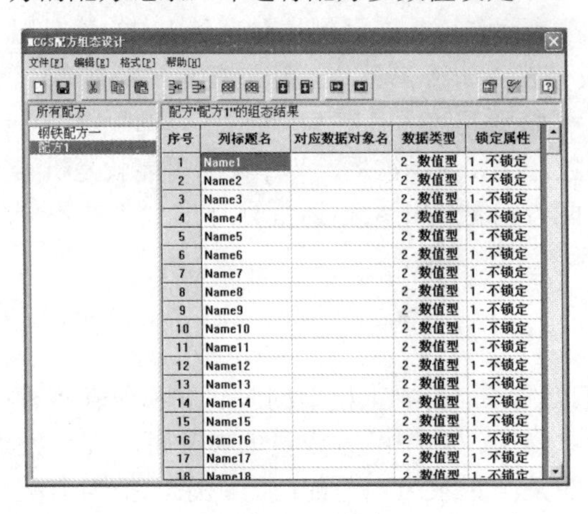

图 5-6 新建配方

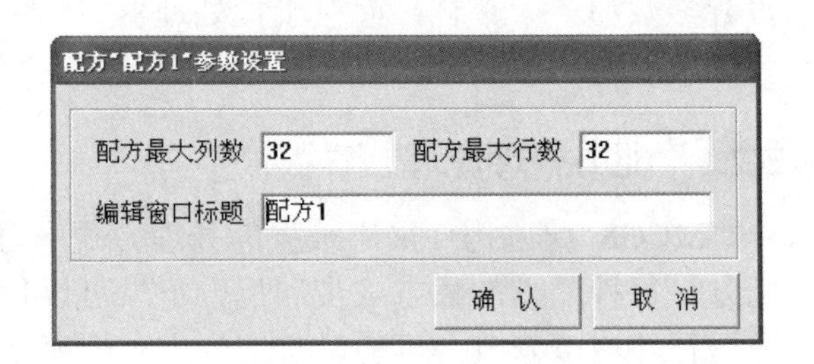

图 5-7 配方参数设置

5.2.3 配方操作设计

当组态好一个配方后，就需要对配方进行操作，如装载配方记录、保存配方记录值等。MCGS 使用特定的策略构件来实现对配方记录的操作，在策略构件中提供的配方操作如图 5-8 所示。

在用户策略中可以对配方实现的操作有“编辑配方记录”“装载配方记录”和“操作配方记录”。“编辑配方记录”在运行环境中会弹出一个配方编辑窗口，用于修改指定的配方记录；“装载配方记录”可把满足匹配条件的配方记录装载到实时数据库的变量中；“操作配方记录”可以把当前实时数据库中变量的值保存到配方数据库。

5.2.4 动态编辑配方

用户可以在运行环境中对指定的配方进行动态的编辑，包括记录值的重新输入，记录的增加、删除和保存，当前记录的装载等操作。

在用户策略中的策略行中使用“指定配方记录编辑”功能，系统弹出图 5-9 所示的配方编辑对话框，供用户进行动态编辑。

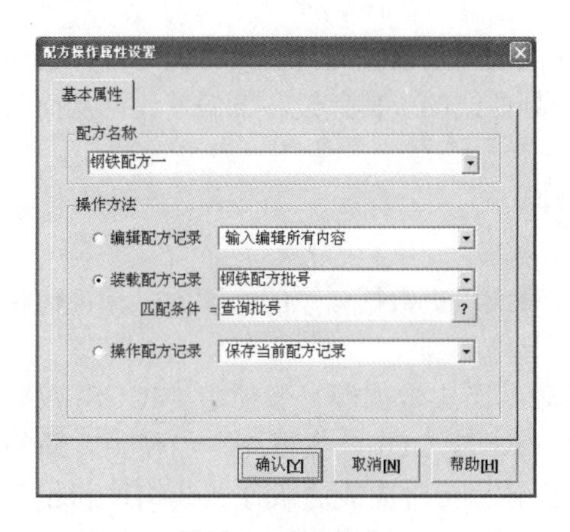

图 5-8　配方操作

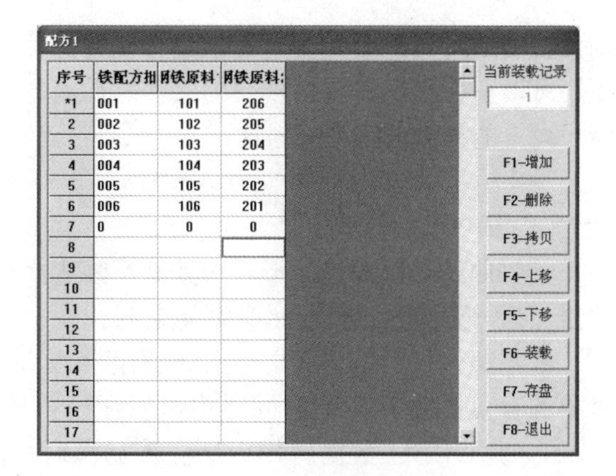

图 5-9　指定配方记录编辑

5.3　曲线绘制

MCGS 组态软件能为用户提供功能强大的趋势曲线。通过众多功能各异的曲线构件，包括历史曲线、实时曲线、计划曲线，以及相对曲线和条件曲线，用户能够组态出各种类型的趋势曲线，从而满足工程项目的不同需求。

5.3.1　趋势曲线的种类

MCGS 共提供了 5 种用于趋势曲线绘制的构件，分别是历史曲线构件、实时曲线构件、条件曲线构件、相对曲线构件和计划曲线构件。每种曲线构件的功能各不相同。

1．历史曲线构件

历史曲线构件可将历史存盘数据从数据库中读出，以时间为横坐标，以数据值为纵坐标进行曲线绘制。同时，历史曲线也可以实现实时刷新的效果。历史曲线主要用于事后查看数据分布和状态变化趋势，以及总结信号变化规律。

2．实时曲线构件

实时曲线构件可在 MCGS 系统运行时从 MCGS 实时数据库中读取数据，同时，以时间为 X 轴进行曲线绘制。X 轴的时间标注，可以按照用户组态要求，使用绝对时间或相对时间显示。

3．条件曲线构件

条件曲线构件用于把历史存盘数据库中满足一定条件的数据以曲线的形式显示出来。和历史曲线构件不同的是，条件曲线构件没有实时刷新功能。条件曲线构件处理的数据不是整个历史数据库里的数据，而只是其中满足一定条件的数据集合。同时，条件曲线构件的 X 轴可以为绝对时间、相对时间、数值型变量等多种形式。

4．相对曲线构件

相对曲线构件能以实时曲线的方式显示一个或若干个变量与某一指定变量的函数关系。例如，当温度发生变化时，显示压力对应的变化情况。

5．计划曲线构件

使用计划曲线构件，用户可以预先设置一段时间内的数据变化情况，然后在运行时，由构件自动地对用户指定变量的值进行设置，使变量的值与用户设置的值一致；同时，计划曲线还可以在构件内显示最多 16 条实时曲线，以及计划曲线的上偏差线和下偏差线，从而与用户设定的计划曲线形成对比。

5.3.2 定义曲线数据源

趋势曲线是以曲线的形式形象地反映生产现场实时或历史数据信息的。因此，无论何种曲线，都需要为其定义显示数据的来源。

数据源一般分为两类，历史数据源和实时数据源。历史数据源一般使用 MCGS 数据对象的存盘数据库，但它同时也可以使用普通的 Access 或 ODBC 数据库。当使用普通的 Access 或 ODBC 数据库作为历史数据源时，除能够显示相对曲线的条件曲线构件和相对曲线构件外，都要求作为历史数据源的数据库表至少有一个表示时间的字段。此外，通过使用 ODBC 数据库作为数据源，还可以显示位于网络中其他计算机上的数据库中的历史数据。

实时数据源则使用 MCGS 实时数据库作为数据源。组态时，将曲线与 MCGS 实时数据库中的数据对象相连接，运行时，曲线构件即定时地从 MCGS 实时数据库中读取相关数据对象的值，从而实现实时刷新曲线的功能。

MCGS 提供的曲线构件中数据源的使用见表 5-1。

表 5-1 数据源使用

曲线构件	可否使用历史数据源	可否使用实时数据源
历史曲线构件	可以	可以
实时曲线构件	不可以	可以
条件曲线构件	可以	不可以
相对曲线构件	不可以	可以
计划曲线构件	不可以	可以

5.3.3 定义曲线坐标轴

在每一个 MCGS 曲线构件中都需要设置曲线的 X 方向和 Y 方向的坐标轴及标注属性。

1．X 轴标注属性设置

MCGS 曲线构件的 X 轴大致可分为时间和数值两种类型。

对于时间型 X 坐标轴，通常需要设置其对应的时间字段、长度、时间单位、时间显示格式、标注间隔，以及 X 轴标注的颜色、字体等属性。其中：

1）时间字段标明了 X 轴数据的数据来源。

2）长度和时间单位确定了 X 轴的总长度，例如，将 X 轴长度设置为“10”，将 X 轴时间单位设置为“分”，则 X 轴总长度为 10min。

对于数值型 X 坐标轴，通常需要设置 X 轴对应的数据变量名或字段名、最大值、最小值、小数位数、标注间隔，以及标注的颜色和字体等属性。

对于不同的趋势曲线构件，可使用的 X 坐标轴类型见表 5-2。

表 5-2　可使用的 X 坐标轴类型

曲线构件	可否使用时间型 X 轴	可否使用数值型 X 轴
历史曲线构件	可以	不可以
实时曲线构件	可以	不可以
条件曲线构件	可以	可以
相对曲线构件	不可以	可以
计划曲线构件	可以	不可以

2．Y 轴标注属性设置

在所有 MCGS 的曲线构件中，Y 坐标轴只允许连接类型为开关型或数值型的数据源。曲线的 Y 轴数据通常可能连接很多个数据源，用于在一个坐标系内显示多条曲线。对于每一个数据源，可以设置的属性包括数据源对应的数据对象名或字段名、最大值、最小值、小数位数据、标注间隔，以及 Y 轴标注的颜色和字体等属性。

5.3.4　定义曲线网格

为了使趋势曲线显示更准确，MCGS 提供的所有曲线构件都可以自由地设置曲线背景网格的属性。

曲线网格分为与 X 坐标轴垂直的划分线和与 Y 坐标轴垂直的划分线。每个方向上的划分线又分为主划分线与次划分线。其中，主划分线用于划分整个曲线区域，例如，将主划分线数目设置为 4，则整个曲线区域即被主划分线划分为大小相同的 4 个子区域。次划分线则在主划分线的基础上，将主划分线划分好的每一个小区域划分成若干个相同大小的区域，例如，若主划分线数目为 4，次划分线数目为 2，则曲线区域共被划分为 4×2=8 个区域。

此外，X 坐标轴及 Y 坐标轴的标注也依赖于各个方向的主划分线。通常，坐标轴的标注文字都只在相应的主划分线下按照用户设定的标注间隔依次标注。

MCGS 提供的趋势曲线构件，通常还可以设置曲线显示、刷新等属性。例如，历史曲线构件在组态时可以设置是否显示曲线翻页按钮、是否显示曲线放大按钮等选项；在相对曲线中，可以设置是否显示网格、边框，以及是否显示 X 轴或 Y 轴标注等。

实训 7　配方设计操作

一、学习目标

掌握组态软件配方的设计与操作方法。

二、设计任务

建立一个配方库，从配方库中装载指定配方号的配方参数；把当前变量的值保存到配方库中；对指定配方号的配方参数进行编辑。

二维码 7-1
新建工程项目

三、任务实现

1．建立新工程项目

工程名称：“钢铁配方”；窗口名称：“钢铁配方”。

2．制作图形界面

二维码 7-2
制作图形画面

在工作台窗口的“用户窗口”选项卡，双击“钢铁配方”图标，进入“动画组态钢铁配方”窗口。

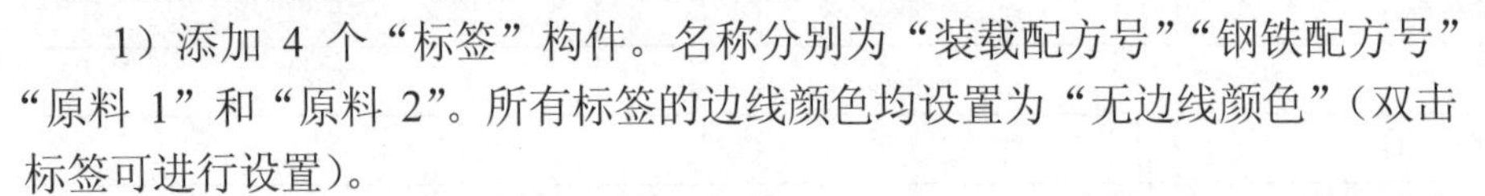

1）添加 4 个“标签”构件。名称分别为“装载配方号”“钢铁配方号”“原料 1”和“原料 2”。所有标签的边线颜色均设置为“无边线颜色”（双击标签可进行设置）。

2）添加 4 个“输入框”构件。单击工具箱中的“输入框”构件图标，然后将鼠标指针移动到窗口上，单击空白处并拖动鼠标，画出适当大小的矩形框，所设计的界面中出现“输入框”构件。

3）添加 3 个“按钮”构件。将按钮标题分别设置为“装载指定记录”“保存当前记录”和“编辑配方成员”。

设计的图形界面如图 5-10 所示。

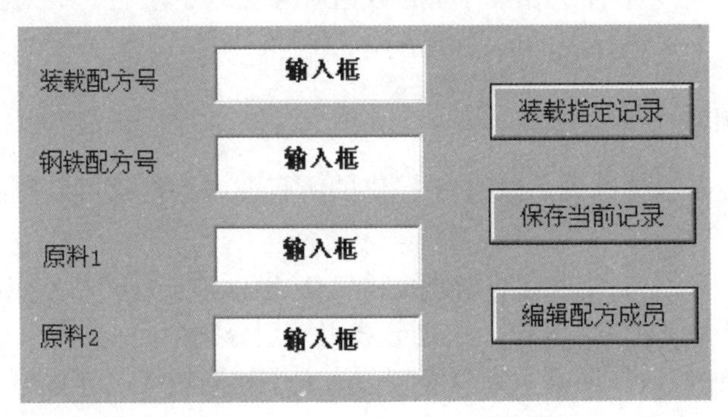

图 5-10　实训 7 图形界面

3．定义数据对象

在工作台窗口中切换至“实时数据库”选项卡。

1）定义 2 个字符型对象。对象名称分别为“钢铁配方批号”和“查询批号”，对象类型选“字符”。

2）定义 2 个数值型对象。对象名称分别为“钢铁原料 1”和“钢铁原料 2”，对象类型选“数值”。

二维码 7-3
定义数据对象

建立的实时数据库如图 5-11 所示。

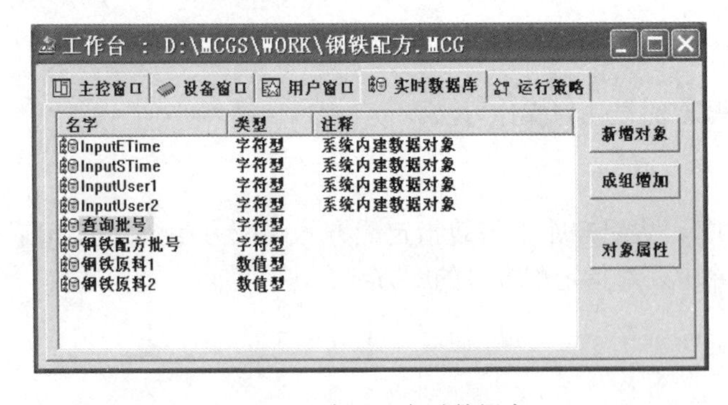

图 5-11　实训 7 实时数据库

4．配方组态设计

二维码 7-4
配方组态设计

1）在“MCGS 组态环境”窗口中选择“工具”→“配方组态设计”命令，系统弹出“MCGS 配方组态设计”窗口。选择“文件”→“新增配方”命令，建立一个默认的配方结构，选择“文件”→“配方改名”命令，将系统默认配方名改为“钢铁配方一”，如图 5-12 所示。

图 5-12　实训 7 建立新配方

选择“文件”→“配方参数”命令，把配方参数改为 3 列 20 行，如图 5-13 所示。

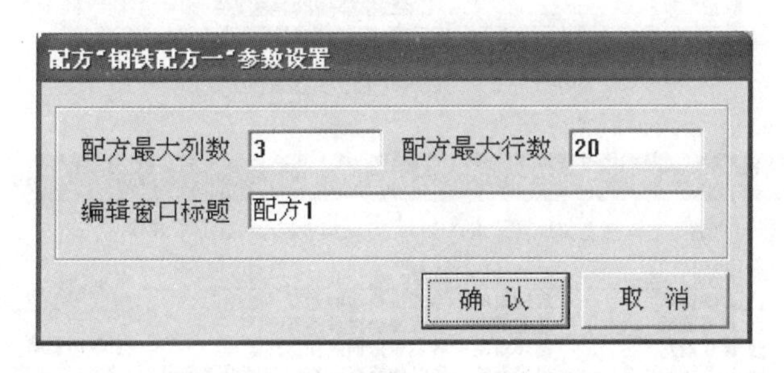

图 5-13　实训 7 配方参数设置

在“钢铁配方一”表格中输入“列标题名”和“对应数据对象名”，选择“数据类型”和“锁定属性”，如图 5-14 所示。表格中的“钢铁配方批号”是作为关键字查询的，因此在一个配方中不能相同。

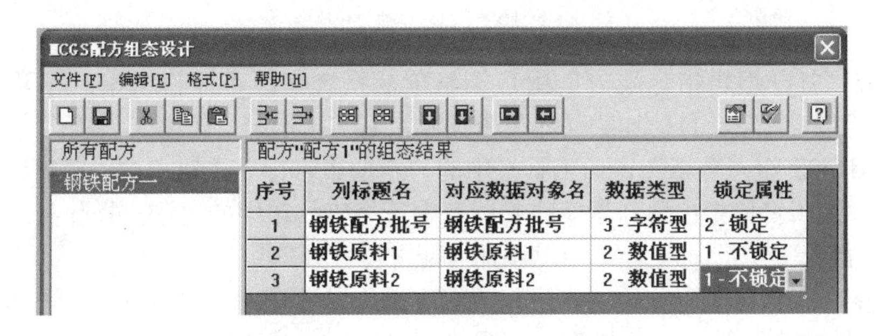

图 5-14　实训 7 数据对象名连接

2）双击“钢铁配方一”，进入配方参数创建窗口，按图 5-15 所示的内容进行配方参数创建，输入相应数值，完成后单击“F7-存盘”按钮。单击“F8-退出”按钮，这就建立好了初始配方库。

二维码 7-5
配方属性设置

5．配方操作属性设置

1）在工作台窗口的“运行策略”选项卡中，单击“新建策略”按钮，系统弹出“选择策略的类型”对话框，选择“用户策略”，分别建立名称为“保存当前配方”、“打开编辑指定配方”和“装载指定配方”的用户策略，如图 5-16 所示。

配方1

序号	铁配方排	闭铁原料	闭铁原料:
*1	001	101	206
2	002	102	205
3	003	103	204
4	004	104	203
5	005	105	202
6	006	106	201
7			
8			
9			
10			
11			
12			
13			
14			
15			
16			
17			

当前装载记录 1

F1-增加
F2-删除
F3-拷贝
F4-上移
F5-下移
F6-装载
F7-存盘
F8-退出

图 5-15　实训 7 配方参数创建

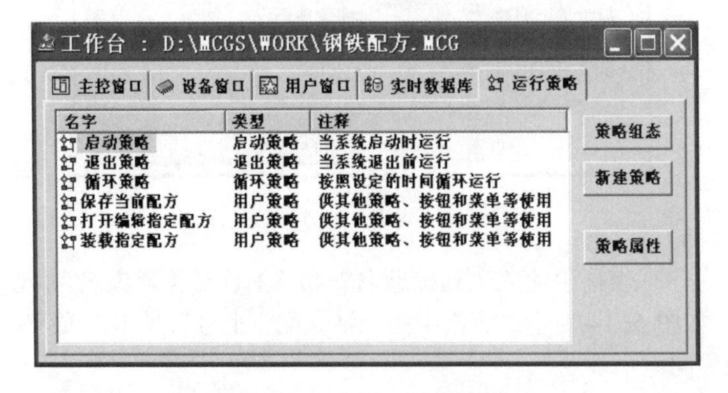

图 5-16　实训 7 新建策略

2）双击“打开编辑指定配方”用户策略项，系统弹出“策略组态：打开编辑指定配方”窗口，策略工具箱会自动加载（如果未加载，右击，选择“策略工具箱”命令）。

单击“MCGS 组态环境”窗口工具栏中的“新增策略行”按钮，在“策略组态：打开编辑指定配方”编辑窗口中出现新增策略行。选中策略工具箱中的“配方操作处理”构件，将鼠标指针移动到策略块图标上，单击以添加“配方操作处理”构件。

双击“配方操作处理”策略块，进入“配方操作属性设置”对话框，配方名称选择“钢铁配方一”，操作方法选择“编辑配方记录”，在右侧下拉列表框中选择“输入编辑所有内容”，如图 5-17 所示。

按同样的步骤分别对“装载指定配方”用户策略、“保存当前配方”用户策略进行属性设置，如图 5-18 和图 5-19 所示。

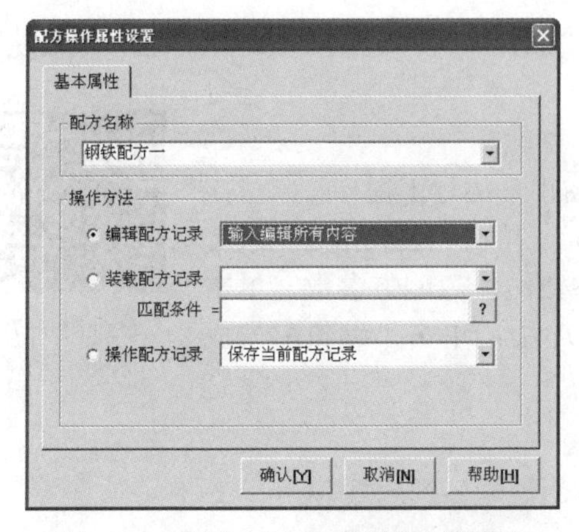

图 5-17　实训 7“打开编辑指定配方”策略操作属性设置

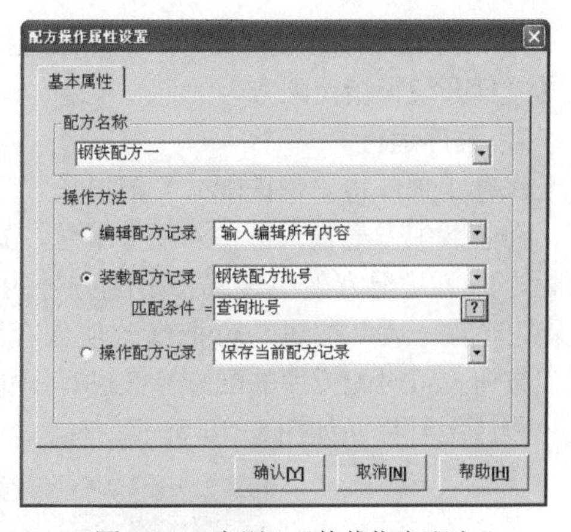

图 5-18　实训 7“装载指定配方”策略操作属性设置

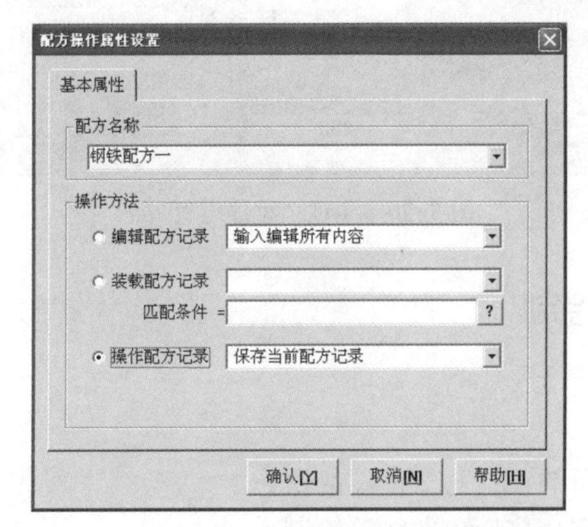

图 5-19　实训 7“保存当前配方”策略操作属性设置

6．建立动画连接

二维码 7-6
建立动画连接

在工作台窗口的“用户窗口”选项卡中，双击“钢铁配方”图标，进入“动画组态钢铁配方”窗口。

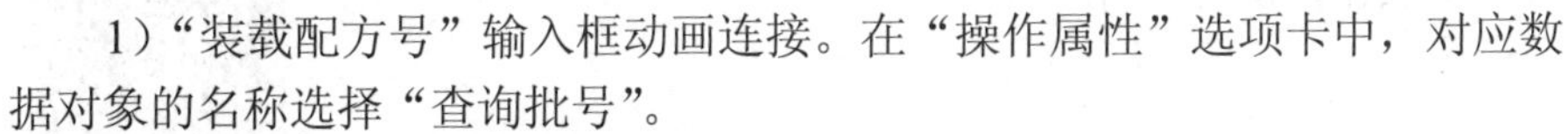

1）“装载配方号”输入框动画连接。在“操作属性”选项卡中，对应数据对象的名称选择“查询批号”。

2）“钢铁配方号”输入框动画连接。在“操作属性”选项卡中，对应数据对象的名称选择“钢铁配方批号”。

3）“原料 1”输入框动画连接。在“操作属性”选项卡中，对应数据对象的名称选择“钢铁原料 1”。

4）“原料 2”输入框动画连接。在“操作属性”选项卡中，对应数据对象的名称选择“钢铁原料 2”。

5）“装载指定记录”按钮动画连接。在“操作属性”选项卡中，执行运行策略块项选择“装载指定配方”。

6）“保存当前记录”按钮动画连接。在“操作属性”选项卡中，执行运行策略块项选择“保存当前配方”。

7）“编辑所有配方成员”按钮动画连接。在“操作属性”选项卡中，执行运行策略块项选择“打开编辑指定配方”。

7．程序运行

二维码 7-7
程序运行

保存工程，将“钢铁配方”窗口设置为启动窗口，运行工程。

在装载配方号输入框输入配方编号，如“005”，单击“装载指定记录”按钮，即可从配方库中装载指定配方号的配方参数；修改配方参数，单击“保存当前记录”按钮，可把修改值保存到配方库中；单击“编辑配方成员”按钮，可对配方库的配方参数进行编辑。

程序运行界面如图 5-20 所示。

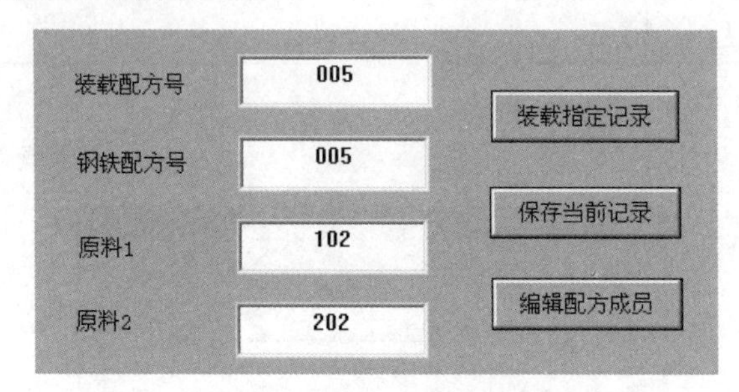

图 5-20　实训 7 程序运行界面

实训 8　历史曲线绘制

一、学习目标

1．掌握组态软件菜单的设计与多窗口的操作。

2．掌握组态软件数据变化历史曲线的绘制。

二、设计任务

设计两个用户窗口，其中一个窗口显示容器液位实时变化曲线，另一个窗口显示液位历史变化曲线；通过菜单操作切换两个用户窗口。

三、任务实现

1．建立新工程项目

工程名称：“历史曲线”。分别建立两个用户窗口，窗口名称分别为“实时曲线”和“历史曲线”；窗口标题分别为“实时曲线”和“历史曲线”。

二维码 8-1
新建工程项目

2．制作图形界面

（1）制作“实时曲线”窗口

在工作台窗口中的“用户窗口”选项卡中，双击“实时曲线”图标，进入“动画组态实时曲线”窗口。

二维码 8-2
制作图形画面

1）添加 1 个“储藏罐”元件。单击工具箱中的“插入元件”图标，系统弹出“对象元件库管理”对话框，选择储藏罐库中的一个储藏罐对象，单击“确定”按钮，所设计的界面中出现选择的“储藏罐”元件。

2）添加 1 个“输入框”构件。单击工具箱中的“输入框”构件图标，然后将鼠标指针移动到窗口上，单击空白处并拖动鼠标，就可画出适当大小的矩形框，所设计的界面中出现“输入框”构件。

3）添加 2 个“标签”构件。名称分别为“液位值”和“实时曲线”。所有标签的边线颜色均设置为“无边线颜色”（双击标签就可以进行设置）。

4）添加一个“实时曲线”构件。单击工具箱中的“实时曲线”构件图标，然后将鼠标指针移动到窗口上，单击空白处并拖动鼠标，就可画出一个适当大小的矩形框，所设计的界面中出现“实时曲线”构件。

实时曲线窗口如图 5-21 所示。

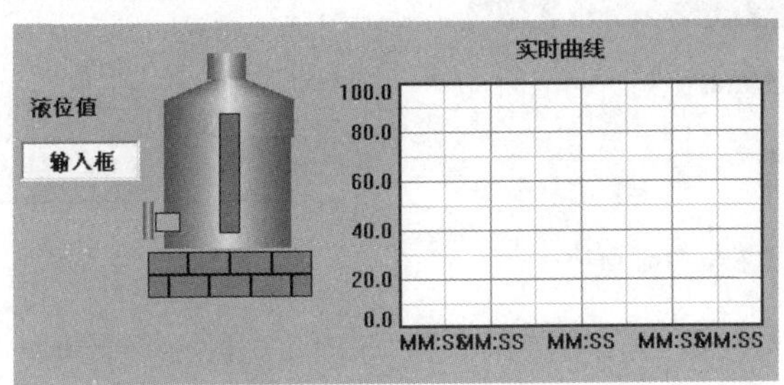

图 5-21　实训 8 实时曲线窗口

（2）制作“历史曲线”窗口

在工作台窗口中的“用户窗口”选项卡中，双击“历史曲线”图标，进入“动画组态历史曲线”窗口。

在所设计的界面中添加一个“历史曲线”构件：单击工具箱中的“历史曲线”构件图标，然后将鼠标指针移动到窗口上，单击空白处并拖动鼠标，就可画出一个适当大小的矩形框，所设计的界面中出现“历史曲线”构件。

历史曲线窗口如图 5-22 所示。

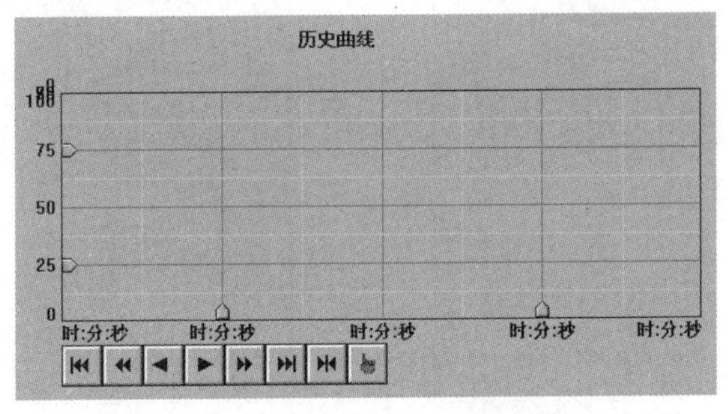

图 5-22　实训 8 历史曲线窗口

3．菜单设计

二维码 8-3
菜单设计

1）在工作台窗口中选择“主控窗口”选项卡，单击“菜单组态”按钮，系统弹出“菜单组态：运行环境菜单”窗口，如图 5-23 所示。右击“系统管理[&S]”项，出现快捷菜单，选择“删除菜单”命令，清除自动生成的默认菜单。

2）单击“MCGS 组态环境”窗口工具条中的“新增菜单项”按钮，产生[操作 0]菜单。双击[操作 0]菜单，系统弹出“菜单属性设置”对话框。在“菜单属性”

选项卡中，将菜单名设置为“系统”，菜单类型选择“下拉菜单项”，如图 5-24 所示。单击“确认”按钮，就可产生“系统”菜单。

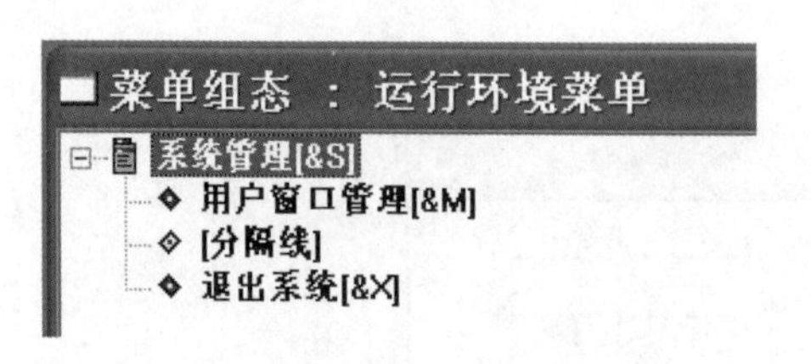

图 5-23 实训 8 菜单组态窗口

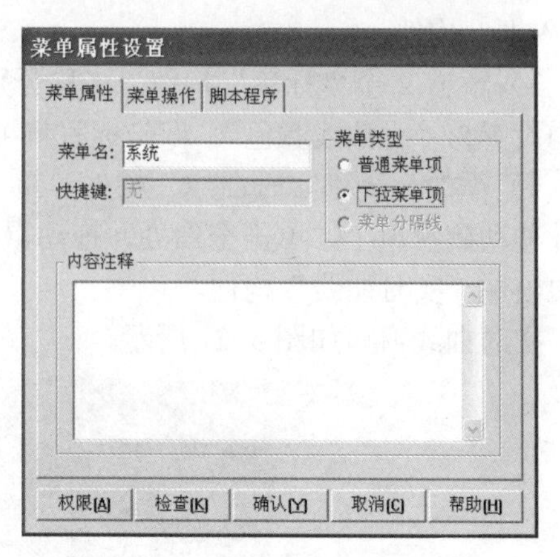

图 5-24 实训 8 菜单属性设置

3）右击“菜单组态：运行环境菜单”窗口中的“系统”菜单，系统弹出快捷菜单，选择“新增下拉菜单”命令，可新增 1 个下拉菜单[操作集 0]。双击[操作集 0]菜单，系统弹出“菜单属性设置”对话框，在“菜单属性”选项卡中，将菜单名设置为“退出(X)”，菜单类型选择“普通菜单项”，在“快捷键”输入框中，同时按键盘上的〈Ctrl〉+〈X〉键，则输入框中出现“Ctrl+X”，如图 5-25 所示。在“菜单操作”选项卡中，菜单对应功能选择“退出运行系统”复选框，单击右侧下三角按钮，在弹出的下拉列表中选择“退出运行环境”，如图 5-26 所示。单击“确认”按钮，设置完毕。

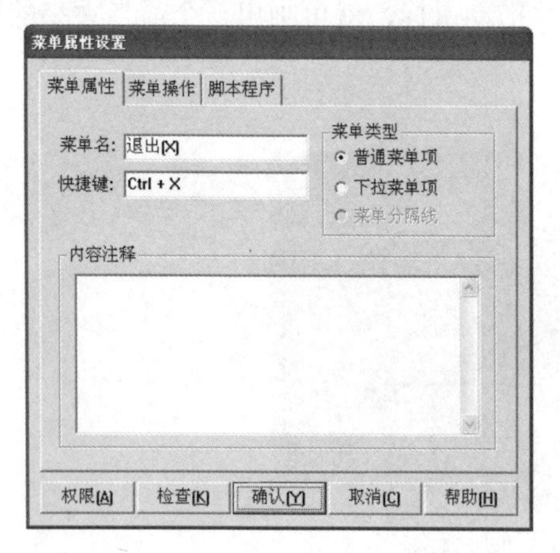

图 5-25 实训 8“退出”菜单属性设置

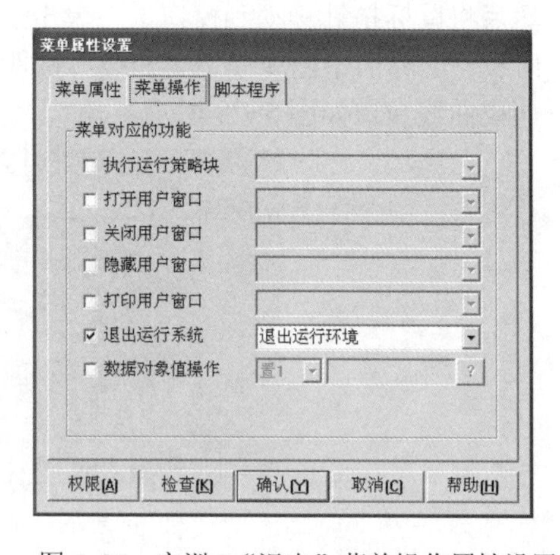

图 5-26 实训 8“退出”菜单操作属性设置

4）再次单击工具栏中的“新增菜单项”按钮，产生[操作 0]菜单。双击[操作 0]菜单，系统弹出“菜单属性设置”对话框。在“菜单属性”选项卡中，将菜单名设置为“曲线”，菜单类型选择“下拉菜单项”，单击“确认”按钮，生成“曲线”菜单。

5）右击“曲线”菜单，系统弹出快捷菜单，选择“新增下拉菜单”项，新增 1 个下拉菜单[操作集 0]。双击[操作集 0]菜单，系统弹出“菜单属性设置”对话框，在“菜单属性”选项卡中，将菜单名设置为“实时曲线”，菜单类型选择“普通菜单项”，如图 5-27 所示；

在“菜单操作”选项卡中，菜单对应的功能选择“打开用户窗口”复选框，在右侧下拉列表框中选择“实时曲线”，如图 5-28 所示。单击“确认”按钮，设置完毕。

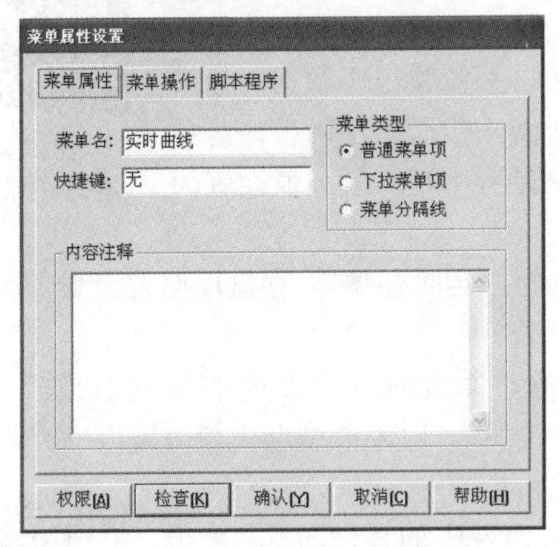

图 5-27　实训 8“实时曲线”菜单属性设置

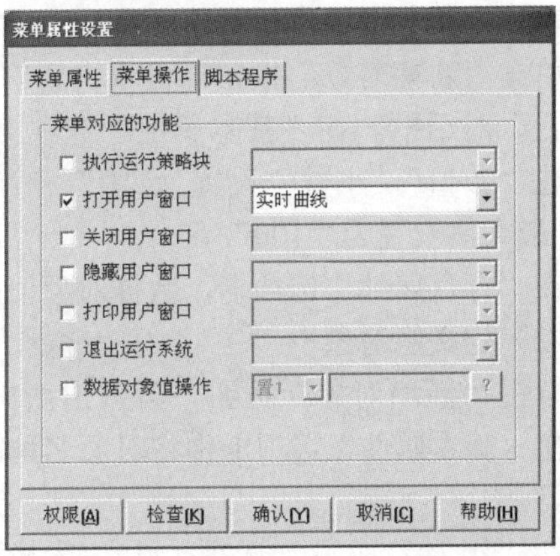

图 5-28　实训 8“实时曲线”菜单操作属性设置

6）再次右击“曲线”菜单，系统弹出快捷菜单，选择“新增下拉菜单”项，新增 1 个下拉菜单[操作集 0]。双击[操作集 0]菜单，系统弹出“菜单属性设置”对话框，在“菜单属性”选项卡中，将菜单名设置为“历史曲线”，菜单类型选择“普通菜单项”，如图 5-29 所示；在“菜单操作”选项卡中，菜单对应的功能选择“打开用户窗口”复选框，在右侧下拉列表框中选择“历史曲线”，如图 5-30 所示。单击“确认”按钮，设置完毕。

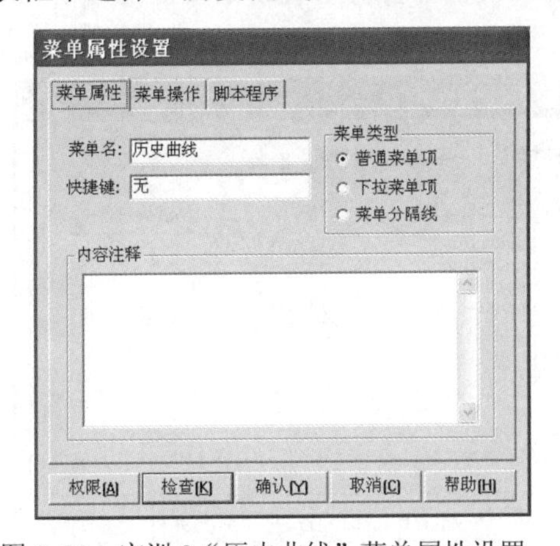

图 5-29　实训 8“历史曲线”菜单属性设置

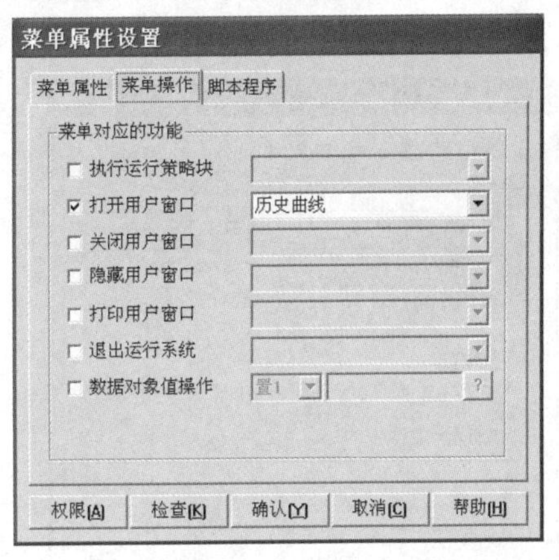

图 5-30　实训 8“历史曲线”菜单操作属性设置

7）在“菜单组态：运行环境菜单”窗口中分别右击“退出”“实时曲线”和“历史曲线”菜单项，系统弹出快捷菜单，选择“菜单右移”命令，这 3 个菜单会右移。设计完成的菜单结构如图 5-31 所示。

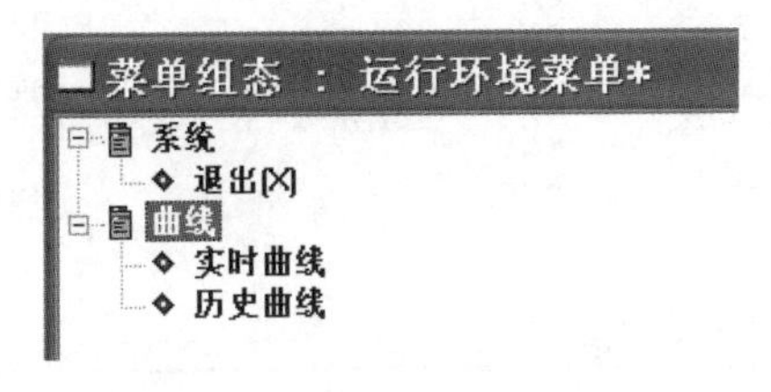

图 5-31　实训 8 菜单结构

4．定义数据对象

二维码 8-4
定义数据对象

在工作台窗口中切换至“实时数据库”选项卡。

（1）定义一个数值型对象

单击“新增对象”按钮，再双击新出现的对象，系统弹出“数据对象属性设置”对话框。在“基本属性”选项卡中将对象名称改为“液位”，对象类型选“数值”，小数位设置为“0”，对象初值设置为“0”，最小值设置为“0”，最大值设置为“100”。

在“存盘属性”选项卡，数据对象值的存盘选择“定时存盘”，存盘周期设为 1s。

（2）定义组对象

单击“新增对象”按钮，再双击新出现的对象，系统弹出“数据对象属性设置”对话框。在“基本属性”选项卡中将对象名称改为“液位组”，对象类型选“组对象”，如图 5-32 所示。

在“组对象成员”选项卡中，选择数据对象列表中的“液位”，单击“增加”按钮，数据对象“液位”被添加到右边的“组对象成员列表”中，如图 5-33 所示。

二维码 8-5
模拟设备连接

进入“存盘属性”选项卡中，选择“定时存盘”，存盘周期设为 1s。

建立的实时数据库如图 5-34 所示。

5．模拟设备连接

通常情况下，在启动 MCGS 组态软件时，模拟设备都会自动装载到设备工具箱中。如果未被装载，可按照以下步骤将其加入。

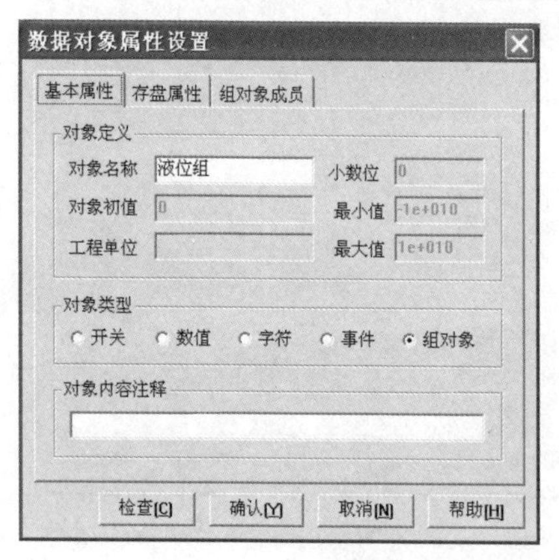

图 5-32　实训 8“液位组”对象基本属性设置

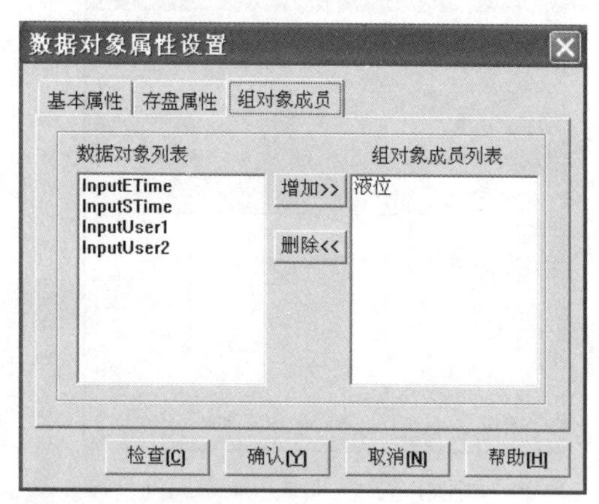

图 5-33　实训 8“液位组”对象成员属性设置

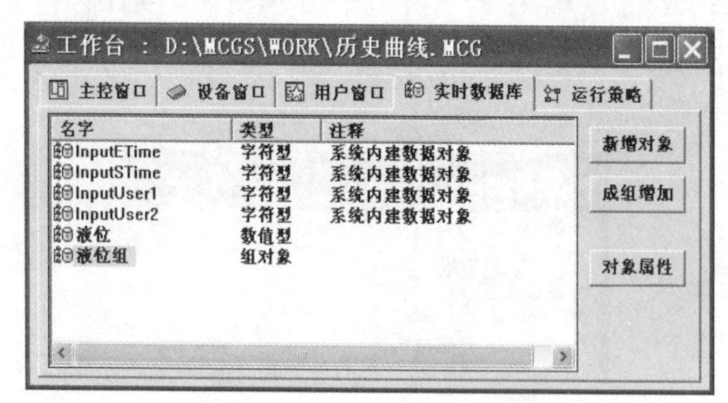

图 5-34　实训 8 实时数据库

1）在工作台窗口的“设备窗口”选项卡中双击“设备窗口”图标，进入“设备组态：设备窗口”。

2）单击“MCGS 组态环境”窗口工具条中的“工具箱”图标，系统弹出“设备工具箱”对话框，单击“设备管理”按钮，系统弹出“设备管理”对话框。

3）在“设备管理”对话框的可选设备列表中，选择“通用设备”下的“模拟数据设备”，在其下方会出现“模拟设备”图标；双击“模拟设备”图标，即可将“模拟设备”添加到右侧的选定设备列表中，如图 5-35 所示。

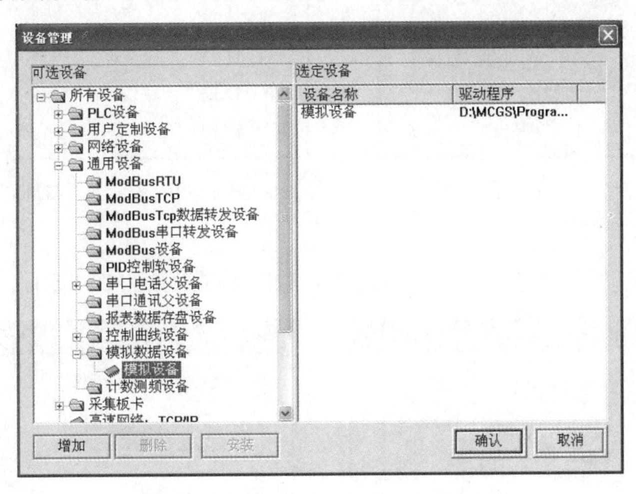

图 5-35　实训 8“设备管理”对话框

4）选择“选定设备”列表中的“模拟设备”，单击“确认”按钮，“模拟设备”即被添加到“设备工具箱”对话框中，如图 5-36 所示。

5）双击“设备工具箱”对话框中的“模拟设备”，模拟设备被添加到“设备组态：设备窗口”窗口中，如图 5-37 所示。

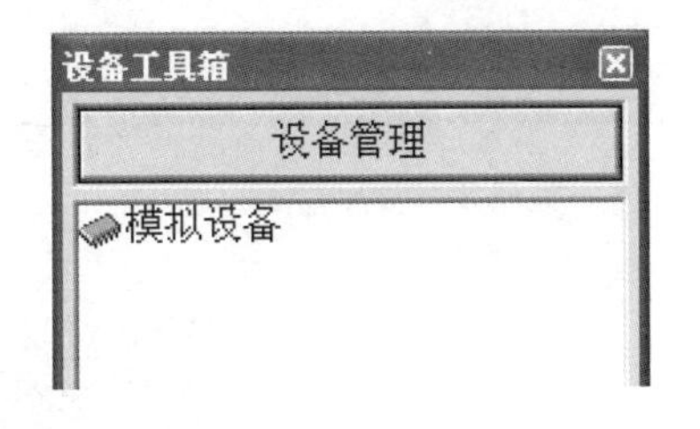

图 5-36　实训 8“设备工具箱”对话框

图 5-37　实训 8 设备组态：设备窗口

6）双击“设备 0-[模拟设备]”，进入“设备属性设置：--[设备 0]”对话框，如图 5-38 所示。

7）单击“基本属性”选项卡中的[内部属性]选项，其右侧会出现按钮，单击此按钮进入“内部属性”对话框。将通道 1 的最大值设置为 100，将周期设置为 1s，如图 5-39 所示。单击“确认”按钮，完成“内部属性”设置。

8）选择“通道连接”选项卡，进行通道连接设置。选择通道 0 的对应数据对象输入框，输入“液位”（或右击，弹出数据对象列表后，选择“液位”命令），如图 5-40 所示。

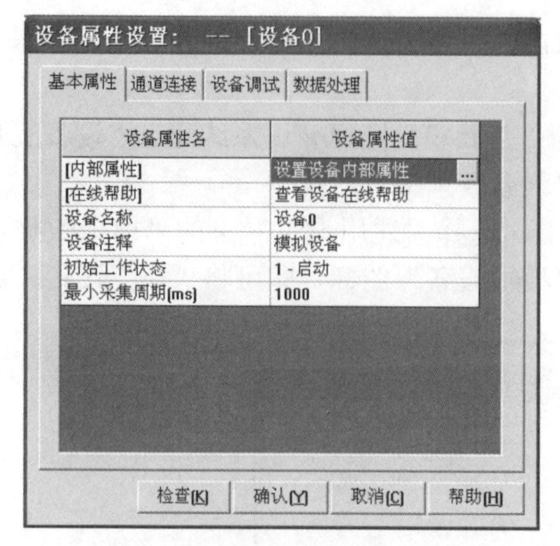

图 5-38　实训 8“设备属性设置：--[设备 0]”对话框

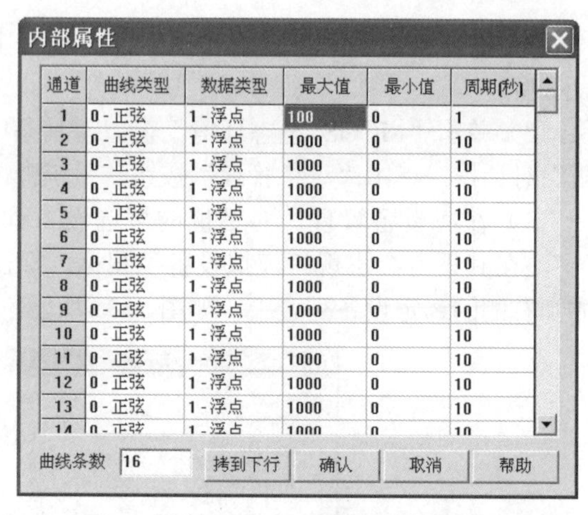

图 5-39　实训 8“内部属性”设置对话框

9）选择“设备调试”选项卡，可看到通道 0 对应数据对象的值在变化，如图 5-41 所示。

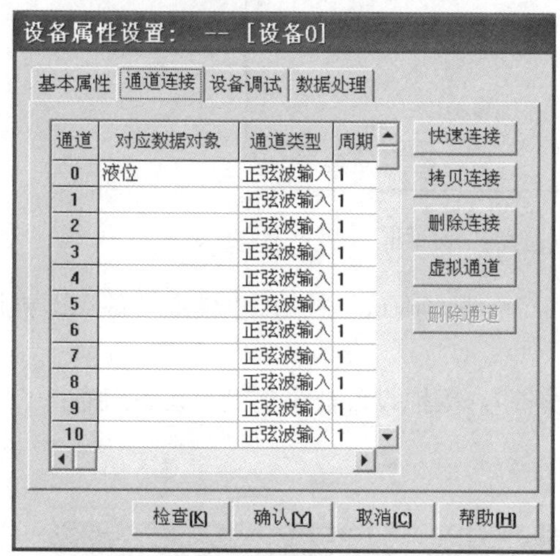

图 5-40　实训 8“通道连接”选项卡

图 5-41　实训 8“设备调试”选项卡

10）单击“确认”按钮，完成设备属性设置。

6．建立动画连接

（1）“实时曲线”窗口界面对象动画连接

二维码 8-6
建立动画连接

在工作台窗口的“用户窗口”选项卡中双击“实时曲线”窗口图标，进入“动画组态实时曲线”窗口。

1）建立“储藏罐”元件的动画连接。双击窗口中的“储藏罐”元件，系统弹出“单元属性设置”对话框。在“动画连接”选项卡中，选择图元名“矩形”，设置连接类型为“大小变化”，右侧会出现 > 按钮。单击 > 按钮进入“动画组态属性设置”对话框，在“大小变化”选项卡中，表达式选择数据对象“液位”，最小及最大表达式的值分别设置为“0”和“100”。

单击“确认”按钮回到“单元属性设置”对话框，动画连接表达式中会出现连接的对象

“液位”。

再次单击“确认”按钮完成“储藏罐”元件的动画连接。

2）建立“输入框” 构件动画连接。双击窗口中的液位值“输入框”构件，出现“输入框构件属性设置”对话框。在“操作属性”选项卡中，将对应数据对象的名称设置为“液位”。

3）建立“实时曲线”构件的动画连接。双击窗口中的“实时曲线”构件，系统弹出“实时曲线构件属性设置”对话框。

在“标注属性”选项卡中，将标注间隔设置为“1”，时间格式选择“MM:SS”，时间单位选择“秒钟”，将 x 轴长度设置为“60”。

在“画笔属性”选项卡中，选择曲线 1，将表达式设置为“液位”。

在“可见度属性”选项卡中，表达式选择数据对象“液位”，选择“实时曲线构件可见”项。

单击“确认”按钮完成“实时曲线”构件的动画连接。

（2）“历史曲线”窗口界面对象动画连接

在工作台窗口的“用户窗口”选项卡中双击“历史曲线”窗口，进入“动画组态历史曲线”窗口。

建立“历史曲线”构件的动画连接：双击“历史曲线”构件，系统弹出“历史曲线构件属性设置”对话框。

在“基本属性”选项卡中，将曲线名称设置为“液位历史曲线”。

在“存盘数据”选项卡中，历史存盘数据来源选择“组对象对应的存盘数据”，在右侧下拉列表框中选择“液位组”，如图 5-42 所示。

在“标注设置”选项卡中，将 x 轴坐标长度设置为“2”，时间单位选择“分”，标注间隔设置为“1”。

在“曲线标识”选项卡中，选择曲线 1，曲线内容设置为“液位”，最大坐标设置为“100”，实时刷新设置为“液位”，如图 5-43 所示。

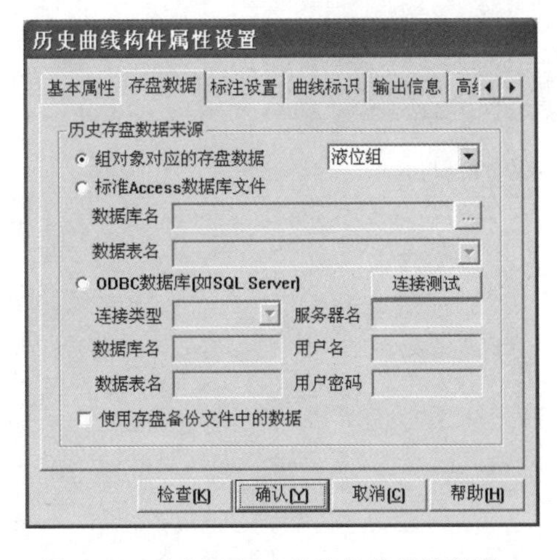

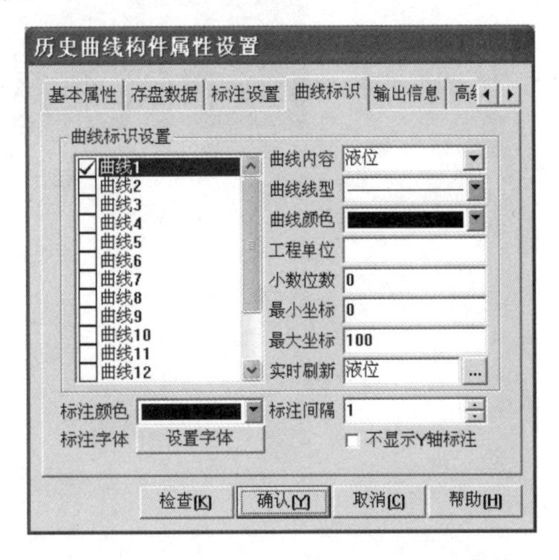

图 5-42　实训 8 历史曲线构件属性设置 1

图 5-43　实训 8 历史曲线构件属性设置 2

单击“确认”按钮完成“历史曲线”构件的动画连接。

7. 程序运行

二维码 8-7
程序运行

保存工程，将“实时曲线”窗口设置为启动窗口，运行工程。

系统首先显示“实时曲线”窗口，其中显示容器液位的实时数据及实时变化曲线。f

“实时曲线”窗口如图 5-44 所示。

选择“曲线”→“历史曲线”命令，出现“历史曲线”窗口。其中显示容器液位的历史数据变化曲线，如图 5-45 所示。

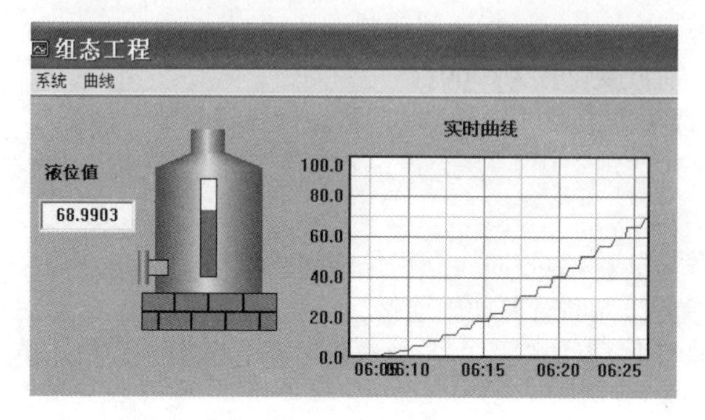

图 5-44 “实时曲线”窗口

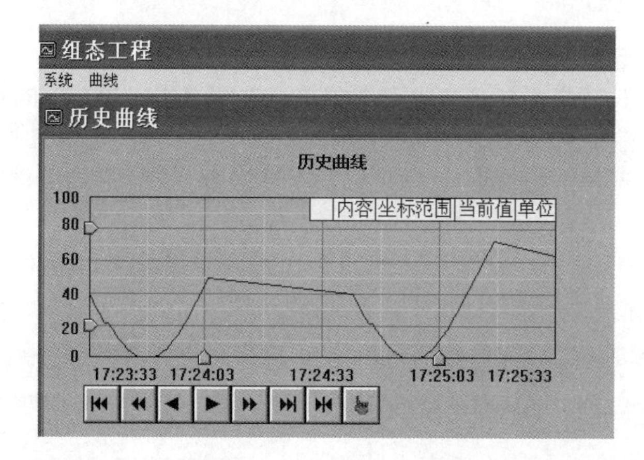

图 5-45 “历史曲线”窗口

第 6 章　数据处理与安全机制

MCGS 组态软件提供了一套完善的安全机制，用户能够自由组态控制菜单、按钮和退出系统的操作权限，只允许有操作权限的操作员对某些功能进行操作。MCGS 还提供了工程密码、锁定软件狗、工程运行期限等功能，来保护使用 MCGS 组态软件开发所得的成果，开发者可利用这些功能保护自己的合法权益。

本章将对 MCGS 开发应用程序过程中涉及的数据处理和安全机制进行介绍。

6.1　MCGS 的数据处理

在现代化的工业生产现场，由于大量使用各种类型的监控设备，因此，通常会产生大量的生产数据。这就要求构成监控系统核心的组态软件具备强大的数据处理能力，从而可以有效、合理地将这些生产数据加以处理。这样一方面，可为现场操作员提供实时、可靠的图像及曲线等，以反映现场运行的状况，并方便其进行相应的控制操作；另一方面，也可为企业的管理人员提供各种类型的数据报表，从而为企业管理提供切实可靠的第一手资料。

针对以上情况，MCGS 组态软件提供了功能强大、使用方便的数据处理功能。按照数据处理的时间先后顺序，MCGS 组态软件将数据处理过程分为 3 个阶段，即数据前处理、实时数据处理以及数据后处理，以满足各种需要。

6.1.1　数据前处理

数据前处理是指数据由硬件设备采集到计算机中，但还没有被送入实时数据库之前的数据处理。在该阶段，数据处理集中体现为各种类型的设备采集通道的数据处理。

在实际应用中，从硬件设备中输入或输出的数据一般是特定范围内的电压、电流等有物理意义的值，通常要对这些数据进行相应的转换，才能得到真正具有实际意义的工程数据。例如，从 AD（模数转换器）通道采集进来的数据一般都为电压值（单位为 mV），需要进行量程转换或查表、计算等处理才能得到所需的工程物理量。

MCGS 的数据前处理与设备是紧密相关的，在 MCGS 设备窗口下，打开设备构件，选择“数据处理”选项卡，即可进行 MCGS 的数据前处理组态，如图 6-1 所示。

双击具有“*”的行可以增加一个新的处理，双击其他行可以对已有的设置进行修改（也可以单击“设置”按钮进行修改）。注意：MCGS 处理时是按序号的大小顺序进行的，可以通过“上移”和“下移”按钮来改变处理的顺序。

单击“设置”按钮可打开“通道处理设置”对话框，如图 6-2 所示。

MCGS 系统对设备采集通道的数据可以进行 8 种形式的处理，包括多项式计算、倒数计算、开方计算、滤波处理、工程转换处理、函数调用、标准查表计算和自定义查表计算。各种数据处理可单独进行，也可组合进行。

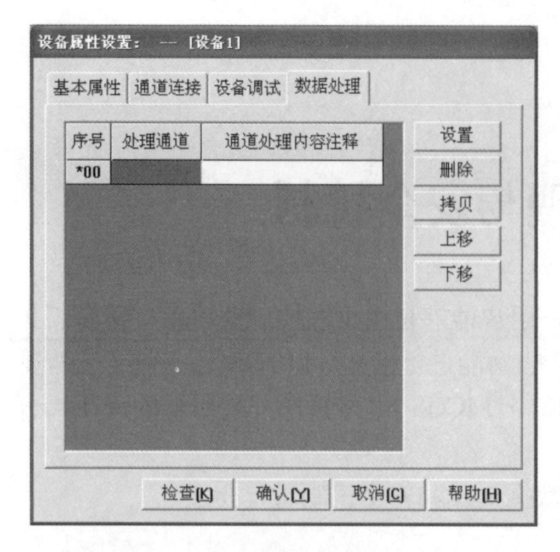

图 6-1 “数据处理”选项卡

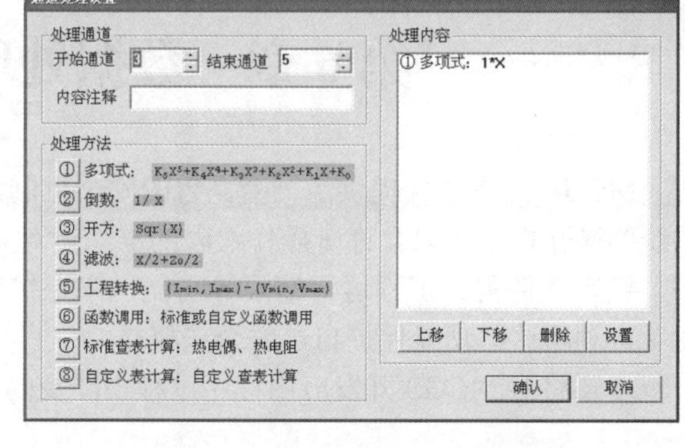

图 6-2 “通道处理设置”对话框

MCGS 按从上到下的顺序进行计算处理，每行计算结果作为下一行计算输入值，通道值等于最后计算结果值。

MCGS 数据前处理的 8 种方式说明如下。

1）多项式计算。对设备的通道信号进行多项式（系数）处理，可设置的处理参数有 K0～K5，可以将其设置为常数，也可以设置成指定通道的值（通道号前面加“!”）。另外，还应选择参数和计算输入值“X”之间的乘除关系，如图 6-3 所示。

2）倒数计算。对设备输入信号进行倒数运算。

3）开方计算。对设备输入信号求开方运算。

4）滤波处理。它也称为中值滤波，是指本次输入信号的 1/2 加上次输入信号的 1/2。

5）工程转换处理。把设备输入信号转换成工程物理量。如对设备通道 0 的输入信号 1000～5000mV（采集信号）工程转换成 0～2MPa（传感器量程）的压力量，设置如图 6-4 所示。

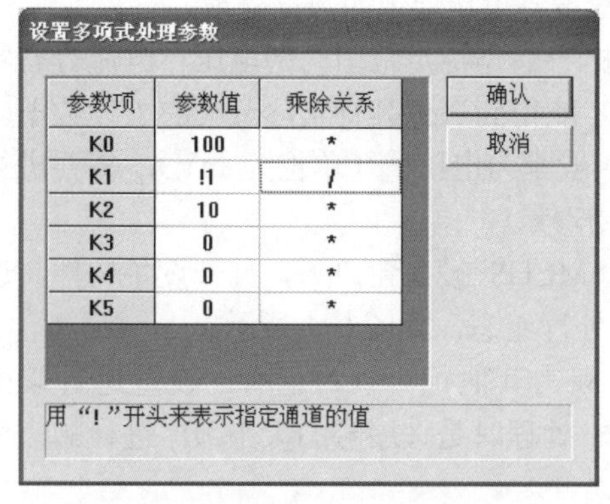

参数项	参数值	乘除关系
K0	100	*
K1	!1	/
K2	10	*
K3	0	*
K4	0	*
K5	0	*

图 6-3 设置多项式处理参数

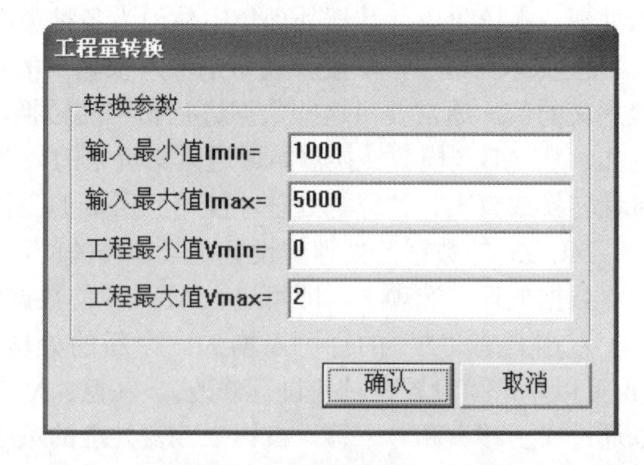

图 6-4 “工程量转换”对话框

图 6-4 中的设置表示 MCGS 在运行环境中根据输入信号的大小采用线性插值方法转换成工程物理量（0～2MPa）范围。

6）函数调用。函数调用用来对设定的多个通道值进行统计计算，如图 6-5 所示，包括求和、求平均值、求最大值、求最小值和求标准方差。此外，它还允许使用动态链接库来编制自己的计算算法，并将算法挂接到 MCGS 中，以达到可自由扩充 MCGS 算法的目的。使用自己的计算算法需要指定用户自定义函数所在的动态链接库的路径和文件名，以及自定义函数的函数名。

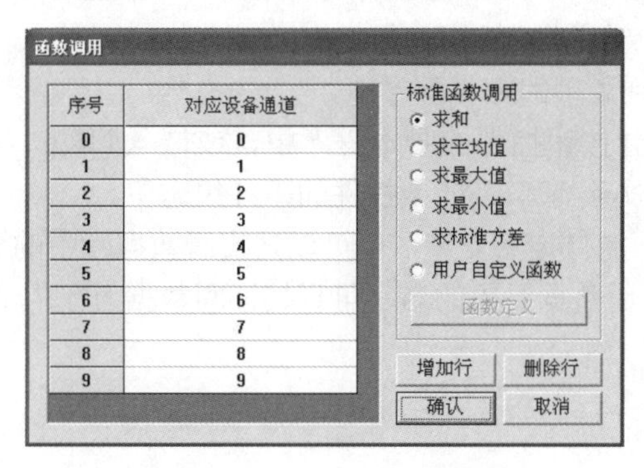

图 6-5 “函数调用”对话框

7）标准查表计算。标准查表计算包括 8 种常用热电偶和热电阻 Pt100 查表计算，如图 6-6 所示。其中，热电阻 Pt100 在查表之前，应先使用其他方式把通过 AD 通道采集的电压值转换成为 Pt100 的电阻值，然后用电阻值查表得出对应的温度值。对热电偶查表计算，需要指定使用作为温度补偿的通道（当热电偶已进行了冰点补偿时，不需要温度补偿）。在查表计算之前，先要把作为温度补偿通道的采集值转换成实际温度值，把热电偶通道的采集值转换成实际的毫伏数。

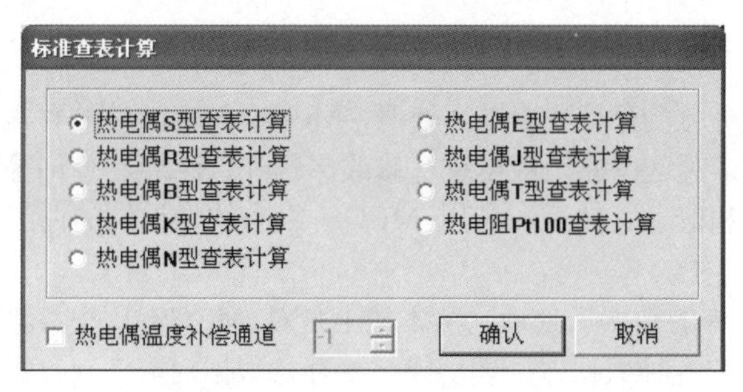

图 6-6 “标准查表计算”对话框

8）自定义查表计算。自定义查表计算处理首先要定义一个表，在每一行输入对应值，然后指定查表基准。MCGS 规定用于查表计算的每列数据，必须以单调上升或单调下降的方式排列，否则无法进行查表计算。其查表基准是第一列，MCGS 系统处理时首先将设备输入信号对应于基准（第一列）进行线性插值，从而给出对应于第二列相应的工程物理量，即基准对应输入信号，另一列对应相应的工程物理量（传感器的量程）。

6.1.2 实时数据处理

实时数据处理是指在 MCGS 组态软件中对实时数据库中变量的值进行的操作。

MCGS 系统对实时数据的处理主要在用户脚本程序和运行策略中完成。

MCGS 组态软件中的脚本程序是一种类似普通 BASIC 语言的编程脚本语言（Script 语

言），但与 BASIC 相比，其操作更为简单，可以用来编制某些复杂的多分支流程控制程序。利用脚本程序中的 3 个基本的程序控制语句（赋值语句、条件语句和循环语句），以及系统提供的各种系统函数和系统变量，可以完全满足用户的实际需要，设计出理想的控制系统。

用户脚本程序可以嵌入 MCGS 组态软件的许多部件中，包括以下几种。

1）在运行策略窗口嵌入到脚本程序策略块中。

2）在主控窗口嵌入到菜单的脚本程序中。

3）在用户窗口嵌入到按钮控件的脚本程序中，或嵌入到窗口属性中的启动脚本、循环脚本及退出脚本中，或嵌入到窗口及各个控件的事件组态中。

MCGS 脚本程序中不能自定义变量，但可以把实时数据库中的数据对象当成全局变量。与使用普通的变量一样，用数据对象的名字可直接读写数据对象的值。如：

```
If ADdat0>100 Then
    DODat1=0
Else
    DODat1=1
Endif
```

假定 ADdat0 是实时数据库中的一个数值型数据对象，它与模-数转换器接口板上模拟量输入的 0 号通道建立了连接；DODat1 是实时数据库中的一个开关型数据对象，其与数字量输出板（DO）接口板的 1 号通道建立了连接。那么，上段程序的含义是：当 AD 板 0 号通道采集进来的数据（经参数转换后）大于 100 时，DO 板的 1 号通道关闭（输出低电平），反之，DO 板的 1 号通道打开（输出高电平）。

6.1.3 数据后处理

数据后处理则是对历史存盘数据进行处理。MCGS 组态软件的存盘数据库是原始数据的集合，数据后处理就是对这些原始数据进行修改、删除、添加、查询等操作，以便从中提炼出对用户有用的数据和信息。然后，利用 MCGS 组态软件提供的曲线、报表等机制将数据形象地显示出来。

MCGS 组态软件中的数据后处理，其本质上是对 MCGS 历史存盘数据库的处理，使用 MCGS 组态软件提供的各种数据库处理功能，如存盘数据提取、存盘数据处理、修改数据库等，将 MCGS 存盘数据库中的历史数据加以提炼，得到对用户真正有用的数据和信息，然后通过历史曲线、历史表格、Excel 报表输出、存盘数据浏览等功能将这些数据和信息形象地显示或打印出来。

MCGS 组态软件的数据后处理中，用于数据处理和数据显示的构件及各自实现的功能如下。

（1）动画构件——历史曲线

MCGS 历史曲线构件用于实现历史数据的曲线浏览功能。运行时，历史曲线构件可以根据指定的历史数据源，将一段时间内的数据以曲线的形式显示或打印出来，同时，还可以自由地向前、向后翻页或者对曲线进行缩放等操作。

（2）动画构件——历史表格

MCGS 历史表格构件为用户提供了强大的数据报表功能。使用 MCGS 历史表格，可以显示静态数据，实时同步数据库中的动态数据、历史数据库中的历史记录以及对它们的统计结果，可以方便、快捷地完成各种报表的显示和打印功能；在历史表格构件中构建了数据库查询功能和数据统计功能，可以很轻松地完成各种数据查询和统计任务。同时，历史表格具有数据修改功能，可以使报表的制作更加完美。

（3）动画构件——存盘数据浏览

MCGS 存盘数据浏览构件可以按照指定的时间和数值条件，将满足条件的数据显示在报表中，从而快速地实现简单报表的功能。

（4）动画构件——条件曲线

MCGS 条件曲线构件，能够以曲线的形式，将用户指定时间、数值以及排序条件的历史数据库中的数据显示出来。

（5）策略构件——Excel 报表输出

MCGS Excel 报表输出构件用于对数据进行处理并生成数据报表，通过调用 Microsoft Office 中 Excel 强大的数据处理能力，把 MCGS 存盘数据库或其他数据库中的数据进行相应的数据处理，以 Excel 报表的形式保存、显示或打印出来。

（6）策略构件——修改数据库

在工程应用的某些情况下，数据库的某段特定的数据需要进行一些修改，当需要修改的数据量较大时，使用存盘数据浏览构件来逐行修改数据库的数据记录是很费时费力的。MCGS 组态软件中的“修改数据库”策略构件，可以对 MCGS 的实时数据存盘对象以及历史数据库进行修改、添加，以提高工程运行中的数据后处理能力。

（7）策略构件——存盘数据拷贝

使用 MCGS 策略构件中的存盘数据拷贝构件，可以实现数据库之间的数据表的复制。

（8）策略构件——存盘数据提取

存盘数据提取构件把 MCGS 存盘数据按一定条件从一个数据库提取到另一个数据库中，或把数据库内的一个数据表提取到另一个数据表中。

（9）策略构件——存盘数据浏览

该构件可以对历史数据进行“所见即所得”的浏览、修改、添加、删除、打印、统计等数据库操作。

6.1.4 实时数据存储

1. MCGS 数据存储方式

在工程应用中，常常需要把采集的数据存储到历史数据库中，以便日后查询和打印报表。MCGS 把实时数据的存储作为数据对象的属性，封装在数据对象内部，由实时数据库完成存储操作。实时数据的存储有 3 种方式，即按变化量存储、定时存储和在运行策略中按特定条件控制存储。

按变化量存储方式适用于单个类型的数据对象（组对象除外）。运行时，实时数据库自动检测对象值的变化情况，当变化量（与上一次存盘数据比较）超过设定值时，就将本次的检测值存盘。

组对象包含多个其他类型的数据对象，不能按变化量存储。实际应用中，一般都要求记录一组相关的数据在同一时刻的值，因此组对象可以采用定时存储方式，按照设定的时间周期，定时存储所有成员在同一时刻的值。按变化量存储和定时存储两种方式的设定，在数据对象属性对话框中完成。

利用运行策略中数据对象操作构件的存盘操作功能，可在运行过程中向实时数据库发出信息，通知实时数据库对指定数据对象的值进行存储处理。用户可通过对运行策略块的组态配置来实现各种自动、手动或有条件控制的存盘功能。

2．MCGS 存盘数据库类型

MCGS 默认使用 Microsoft Access 数据库作为历史存盘数据库，用数据库技术来管理和维护存盘的数据，存盘数据库的文件名和路径在主控窗口的属性设置对话框中设定。系统运行过程中，MCGS 自动进行数据存储操作，这对用户数据的开放式管理是一种非常有效的方式。

但是，使用 Access 数据库也受到该数据库本身特性的制约，特别是当用户工程的存盘数据量很大或需要存储很长时间内的数据时，使用 Access 数据库就会因数据库文件过大而导致性能下降。

针对上述情况，MCGS 提供了数据存盘备份机制，将历史数据以多个平面文件的形式存储在磁盘的指定位置上。

数据存盘备份机制具有的优点有：可以保存海量数据，数据量只受磁盘大小的限制；可以将指定时间段内的历史存盘数据，恢复到主存盘数据库中，以方便对历史数据的处理；历史曲线等构件可以直接浏览存储在数据存盘备份文件中的数据。

对于非组对象类型的数据对象，作为独立的对象，按变化量存盘，与作为组对象的成员定时存盘，同一对象采用两种不同的存储方式，在存盘数据文件内存储在不同的地方。单个数据对象存盘时，数据值主要反映该对象的值随时间变化的情况，而组对象对应的存盘数据，重点在于记录其所有成员在同一时刻的值。一个非组对象类型的数据对象可能同时是多个组对象的成员，可能在几个地方对其进行了存盘处理，每一部分的存盘数据都是各自独立的。

建议用户在一般情况下采用组对象存盘，因为组对象存盘是将组对象的所有成员同时存盘。在历史存盘数据库中，每个组对象对应一个数据表，其成员对应相应的字段域。如果使用单个变量定义存盘，则在历史数据库中，该变量对应一个表和字段域；如果变量较多，则数据库中的表会很多。在实际工程应用中，多个工程物理量之间往往有联系，在历史报表、历史曲线中需要把多个变量对应的历史数据同时显示出来，此时用组对象存盘可保证存盘数据的同时性，对多个变量的历史数据进行比较才具有物理意义。

6.2 安全机制

MCGS 系统的操作权限机制采用用户组和用户的概念来进行操作权限的控制。在 MCGS 中可以定义多个用户组，每个用户组可以包含多个用户，同一个用户可以隶属于多个用户组。操作权限的分配是以用户组为单位来进行的，即某种功能的操作赋予哪些用户组权限，而某个用户能否对这个功能进行操作取决于该用户所在的用户组是否具备对应的操作权限。

MCGS 系统按用户组来分配操作权限的机制，使用户能方便地建立各种多层次的安全机制。如实际应用中的安全机制一般要划分为操作员组、技术员组、负责人组。操作员组的成员一般只能进行简单的日常操作；技术员组只负责工艺参数等功能的设置；负责人组能对重要的数据进行统计分析。各组的权限各自独立，但某用户可能因工作需要要进行所有操作，则只需把该用户同时设为隶属于 3 个用户组即可。

6.2.1 定义用户和用户组

在 MCGS 组态环境中，选取“工具”→“用户权限管理”命令，系统弹出“用户管理器”对话框，如图 6-7 所示。

在 MCGS 中，有一个名为“管理员组”的用户组和一个名为“负责人”的用户，它们是固定存在的且名称不能修改。管理员组中的用户有权在运行时管理所有的权限分配工作，管理员组的这些特性是由 MCGS 系统决定的，其他所有用户组都没有这些权利。

在“用户管理器”对话框中，上半部分为已建立用户的用户名列表，下半部分为已建立用户组名的列表。当用鼠标单击“用户名”列表框空白处，激活用户名列表时，在对话框底部显示的按钮是“新增用户”“复制用户”“删除用户”等对用户操作的按钮；当用鼠标单击“用户组名”列表框空白处，激活用户组名列表时，在对话框底部显示的按钮是“新增用户组”“删除用户组”等对用户组操作的按钮。单击“新增用户”按钮，系统弹出“用户属性设置”对话框。在该对话框中，用户密码要输入两遍，用户所隶属的用户组在下面的列表框中选择（注意：一个用户可以隶属于多个用户组）。当在“用户管理器”对话框中单击“属性”按钮时，系统弹出同样的对话框，在其中可以修改用户密码和所属的用户组，但不能修改用户名。

在“用户管理器”对话框中，单击“新增用户”按钮，可以添加新的用户名。选中一个用户时，单击“属性”按钮或双击该用户，会出现“用户属性设置”对话框。在该对话框中，可以选择该用户隶属于哪个用户组，如图 6-8 所示。

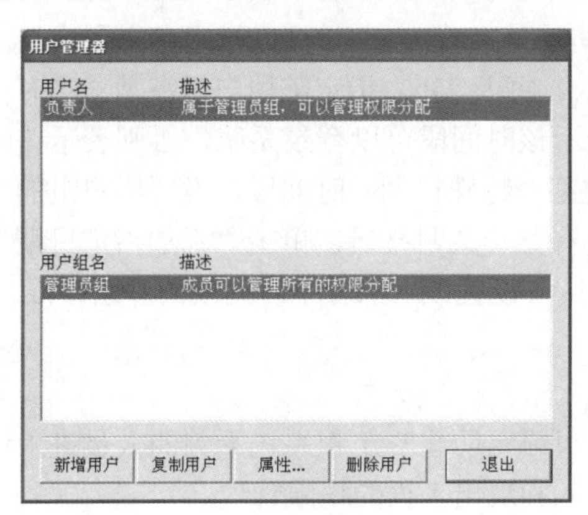

图 6-7 “用户管理器”对话框

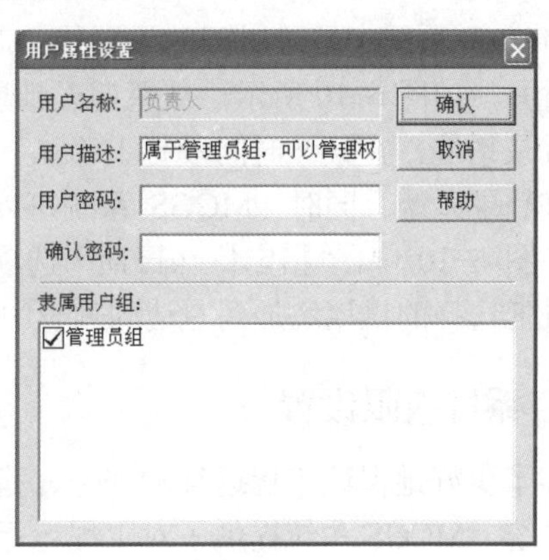

图 6-8 “用户属性设置”对话框

在“用户管理器”对话框中，单击“新增用户组”按钮，可以添加新的用户组。选中一个用户组时，单击“属性”按钮或双击该用户组，会出现“用户组属性设置”对话框。在该对话框中，可以选择该用户组包括哪些用户，如图 6-9 所示。

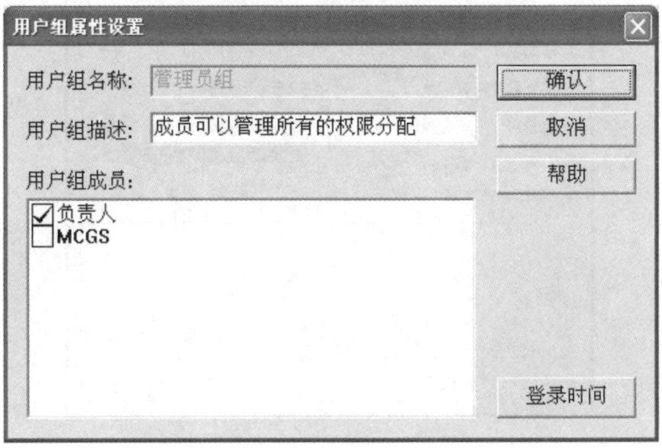

图 6-9 “用户组属性设置”对话框

在该对话框中，单击“登录时间”按钮，会出现“登录时间设置”对话框，如图 6-10 所示。

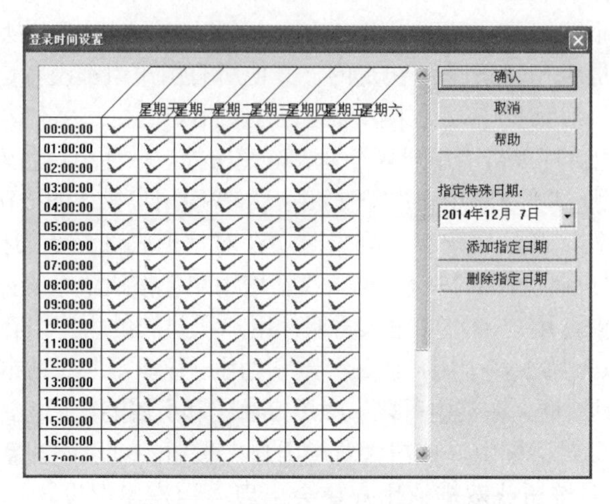

图 6-10 “登录时间设置”对话框

MCGS 系统中登录时间的设置最小时间间隔是 1h，组态时可以指定某个用户组的系统登录时间，如图 6-10 所示，从星期天到星期六、每天 24h，指定某用户组在某一小时内是否可以登录系统，在某一时间段打上“ √ ”则表示该时间段可以登录系统，否则表示该时间段不允许登录系统。同时，MCGS 系统可以指定某个特殊日期的时间段，设置用户组的登录权限，在图 6-10 中，“指定特殊日期”选项可选择某年某月某日，单击“添加指定日期”按钮则可以把选择的日期添加到左边的列表中，然后可设置该天的各个时间段的登录权限。

6.2.2 系统权限设置

为了更好地保证工程运行的安全、稳定、可靠，防止与工程系统无关的人员进入或退出工程系统，MCGS 系统提供了对工程运行时进入和退出工程的权限管理。

打开 MCGS 组态环境，在 MCGS 的“主控窗口属性设置”对话框中设置，如图 6-11 所示。

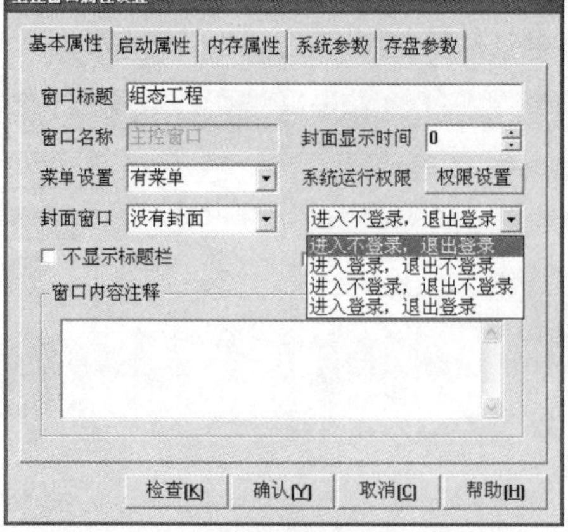

图 6-11 “主控窗口属性设置”对话框

单击“权限设置”按钮，可设置工程系统的运行权限，同时设置系统进入和退出时是否需要用户登录，共4种组合，即“进入不登录，退出登录”“进入登录，退出不登录”“进入不登录，退出不登录”和“进入登录，退出登录”。在通常情况下，退出MCGS系统时，系统会弹出确认对话框，MCGS 系统提供了两个脚本函数!EnableExitLogon()和!EnableExitPrompt()，它们分别用于在运行时和控制退出时，是否需要用户登录和弹出确认对话框，这两个函数的使用说明如下。

!EnableExitLogon(FLAG)：FLAG=1，工程系统退出时需要用户登录成功后才能退出系统，否则拒绝用户退出的请求；FLAG=0，退出时不需要用户登录即可退出，此时不管系统是否设置了退出时需要用户登录，均不登录。

!EnableExitPrompt(FLAG)：FLAG=1，工程系统退出时弹出确认对话框；FLAG=0，工程系统退出时不弹出确认对话框。

为了使上面两个函数有效，必须在组态时在脚本程序中加上这两个函数，在工程运行时调用一次函数。

6.2.3 操作权限设置

用程序运行窗口的动画功能可以设置操作权限，在“工作台”窗口中选择“主控窗口”选项卡，单击“系统属性”按钮，弹出“主控窗口属性设置”对话框，单击“权限设置”按钮，弹出“用户权限设置”对话框，如图6-12所示。

作为系统默认设置，能对某项功能进行操作的为所有用户，即如果不进行权限组态，则权限机制不起作用，所有用户都能对其进行操作。在“用户权限设置”对话框中，勾选对应的用户组，表示该组内的所有用户都能对该项工作进行操作。一个操作权限可以配置多个用户组。

在MCGS中，能进行操作权限组态设置的有如下内容。

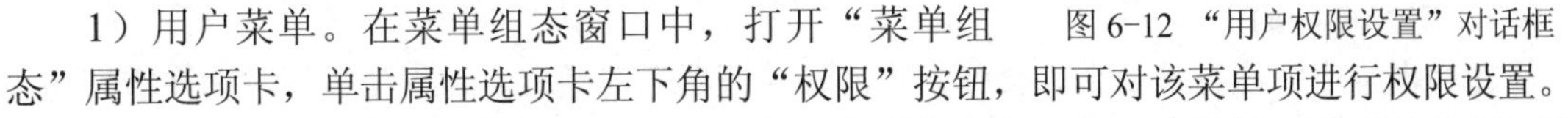
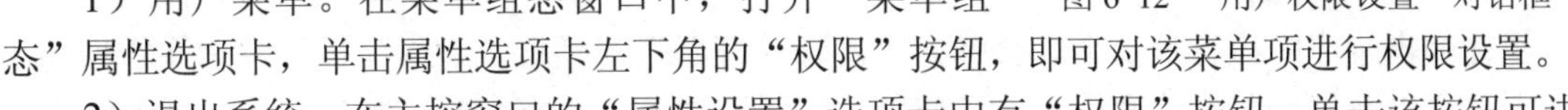

图6-12 “用户权限设置”对话框

1）用户菜单。在菜单组态窗口中，打开“菜单组态”属性选项卡，单击属性选项卡左下角的“权限”按钮，即可对该菜单项进行权限设置。

2）退出系统。在主控窗口的“属性设置”选项卡中有“权限”按钮，单击该按钮可进行权限设置。

3）动画组态。在对普通图形对象进行动画组态时，可对按钮输入和按钮动作两个动画功能进行权限设置。运行时，只有有操作权限的用户才能登录，鼠标指针在图形对象上才会变成手的形状，以响应鼠标的按键动作。

4）标准按钮。在“属性设置”选项卡中可以进行权限设置。

5）动画按钮。在“属性设置”选项卡中可以进行权限设置。

6）旋钮输入器。在“属性设置”选项卡中可以进行权限设置。

7）滑动输入器。在“属性设置”选项卡中可以进行权限设置。

6.2.4 运行时改变操作权限

MCGS的用户操作权限在运行时才体现出来。某个用户在进行操作之前首先要进行登录操作，登录成功后该用户才能进行所需的操作，完成操作后退出登录，以使操作权限失效。

用户登录、退出登录、运行时修改用户密码和用户管理等功能都需要在组态环境中进行一定的组态工作，在脚本程序使用中，MCGS 提供的以下 4 个内部函数即可以完成上述工作。

1．!LogOn()

在脚本程序中执行该函数，会弹出 MCGS“用户登录”对话框，如图 6-13 所示。从用户名下拉列表框中选取要登录的用户名，在密码输入框中输入用户对应的密码，按〈Enter〉键或单击“确认”按钮，如果输入正确则登录成功，否则会出现对应的提示信息。单击“取消”按钮停止登录。

2．!LogOff()

在脚本程序中执行该函数，会弹出提示框，提示是否要退出登录，选“是”退出，选“否”不退出。

3．!ChangePassword()

在脚本程序中执行该函数，会弹出“改变用户密码”对话框，如图 6-14 所示。

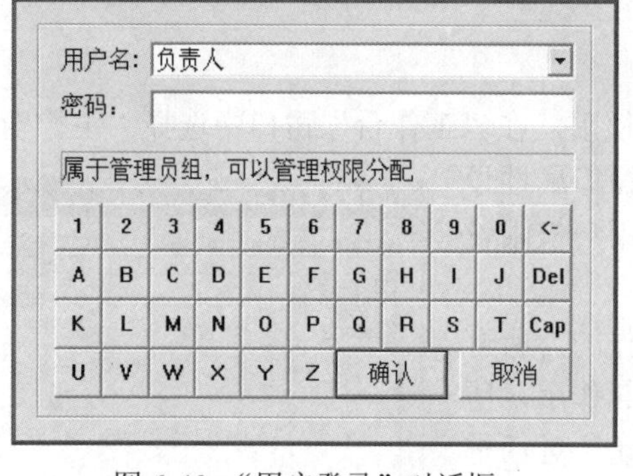

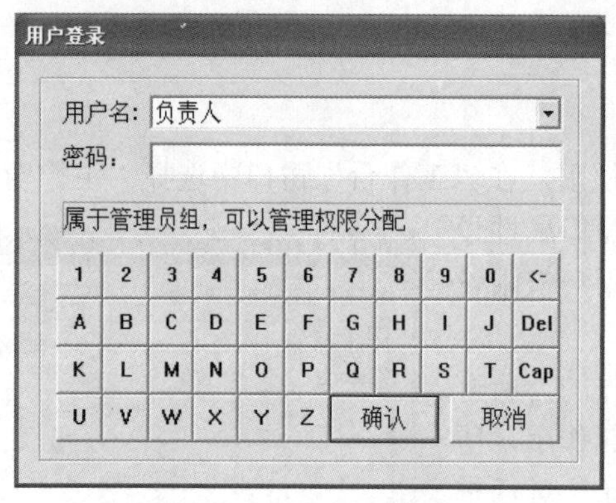

图 6-13 “用户登录”对话框

图 6-14 “改变用户密码”对话框

先输入旧密码，再输入两遍新密码，单击“确认”键即可完成当前登录用户的密码修改工作。

4．!Editusers()

在脚本程序中执行该函数，会弹出“用户管理器”对话框，在程序运行时允许增加和删除用户，以及修改用户的密码和所隶属的用户组。注意：只有在当前登录的用户属于管理员组时，本功能才有效。在程序运行时不能增加、删除或修改用户组的属性。

在实际应用中，当需要进行操作权限控制时，一般都在菜单组态窗口中增加 4 个菜单项，即登录用户、退出登录、修改密码和用户管理，在每个菜单属性窗口的“脚本程序”属性选项卡中分别输入 4 个函数，即!LogOn()、!LogOff()、!ChangePassword()、!Editusers()，这样运行时就可以通过这些菜单来进行登录等工作。同样，通过对按钮进行组态也可以完成这些登录工作。

6.2.5 工程安全管理

1．工程密码

给正在组态或已完成的工程设置密码，可以保护该工程不被其他人打开使用或修改。当使用 MCGS 来打开这些工程时，系统首先弹出输入框要求输入工程的密码，如果密码不正确则不能打开该工程，从而起到保护劳动成果的作用。

2．锁定软件狗

锁定软件狗可以把组态好的工程和软件狗锁定在一起，运行时，离开所锁定的软件狗，该工程就不能正常运行。随 MCGS 一起提供的软件狗都有一个唯一的序列号，锁定后的工程在其他任何 MCGS 系统中都无法正常运行，这样充分地保护了开发者的权利。

3．设置工程运行期限

为了方便开发者的利益得到及时的回报，MCGS 提供了设置工程运行期限的功能，到一定的时间后，如果得不到应得的回报，则可通过多级密码控制系统运行或停止。

在“工程试用期限设置”对话框中最多可以设置 4 个试用期限，每个期限都有不同的密码和提示信息。

运行时工作的流程如下：

当第一次试用期限到达时，会弹出提示框，要求输入密码，如果不输入密码或密码输入错误，则以后每小时再弹出一次该对话框；如果正确输入第一次试用期限的密码，则能正常工作，直到第二次试用期限到达；如果直接输入最后期限的密码，则工程解锁，以后永久正常工作。第二次和第三次试用期限到达时的操作相同，但如果密码输入错误，系统则退出运行。当到达最后试用期限时，如果不输入密码或密码错误，则 MCGS 直接终止，退出运行。

实际应用中，需酌情使用本功能并注意提示信息的措辞，应尽可能多地给对方一些时间，多留一点余地。

注意：在运行环境中，直接按快捷键〈Ctrl+Alt+P〉，系统弹出密码输入对话框，正确输入密码后，可以解锁工程运行期限的限制。

MCGS 工程试用期限的限制是和系统的软件狗配合使用的，简单地改变计算机的时钟改变不了工程试用期限的限制。

实训 9　动画制作与用户登录

一、学习目标

1．学会组态软件 MCGS 动画的制作方法。

2．掌握 MCGS 组态软件安全机制的基本操作方法。

二维码 9-1
新建工程项目

二、设计任务

1．在图形界面中，让小球绕着椭圆的圆周线进行顺时针运动，文字显示为立体效果并闪烁。

2．创建登录对话框，需要用户输入密码方可观看动画演示。

二维码 9-2
制作图形画面

三、任务实现

1．建立新工程项目

工程名称：“动画制作”；窗口名称：“动画制作”；窗口内容注释：“让小球动起来！”。

2．制作图形界面

在工作台窗口“用户窗口”选项卡，双击“动画制作”图标，进入“动画组态动画制作”窗口。

1）添加 2 个“椭圆”构件。在工具箱中选择“椭圆”构件图标，画出一个长轴为“480”、短轴为“200”的椭圆（界面右下角显示长轴、短轴数据，如果未显示，选择“查看”→“状态条”命令）。双击椭圆图形进入属性设置界面，填充颜色选择“浅绿”（或其他颜色）。

在工具箱中选择“椭圆”构件图标，画出一个“28×28”的圆，位于椭圆的中心。双击图形进入属性设置界面，填充颜色选择“蓝”（或其他颜色）。

2）添加 1 个“标签”构件。字符改为“动画制作”，标签的边线颜色设置为“无边线颜色”（双击标签可进行设置），填充颜色为“无填充颜色”，字体为“华文彩云”（或其他字体），大小为“二号”，颜色为“白色”。

选择“动画制作”标签文本，复制出另一个文本，颜色改为“黑色”。改变两个标签的相对位置，使上面的文字遮盖下面文字的一部分，形成立体效果。

设计的图形界面如图 6-15 所示。

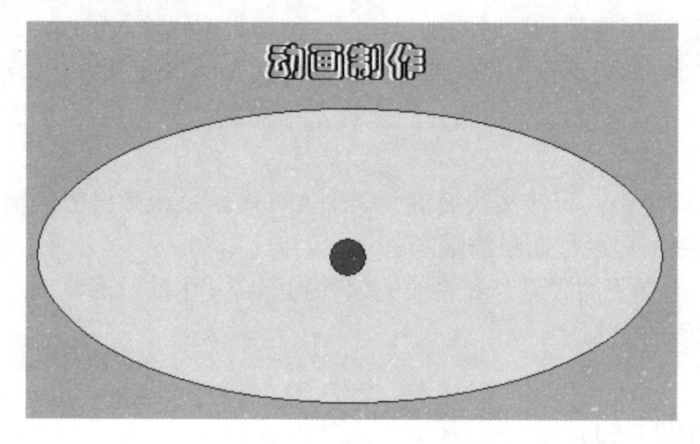

图 6-15　实训 9 图形界面

3. 定义数据对象

在工作台窗口“实时数据库”选项卡中，单击“新增对象”按钮，再双击新出现的对象，系统弹出“数据对象属性设置”对话框。在“基本属性”选项卡中将对象名称设为“角度”，对象类型选“数值”。

二维码 9-3
定义数据对象

建立的实时数据库如图 6-16 所示。

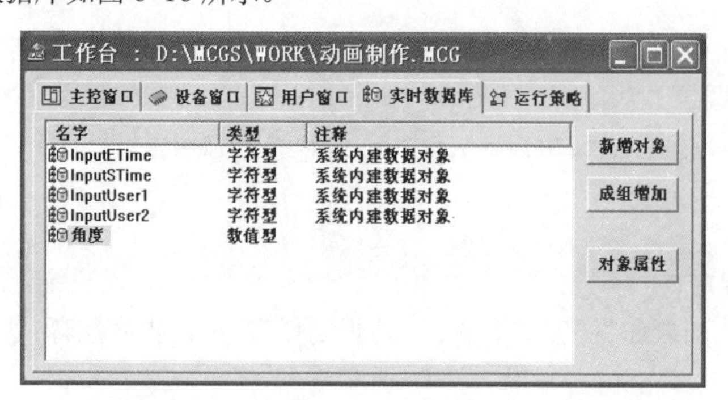

图 6-16　实训 9 实时数据库

4．建立动画连接

在工作台窗口“用户窗口”选项卡，双击“动画制作”图标，进入“动画组态动画制作”窗口。

二维码 9-4
建立动画连接

（1）建立标签的动画连接

双击图 6-15 中的上层标签文本“动画制作”，系统弹出“动画组态属性设置”对话框，在“属性设置”选项卡中，特殊动画连接选择“闪烁效果”，如图 6-17 所示，在“闪烁效果”选项卡中将表达式设为“1”，表示条件永远成立，如图 6-18 所示。

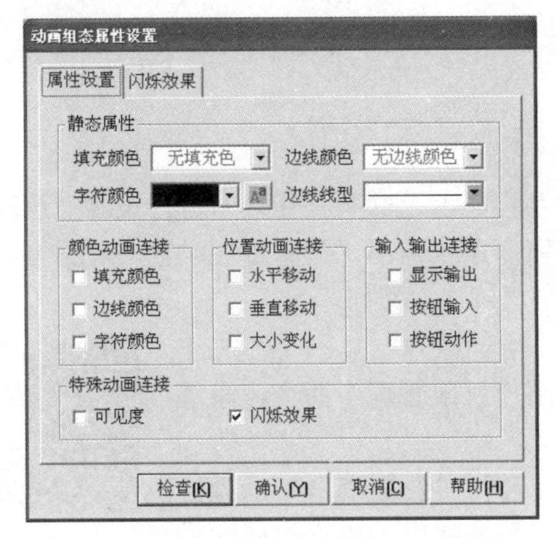

图 6-17　实训 9 标签动画组态属性设置 1

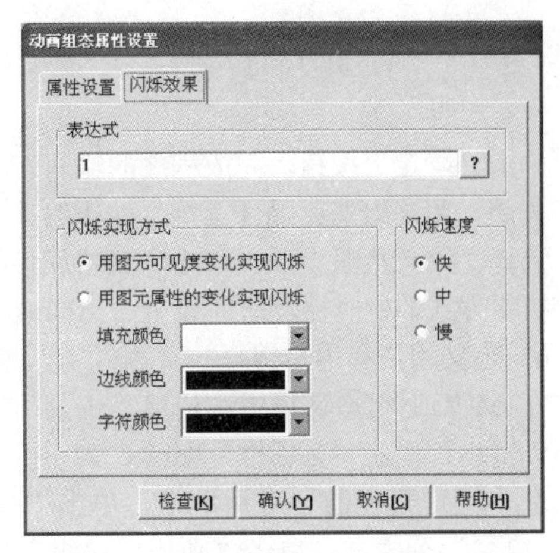

图 6-18　实训 9 标签动画组态属性设置 2

（2）建立小圆的动画连接

双击图 6-15 中的蓝色小球，进入“动画组态属性设置”对话框。在“属性设置”选项卡中，位置动画连接选择“水平移动”和“垂直移动”。在出现的“水平移动”选项卡中将表达式设为“!cos(角度)*240”，最小移动偏移量设为“-240”，表达式的值设为“-240”，最大移动偏移量设为“240”，表达式的值设为“240”，如图 6-19 所示；在出现的“垂直移动”选项卡中将表达式设为“!sin(角度)*100”，最小移动偏移量设为“-100”，表达式的值设为“-100”，最大移动偏移量设为“100”，表达式的值设为“100”，如图 6-20 所示。

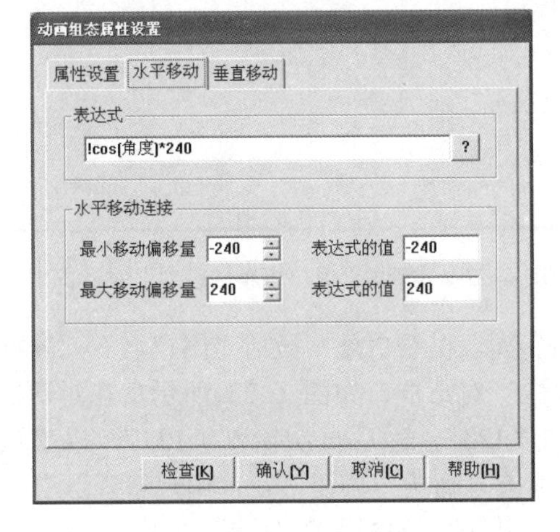

图 6-19　实训 9 水平移动参数设置

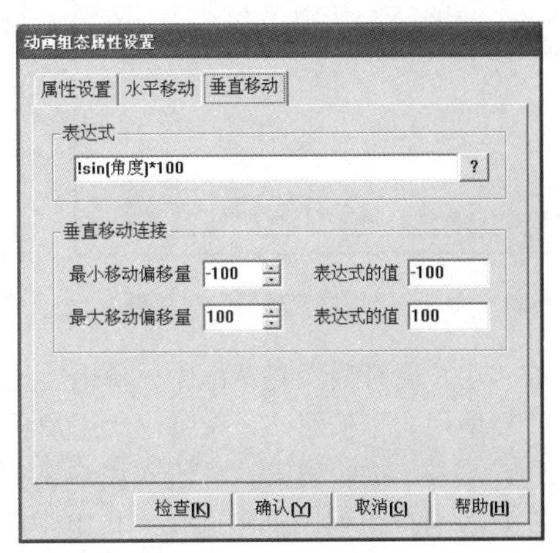

图 6-20　实训 9 垂直移动参数设置

5．策略编程

二维码 9-5
策略编程

在工作台窗口的“运行策略”选项卡，双击“循环策略”项，系统弹出“策略组态：循环策略”编辑窗口。

新增策略行，添加脚本程序，双击“脚本程序”策略块进入“脚本程序”编辑窗口，在编辑区输入如下程序。

```
角度=角度+3.14/180*2
if 角度>=3.14 then
    角度=-3.14
else
    角度=角度+3.14/180*2
endif
```

单击“确定”按钮，完成程序的输入。

关闭“策略组态：循环策略”编辑窗口，保存程序，返回到工作台“运行策略”选项卡中，选择“循环策略”项，单击“策略属性”按钮，系统弹出“策略属性设置”对话框，将策略执行方式的定时循环时间设置为100ms，单击“确认”按钮。

6．定义用户和用户组

二维码 9-6
定义用户

在 MCGS 组态环境中，选取“工具”→“用户权限管理”命令，系统弹出“用户管理器”对话框，如图 6-21 所示。

在“用户管理器”对话框中，单击“用户组名”列表框空白处，激活“用户组名”列表框。单击“新增用户组”按钮，系统弹出“用户组属性设置”对话框，如图 6-22 所示。在对话框中输入用户组名称，如“机电学院”，单击“确认”按钮，在“用户管理器”对话框的“用户组名”列表框中就会出现新增的用户组“机电学院”。

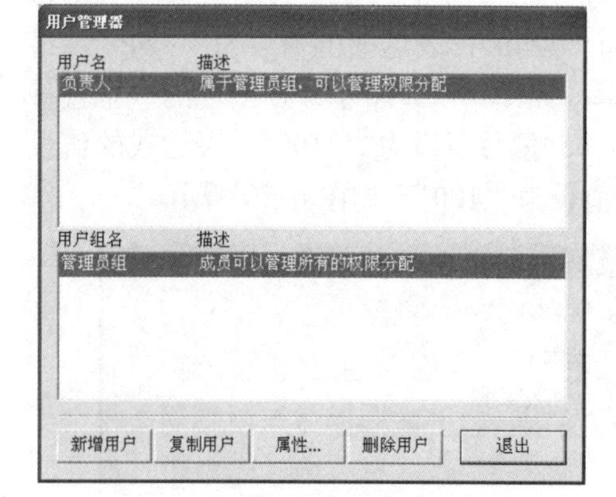

图 6-21　实训 9“用户管理器”对话框 1

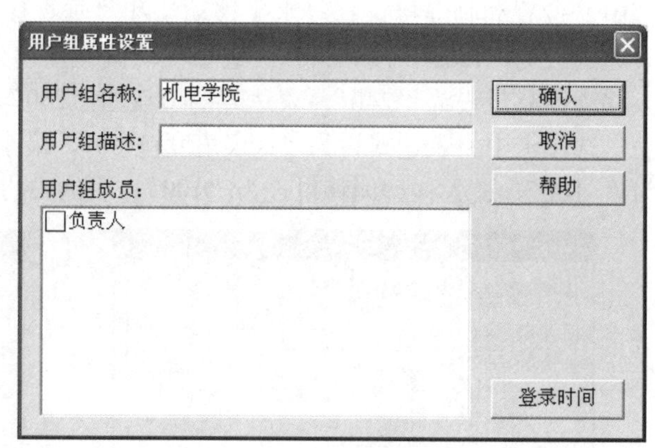

图 6-22　实训 9“用户组属性设置”对话框

在“用户管理器”对话框中，单击“用户名”列表框空白处，激活“用户名”列表框。单击“新增用户”按钮，系统弹出“用户属性设置”对话框，如图 6-23 所示。在对话框中输入用户名称，如“电气”，输入用户密码，如“123”，然后再次输入“123”，以确认密码。在隶属用户组列表框中选择“机电学院”，单击“确认”按钮，在“用户管理器”对话框的“用户名”列表框中就会出现新增的用户名“电气”，如图 6-24 所示。

在“用户管理器”对话框中单击“退出”按钮，完成用户组和用户的定义。

图 6-23　实训 9“用户属性设置”对话框

图 6-24　实训 9“用户管理器”对话框 2

7．系统权限设置

在“工作台”窗口中选择“主控窗口”选项卡中，单击“系统属性”按钮，会弹出“主控窗口属性设置”对话框，如图 6-25 所示。在“基本属性”选项卡中封面窗口下拉列表框中选择“动画制作”，然后在其右侧用于设置系统进入和退出时是否需要用户登录的下拉列表框中选择“进入登录，退出不登录”；把“封面显示时间”设为 30s；单击“权限设置”按钮，设置工程系统的用户组权限，选择“机电学院”，如图 6-26 所示。

二维码 9-7
系统权限设置

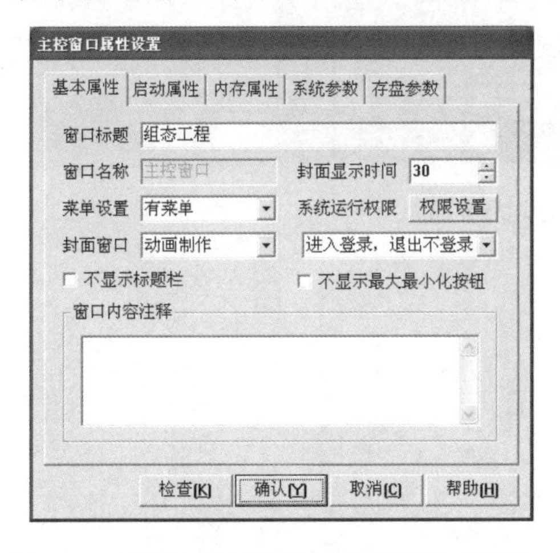

图 6-25　实训 9“主控窗口属性设置”对话框

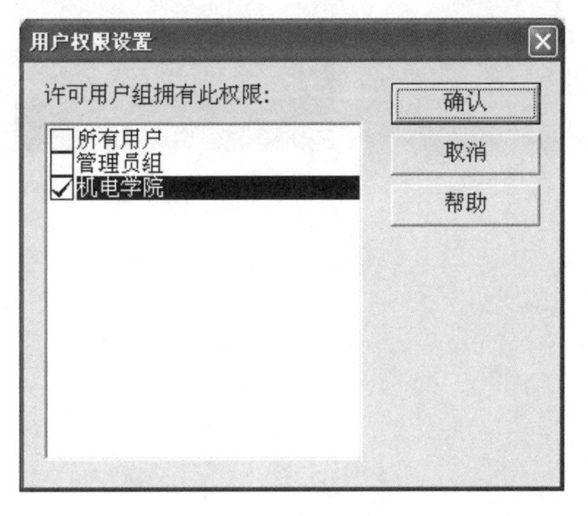

图 6-26　实训 9“用户权限设置”对话框

在图 6-25 中的“启动属性”选项卡中，将用户窗口列表中的“动画制作”增加到“自动运行窗口”中。

8．程序运行

保存工程，运行工程。

会看到，系统首先弹出“用户登录”对话框，如图 6-27 所示。选择用户名“电气”，输入设置的密码“123”，单击“确认”按钮，就可以看到动

二维码 9-8
程序运行

画演示了。

图 6-27　实训 9“用户登录”对话框

在动画演示界面中，小球绕着椭圆的圆周按顺时针运动，文字显示为立体效果并闪烁。程序运行界面如图 6-28 所示。

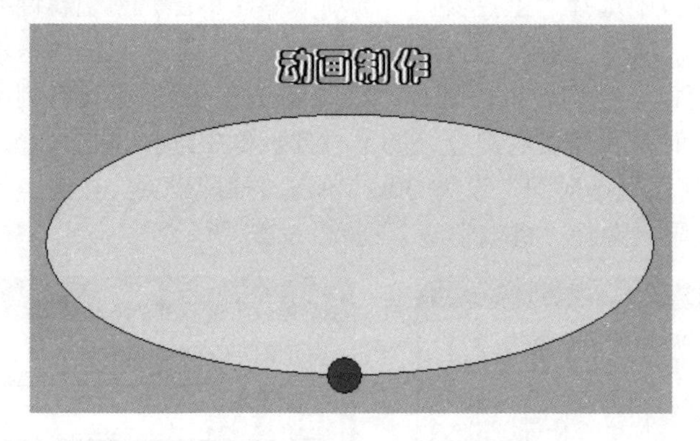

图 6-28　实训 9 程序运行界面

第 7 章　MCGS 数据采集与控制

为了满足 PC（个人计算机）用于数据采集与控制的需要，国内外许多厂商生产了各种各样的数据采集卡（俗称 I/O 板卡）。用户只要把这类板卡插入计算机主板上相应的 I/O（ISA 或 PCI）扩展槽中，就可以迅速、方便地构成一个数据采集系统，这样既节省了大量的硬件研制时间和投资，又可以充分利用 PC 的软硬件资源，还可以使用户集中精力对数据采集与处理中的理论和方法、系统设计、程序编制等问题进行研究。

7.1　数据采集系统概述

7.1.1　数据采集系统的含义

在科研、生产和日常生活中，模拟量的测量和控制是经常会遇到的。为了对温度、压力、流量、速度、位移等物理量进行测量和控制，都要先通过传感器把上述物理量转换成能代表模拟物理量大小的电信号（即模拟电信号），再将模拟电信号经过处理转换成计算机能识别的数字量，送入计算机，这就是数据采集过程。用于数据采集的成套设备称为数据采集系统（Data Acquisition System，DAS）。

数据采集系统的任务，就是传感器从被测对象获取有用信息，并将其输出信号转换为计算机能识别的数字信号，然后送入计算机进行相应的处理，从而得出所需的数据。同时，将计算得到的数据进行显示、储存或打印，以便实现对某些物理量的监视，其中的一部分数据还将被生产过程中的计算机控制系统用来进行某些物理量的控制。

数据采集系统性能的好坏，主要取决于它的精度和速度。在保证精度的条件下，应有尽可能高的采样速度，以满足实时采集、实时处理和实时控制对速度的要求。

计算机技术的发展和普及提升了数据采集系统的技术水平。在生产过程中，应用这一系统可对生产现场的工艺参数进行采集、监视和记录，为提高产品质量、降低成本提供信息和手段；在科学研究中，应用数据采集系统可获得大量的动态信息，是研究瞬间物理过程的有力工具。总之，无论在哪个应用领域中，数据的采集与处理越及时，工作效率就越高，取得的经济效益就越大。

7.1.2　数据采集系统的功能

由数据采集系统的任务可以知道，数据采集系统具有以下几方面的功能。

1．数据采集

计算机按照预先选定的采样周期，对输入到系统的模拟信号进行采样，有时还要对数字信号、开关信号进行采样。数字信号和开关信号不受采样周期的限制，当这类信号到来时，由相应的程序负责处理。

2. 信号调理

信号调理是对从传感器输出的信号进行进一步的加工和处理，包括对信号的转换、放大、滤波、储存、重放，以及一些专门的信号处理。另外，传感器输出信号往往具有机、光、电等多种形式。而对信号的后续处理往往采取电的方式和手段，因此必须把传感器输出的信号进一步转化为适宜电路处理的电信号，其中包括电信号放大等信号调理方式。通过信号的调理，获得最终希望的便于传输、显示和记录以及可进行进一步后续处理的信号。

3. 二次数据计算

通常把直接由传感器采集到的数据称为一次数据，把通过对一次数据进行某种数学运算而获得的数据称为二次数据。获得二次数据的计算主要有求和、最大值、最小值、平均值、累计值、变化率、样本方差与标准方差统计等。

4. 屏幕显示

显示装置可把各种数据以方便于操作者观察的方式显示出来，屏幕上显示的内容一般被称为界面。常见的界面有相关界面、趋势图、模拟图、一览表等。

5. 数据存储

数据存储就是按照一定的时间间隔，如 1 小时、1 天、1 月等，定期将某些重要数据存储在外部存储器上。

6. 打印输出

打印输出就是按照一定的时间间隔，如分钟、小时、月的要求，定期将各种数据以表格或图形的形式打印出来。

7. 人机联系

人机联系是指操作人员通过键盘、鼠标或触摸屏与数据采集系统对话，完成对系统的运行方式、采样周期等参数和一些采集设备的通信接口参数的设置。此外，还可以通过它选择系统功能，选择输出需要的界面等。

7.1.3 输入与输出信号

实现计算机数据采集与控制的前提是，必须将生产过程的工艺参数、工况逻辑、设备运行状况等物理量经过传感器或变送器转变为计算机可以识别的电信号（电压或电流）或逻辑量。计算机控制系统经常用到的信号主要分为模拟量信号和数字量信号两大类。

针对某个生产过程设计一套计算机数据采集系统，必须要了解输入输出信号的规格、接线方式、精度等级、量程范围、线性关系、工程量换算等诸多要素。

1. 模拟信号

在工业生产控制过程中，特别是在连续型的生产过程（如化工生产过程）中，经常会需要对一些物理量如温度、压力、流量等进行控制。这些物理量都是随时间而连续变化的。在控制领域，把这些随时间连续变化的物理量称为模拟量（模拟信号）。

模拟信号是指随时间连续变化的信号，这些信号在规定的一段连续时间内，其幅值为连续值，即从一个量变到下一个量时中间没有间断。

模拟信号有两种类型：一种是由各种传感器获得的低电平信号；另一种是由仪器、变送器输出的 4～20mA 的电流信号或 1～5V 的电压信号。这些模拟信号经过采样和 A/D 转换并输入计算机后，常常要进行数据正确性判断、标度变换、线性化等处理。

模拟信号非常便于传送，但它对干扰信号很敏感，容易使传送中的信号的幅值或相位发生畸变。因此，有时还要对模拟信号进行零漂修正、数字滤波等处理。

当控制系统输出的模拟信号需要传输较远的距离时，一般采用电流信号而不是电压信号，因为电流信号在一个回路中不会衰减，因而抗干扰能力比电压信号好；当控制系统输出的模拟信号需要传输给多个其他仪器仪表或控制对象时，一般采用直流电压信号而不是直流电流信号。

模拟信号的常用规格如下。

1）1～5V 电压信号。1～5V 电压信号规格通常用于计算机控制系统的过程通道。工程量的量程下限值对应的电压信号为 1V，工程量上限值对应的电压信号为 5V，整个工程量的变化范围与 4V 的电压变化范围相对应。过程通道也可输出 1～5V 电压信号，用于控制执行机构。

2）4～20mA 电流信号。4～20mA 电流信号通常用于过程通道和变送器之间的传输信号。工程量或变送器的量程下限值对应的电流信号为 4mA，量程上限值对应的电流信号为 20mA，整个工程量的变化范围与 16mA 的电流变化范围相对应。过程通道也可输出 4～20mA 电流信号，用于控制执行机构。

有的传感器的输出信号是毫伏级的电压信号，如 K 分度热电偶在 1000℃时的输出信号为 41.296mV。这些信号要经过变送器转换成标准信号（4～20mA），再送给过程通道。热电阻传感器的输出信号是电阻值，一般要经过变送器转换为标准信号（4～20mA），再送到过程通道。对于采用 4～20mA 电流信号的系统，只需采用 250Ω 电阻就可将其变换为 1～5V 直流电压信号。

有必要说明的是，以上两种标准都不包括零值，这是为了避免与断电或断线的情况混淆，以使信息的传送更为确切。这样也同时把晶体管器件的起始非线性段避开了，使信号值与被测参数的大小更接近线性关系。

2. 数字信号

数字信号又称为开关量信号，是指在有限的离散瞬时上取值间断的信号，其只有两种状态，与开和关一样，可用“0”和“1”表达。

在二进制系统中，数字信号是由有限字长的数字组成的，其中每位数字不是“0”就是“1”。数字信号的特点是，它只代表某个瞬时的量值，是不连续的信号。

开关量信号反映了生产过程、设备运行的现行状态，又称为状态量。例如，行程开关可以指示某个部件是否达到规定的位置，如果已经到位，则行程开关接通，并向工控机系统输入一个开关量信号；又如，工控机系统欲输出报警信号，则可以输出一个开关量信号，从而通过继电器或接触器驱动报警设备，发出声光报警。

有许多的现场设备往往只对应两种状态，开关信号的处理主要是监测开关器件的状态变化。例如，按钮、行程开关的闭合和断开，电动机的起动和停止，指示灯的亮和灭，继电器或接触器的释放和吸合，晶闸管的通和断，阀门的打开和关闭等，可以用开关输出信号去控制或者对开关输入信号进行检测。

开关（数字）量输入有触点输入和电平输入两种方式；开关（数字）量输出信号也有触点输出和电平输出两种方式。一般把触点输入/输出信号称为开关信号，把电平输入/输出信号称为数字信号。它们的共同点是都可以用“0”和“1”表示。

电平有“高”和“低”之分，对具体设备的状态和计算机的逻辑值可以事先约定，即电平“高”为“1”，电平“低”为“0”，或者相反。

触点又有常开和常闭之分，其逻辑关系正好相反，犹如数字电路中的正逻辑和负逻辑。工控机系统实际上是按电平进行逻辑运算和处理的，因此工控机系统必须为输入触点提供电源，将触点输入转换为电平输入。

对于开关量输出信号，可以分为两种形式：一种是电压输出，另一种是继电器输出。电压输出一般是通过晶体管的通断来直接对外部提供电压信号，继电器输出则是通过继电器触点的通断来提供信号。电压输出方式的速度比较快且外部接线简单，但带负载能力弱；继电器输出方式则与之相反。对于电压输出，又可分为直流电压和交流电压输出，相应的电压幅值可以有 5V、12V、24V、48V 等。

7.2 数据采集卡

7.2.1 数据采集卡的类型

基于 PC 总线的数据采集卡（又称为板卡）是指计算机厂商为了满足用户需要，利用总线模板化结构设计的通用功能模板。基于 PC 总线的板卡种类很多，其分类方法也有很多种。按照板卡处理信号的不同可以分为模拟量输入板卡（A-D 卡）、模拟量输出板卡（D-A 卡）、开关量输入板卡、开关量输出板卡、脉冲量输入板卡、多功能板卡等。其中多功能板卡可以集成多个功能，如数字量输入/输出板卡将数字量输入和数字量输出功能集成在同一个板卡上。根据总线的不同，可分为 PCI 板卡和 ISA 板卡。各种类型的板卡依据其所处理的数据不同，有相应的评价指标，现在较为流行的板卡大都是基于 PCI 总线设计的。

数据采集卡的性能优劣对整个系统来说处于举足轻重的地位。选购时不仅要考虑其价格，更要综合考虑、比较其质量、软件支持能力、后续开发和服务能力等。

表 7-1 列出了部分数据采集卡的种类和用途，板卡详细的信息资料请查询相关公司的宣传资料。

表 7-1　数据采集卡的种类和用途

输入/输出信息来源及用途	信息种类	相配套的接口板卡产品
温度、压力、位移、转速、流量等来自现场设备运行状态的模拟电信号	模拟量输入信息	模拟量输入板卡
限位开关状态、数字装置的输出数码、接点通断状态、“0”和“1”电平变化	数字量输入信息	数字量输入板卡
执行机构的执行、记录等（模拟电流/电压）	模拟量输出信息	模拟量输出板卡
执行机构的驱动执行、报警显示、蜂鸣器等（数字量）	数字量输出信息	数字量输出板卡
流量计算、电功率计算、转速、长度测量等脉冲形式输入信号	脉冲量输入信息	脉冲计数/处理板卡
操作中断、事故中断、报警中断及其他需要中断的输入信号	中断输入信息	多通道中断控制板卡
前进驱动机构的驱动控制信号输出	间断信号输出	步进电机控制板卡
串行/并行通信信号	通信收发信息	多口 RS-232/RS-422 通信板卡
远距离输入/输出模拟或数字信号	模拟/数字量远端信息	远程 I/O 板卡（模块）

还有其他一些专用 I/O 板卡，如虚拟存储板（电子盘）、信号调理板、专用（接线）端

子板等，这些种类齐全、性能良好的 I/O 板卡与 PC 配合使用，使系统的构成工作变得十分容易。

在多任务实时控制系统中，为了提高实时性，要求模拟量板卡具有更高的采集速度，通信板卡具有更高的通信速度。当然可以采用多种方法来提高采集速度和通信速度，但在实时性要求特别高的场合，则需要采用智能接口板卡。某智能 CAN 接口板卡产品图如图 7-1 所示。

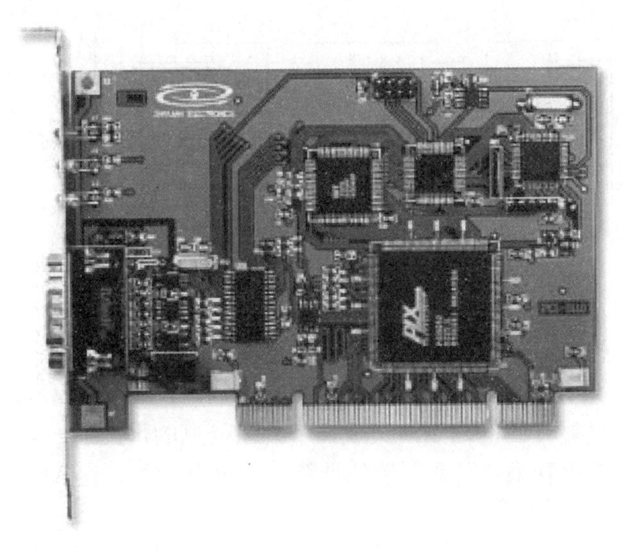

图 7-1 某智能 CAN 接口板卡产品图

所谓“智能”，就是增加了 CPU 或控制器的 I/O 板卡，使 I/O 板卡与 CPU 具有一定的并行性。例如，除了主控计算机从智能模拟量板卡读取结果时是串行操作外，模拟量的采集和主控计算机处理其他事件是同时进行的。

7.2.2 数据采集卡的选择

要建立一个数据采集与控制系统，数据采集卡的选择至关重要。

在挑选数据采集卡时，用户主要考虑的是根据需求选取适当的总线形式、适当的采样速率、适当的模拟输入/模拟输出通道数量、适当的数字输入/输出通道数量等，并根据操作系统以及数据采集的需求选择适当的软件。其主要选择依据如下。

1）通道的类型及个数。根据测试任务选择满足要求的通道数，选择具有足够的模拟量输入与输出通道数、足够的数字量输入与输出通道数的数据采集卡。

2）最高采样速度。数据采集卡的最高采样速度决定了能够处理的信号的最高频率。

根据奈奎斯特采样理论，采样频率必须是信号最高频率的两倍或两倍以上，即 $f_s \geqslant 2f_{max}$，这样采集到的数据才可以有效地复现原始的采集信号。工程上一般选择 $f_s=(5\sim10)f_{max}$。一般的过程通道板卡的采样速率范围为 30～100kHz。快速 AD 卡可达到 1000kHz 或更高的采样速率。

3）总线标准。数据采集卡有 PXI、PCI、ISA 等多种类型，一般是将板卡直接安装在计算机的标准总线插槽中。需根据计算机上的总线类型和数量选择相应的采集卡。

4）其他。如果模拟信号是低电压信号，用户就要考虑选择高增益的采集卡。如果信号的灵敏度比较低，则这时的采集卡需要高的分辨率。同时还要注意最小可测的电压值和最大输入电压值，采集系统对同步和触发是否有要求等。

7.2.3　基于数据采集卡的控制系统

1．控制系统的组成

基于数据采集卡的计算机控制系统的组成如图 7-2 所示。

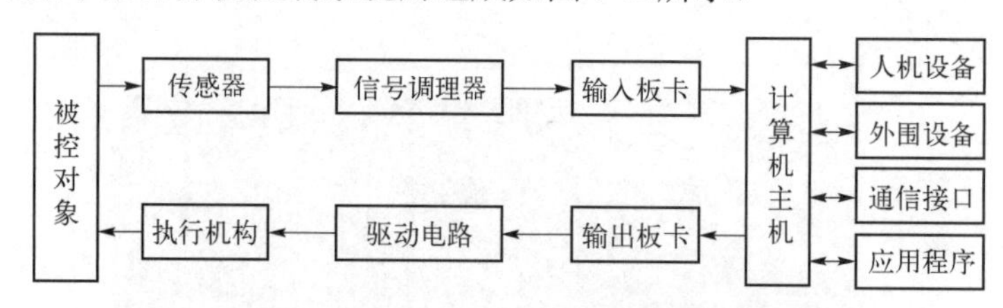

图 7-2　基于数据采集卡的控制系统组成框图

（1）计算机主机

它是整个计算机控制系统的核心。计算机主机由 CPU、存储器等构成。它通过由过程输入通道发送来的工业对象的生产工况参数，按照人们预先安排的程序，自动地进行信息处理、分析和计算，并进行相应的控制决策或调节，以信息的形式通过输出通道，及时发出控制命令，实现良好的人机联系。目前采用的计算机主机有 PC 及工业 PC（IPC）等。

（2）传感器

传感器的作用是把非电物理量（如温度、压力、速度等）转换成电压或电流信号。例如，使用热电偶可以获得随着温度变化的电压信号；转速传感器可以把转速转换为电脉冲信号。

（3）信号调理器

信号调理器（电路）的作用是对传感器输出的电信号进行加工和处理，转换成便于输送、显示和记录的电信号（电压或电流）。例如：传感器输出信号是微弱的，就需要放大电路将微弱信号加以放大，以满足过程通道的要求；为了与计算机接口方便，需要 AD 转换电路将模拟信号变换成数字信号等。常见的信号调理电路有电桥电路、调制解调电路、滤波电路、放大电路、线性化电路、AD 转换电路、隔离电路等。

如果信号调理电路输出的是规范化的标准信号（如 4～20mA、1～5V 等），那么这种信号调理电路被称为变送器。在工业控制领域，常常将传感器与变送器作为一体，统称为变送器。变送器输出的标准信号一般送往智能仪表或计算机系统。

（4）输入/输出板卡

应用 IPC 对工业现场进行控制，首先要采集各种被测量，计算机对这些被测量进行一系列处理后，将结果数据输出。计算机输出的数字量还必须转换成可对生产过程进行控制的量。因此，构成一个工业控制系统，除了 IPC 做主控计算机外，还需要配备各种用途的 I/O 接口产品，即 I/O 板卡（或称为数据采集卡）。

常用的 I/O 板卡包括模拟量输入/输出（AI/AO）板卡、数字量（开关量）输入/输出（DI/DO）板卡、脉冲量输入/输出板卡、混合功能的接口板卡等。

各种板卡是不能直接由主控计算机控制的，必须由 I/O 接口来传送相应的信息和命令。I/O 接口是主控计算机和板卡、外围设备进行信息交换的纽带。目前，绝大部分的 I/O 接口都采用可编程接口芯片，它们的工作方式可以通过编程设置。

常用的I/O接口有并行接口、串行接口等。

（5）执行机构

它的作用是接收计算机发出的控制信号，并把它转换成执行机构的动作，使被控对象按预先规定的要求进行调整，保证其正常运行。生产过程按预先规定的要求正常运行，即控制生产过程。

常用的执行机构有各种电动、液动、气动开关，电液伺服阀，交直流电动机，步进电机，各种有触点和无触点开关，电磁阀等。在系统设计中需根据系统的要求来选择。

（6）驱动电路

要想驱动执行机构，一方面，必须具有较大的输出功率，即向执行机构提供大电流、高电压驱动信号，以带动其动作；另一方面，由于各种执行机构的动作原理不尽相同，有的用电动，有的用气动或液动，如何使计算机输出的信号与之匹配，也是驱动执行机构必须解决的重要问题。因此为了实现与执行机构的功率配合，一般都要在计算机输出板卡与执行机构之间配置驱动电路。

（7）外围设备

外围设备主要是为了扩大主控计算机的功能而配置的。它用来显示、存储、打印、记录各种数据，包括输入设备、输出设备和存储设备。常用的外围设备有打印机、图形显示器（CRT）、外部存储器（软盘、硬盘、光盘等）、记录仪、声光报警器等。

（8）人机设备

人机设备是人机对话的联系纽带，如操作台。计算机向生产过程的操作人员显示系统运行状态、运行参数，发出报警信号；生产过程的操作人员通过操作台向计算机输入和修改控制参数，发出各种操作命令；程序员使用操作台检查程序；维修人员利用操作台判断故障；等等。

（9）通信接口

对于复杂的生产过程，通过通信接口可构成网络集成式计算机控制系统。系统采用多台计算机分别执行不同的控制功能，既能同时控制分布在不同区域的多台设备，同时又能实现管理功能。

数据采集硬件的选择要根据具体的应用场合来进行，并且要考虑现有的技术资源。

2．数据采集卡控制系统的特点

随着计算机和总线技术的发展，越来越多的科学家和工程师采用基于 PC 的数据采集系统来完成实验室研究和工业控制中的测试测量任务。

基于 PC 的 DAQ 系统（简称 PCs）的基本特点是输入、输出装置为板卡的形式，并将板卡直接与个人计算机的系统总线相连，即直接插在计算机主机的扩展槽上。这些输入、输出板卡往往按照某种标准由第三方批量生产，开发者或用户可以直接在市场上购买，也可以由开发者自行制作。一块板卡的点数（指控制信号的数量）少的有几点，多的有 64 点甚至更多。

构成 PCs 的计算机可以用普通的商用机，也可以用自己组装的计算机，还可以使用工业控制计算机。

PCs 主要采用 Windows 操作系统，应用软件可以由开发者利用 C、VC++、VB 等语言自行开发，也可以在市场上购买组态软件进行组态后生成。

总之，因为 PCs 有价格低廉、组成灵活、标准化程度高、结构开放、配件供应来源广泛、应用软件丰富等特点，所以它是一种很有应用前景的计算机控制系统。

7.2.4 典型数据采集卡简介

PCI-1710HG 是研华公司生产的一款功能强大的低成本多功能 PCI 总线数据采集卡，如图 7-3 所示。其先进的电路设计使它具有更高的质量和更多的功能，这其中包含 5 种常用的测量和控制功能：16 路单端或 8 路差分模拟量输入、12 位 AD 转换器（采样频率可达 100kHz)、2 路 12 位模拟量输出、16 路数字量输入/输出及计数器/定时器功能。

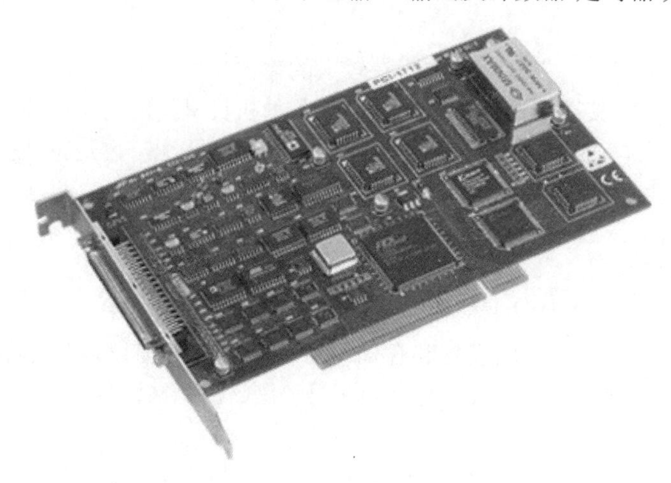

图 7-3 PCI-1710HG 数据采集卡

1．用 PCI-1710HG 数据采集卡组成的控制系统

用 PCI-1710HG 数据采集卡构成完整的控制系统还需要接线端子板和通信电缆，如图 7-4 所示。电缆采用 PCL-10168 型，如图 7-5 所示，它是两端针形接口的 68 芯 SCSI-II 电缆，用于连接板卡与 ADAM-3968 接线端子板。该电缆采用双绞线，并且模拟信号线和数字信号线是分开屏蔽的，这样能使信号间的交叉干扰降到最小，并使电磁干扰问题得到了最终的解决。接线端子板采用 ADAM-3968 型，是 DIN 导轨安装的 68 芯 SCSI-II 接线端子板，可用于各种输入/输出信号线的连接。

图 7-4 PCI-1710HG 产品的成套性

图 7-5 PCL-10168 电缆

使用时，用 PCL-10168 电缆将 PCI-1710HG 板卡与 ADAM-3968 接线端子板连接，这样可使 PCL-10168 的 68 个针脚和 ADAM-3968 的 68 个接线端子一一对应。

用 PCI-1710HG 数据采集卡构成的控制系统框图如图 7-6 所示。

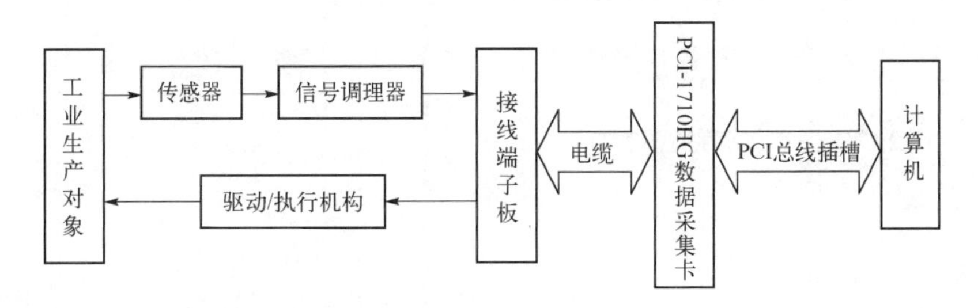

图 7-6　基于 PCI-1710HG 数据采集卡的控制系统框图

2．安装设备管理程序和驱动程序

在测试板卡和使用研华驱动软件编程之前必须首先安装研华设备管理程序 Device Manager 和 32bit DLL 驱动程序。

进入研华公司官方网站，网址为 www.advantech.com.cn，找到并下载下列程序：设备管理程序 DevMgr.exe、驱动程序 PCI1710.exe 等。

首先执行 DevMgr.exe 程序，根据安装向导完成配置管理软件的安装，接着执行 PCI1710.exe 程序，按照提示完成驱动程序的安装。

3．将板卡安装到计算机中

关闭计算机电源，打开机箱，将 PCI-1710HG 数据采集卡正确地插到一个空闲的 PCI 插槽中，如图 7-7 所示，检查无误后合上机箱。

注意：在手持板卡之前，请先释放手上的静电（例如，通过触摸计算机机箱的金属外壳释放静电），不要接触易带静电的材料（如塑料材料），手持板卡时只能握它的边沿，以免手上的静电损坏面板上的集成电路或组件。

图 7-7　PCI-1710HG 数据采集卡安装

重新开启计算机，进入 Windows XP 系统，首先出现“找到新的硬件向导”对话框，选择“自动安装软件”项，单击“下一步”按钮，计算机将自动完成 Advantech PCI-1710HG 驱动程序的安装。

系统会自动为 PCI 板卡设备分配中断和基地址，用户不必设置。

注：其他公司的 PCI 设备一般都会提供相应的.inf 文件，用户可以在安装板卡的时候指定相应的.inf 文件给安装程序。

检查板卡是否安装正确：右击“我的电脑”，在弹出的快捷菜单中选择“属性”命令，系统弹出“系统属性”对话框，选中“硬件”项，单击“设备管理器”按钮，进入“设备管理器”窗口，板卡安装成功后会在设备管理器列表中出现 PCI-1710HG 的设备信息，如图 7-8 所示。

在板卡属性对话框的“资源”选项卡中，可获得计算机分配给板卡的地址的输入/输出范围，如 C000-C0FF，其中首地址为 C000，分配的中断号为 22，如图 7-9 所示。

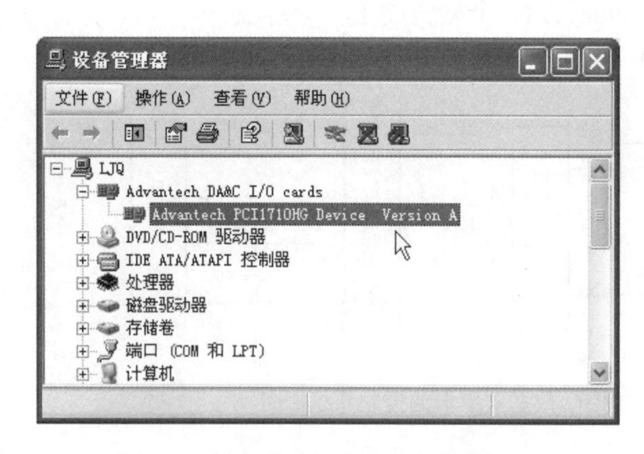

图 7-8 设备管理器中的板卡信息

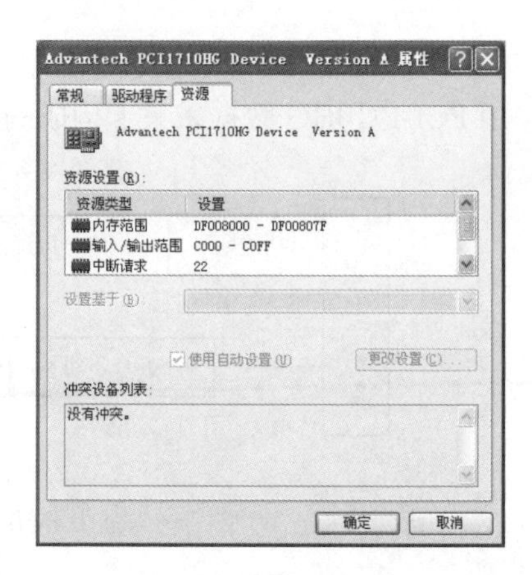

图 7-9 板卡资源信息

7.3 MCGS 数据采集与控制实训

实训 10 饮料瓶计数喷码控制

一、学习目标

1. 掌握用数据采集卡实现开关量输入与输出的硬件设计和连接方法。
2. 掌握用 MCGS 编写数据采集卡开关量输入与输出程序的设计方法。

二、应用背景

1. 喷码机简介

喷码是指用喷码机在产品、建材、日化、电子、汽配、线缆等需要标识的行业产品上注明生产日期、保质期、批号、企业 Logo 等信息的过程。

喷码机是用来在产品表面喷印字符、图标、规格、条码及防伪标识等内容的机器。其优点在于不接触产品，喷印内容灵活可变，字符大小可以调节，以及可以和计算机连接进行复杂数据库喷印。图 7-10 是某喷码机工作示意图。

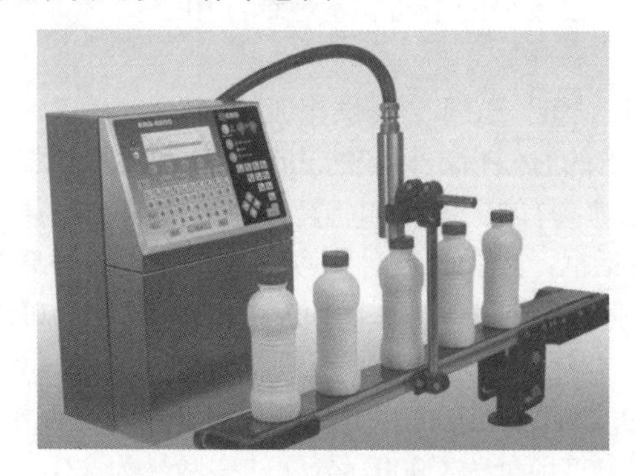

图 7-10 某喷码机工作示意图

按需滴落式喷码机的喷头由多个高精密阀门组成，在喷字时，与字的类型相对应的阀门迅速启闭，墨水依靠内部设定压力喷出，在运动的表面形成字符或图形。它的优点在于：

字迹清晰持久。计算机控制，能准确地喷印出所要求的数字、文字、图案和条形码等；

自动化程度高。自动实现日期、批次和编号的变更，实现喷印过程的无人操作；

编程迅速方便。通过计算机或编辑机输入所要求的数字、文字、图案和行数等信息，修改打印信息，只按数键便可完成；

应用领域广泛。能与任何生产线匹配。可在塑料、玻璃、纸张、木材、橡胶、金属等多种材料、不同形体的表面喷印商标、出厂日期、说明、批号等。

在瓶装饮料（如矿泉水）生产工艺中，灌装完成后装箱前可使用喷码机进行喷码。

2．控制系统

某饮料瓶计数喷码控制系统主要由传感器（接近开关）、检测电路、喷头、电磁阀、输入装置、输出装置、计算机等部分组成，如图 7-11 所示。实际上它们都是自动化喷码机成套系统的组成部分，其中传感器和喷头往往做成一体。

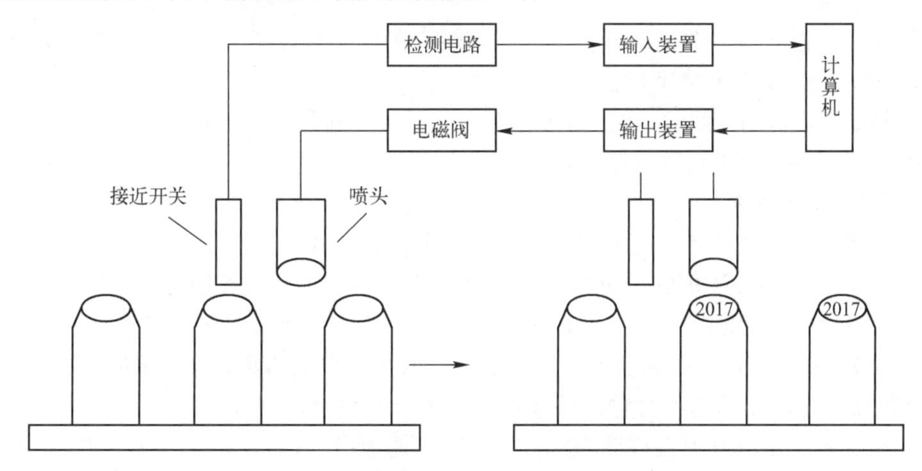

图 7-11　饮料瓶计数喷码控制系统示意图

传感器可采用电容式接近开关。当饮料瓶移动到接近开关探头下方时，接近开关响应并经检测电路输出开关信号，此信号通过输入装置送入计算机，计算机计数程序加 1，同时计算机发出控制指令，通过输出装置控制电磁阀打开，此时饮料瓶刚好移动到喷头下方，喷头内部墨水在压力作用下在瓶盖上喷出需要的字形。喷完后电磁阀迅速关闭。

饮料瓶计数喷码过程中，配料瓶移动到接近开关下方时产生开关信号并输入计算机；计算机输出开关信号来控制电磁阀启闭。

下面通过实训，将研华公司的 PCI-1710HG 数据采集卡作为开关量输入和开关量输出装置，使用 MCGS 组态软件编写 PC 端程序以实现开关量输入计数和开关量输出控制。

三、设计任务

采用 MCGS 编写程序实现 PC 与 PCI-1710HG 数据采集卡开关量的输入与输出。要求：

1．利用电气开关产生开关（数字）信号（0 或 1），使程序界面中开关输入指示灯颜色改变，同时开关计数器数字从 0 开始累加。

2．当开关计数器累加值大于等于 5 时，数据采集卡数字量输出端口置高电平，线路中的指示灯亮，程序界面中的开关输出指示灯颜色改变。

四、硬件线路

PC 与 PCI-1710HG 数据采集卡组成的开关量输入与输出线路如图 7-12 所示。

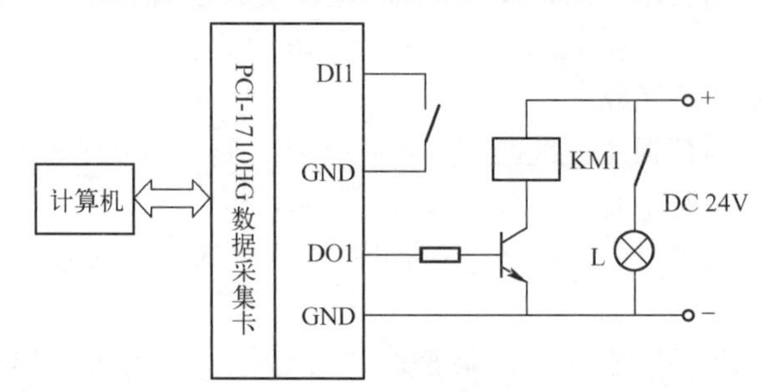

图 7-12 PC 与 PCI 数据采集卡组成的开关量输入输出线路

1．开关量输入线路

将按钮、行程开关、继电器开关等的常开触点接板卡接线端子数字量输入通道 1（管脚 DI1 和 GND）来改变板卡数字量输入通道 1 的状态（0 或 1）。

实际测试中，可用导线将 DI1 和 GND 之间短接或断开以产生开关（数字）量输入信号（代替接近开关产生的开关量输入信号）。

2．开关量输出线路

可外接指示灯（代替电磁阀）来显示开关输出状态（打开/关闭）。

图 7-12 中，PCI-1710HG 数据采集卡数字量输出通道 1（管脚 DO1 和 GND）接三极管基极，当计算机输出控制信号置 DO1 为高电平时，晶体管导通，继电器常开开关 KM1 闭合，指示灯 L 亮；当置 DO1 为低电平时，晶体管截止，继电器常开开关 KM1 打开，指示灯 L 灭。其他数字量输出通道信号输出接线方法与 1 通道相同。

实际测试时可使用万用表直接测量数字量输出通道 1（DO1 和 GND）的输出电压（高电平或低电平）。

测试前需安装数据采集卡的驱动程序和设备管理程序。

五、任务实现

1．建立新工程项目

工程名称：“开关计数”；窗口名称：“开关计数”；窗口标题：“开关计数”。

2．制作图形界面

在工作台窗口的“用户窗口”选项卡，双击“开关计数”图标，进入“动画组态开关计数”窗口。

1）为所设计的图形界面添加 2 个“指示灯”元件。

2）为所设计的图形界面添加 4 个“标签”构件，分别为“000”（保留边线）、“开关输入指示”“开关输出指示”和“开关计数器”。

3）为所设计的图形界面添加 1 个“按钮”构件，将标题改为“关闭”。

设计的图形界面如图 7-13 所示。

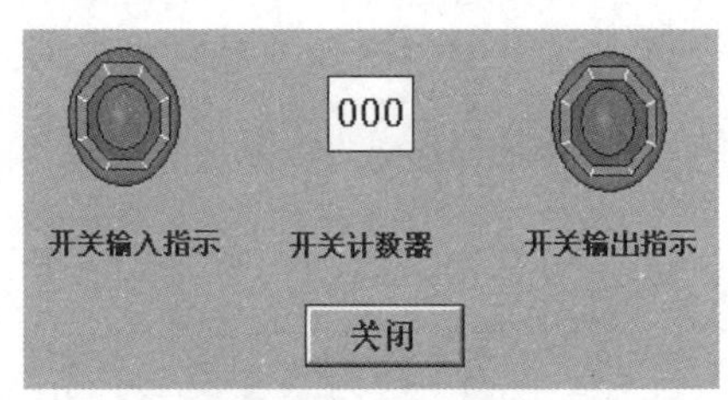

图 7-13 实训 10 图形界面

3．定义对象

在工作台窗口的“实时数据库”选项卡中，单击“新增对象”按钮，再双击新出现的对象，系统弹出“数据对象属性设置”对话框。

1）定义 4 个开关型对象。对象名称分别为“DI0”“DO0”“输出灯”和“输入灯”，对象初值均为“0”，对象类型均为“开关”。

2）定义 1 个数值型对象。对象名称为“num”，对象类型选“数值”，对象初值设为“0”，最小值设为“0”，最大值设为“100”。

建立的实时数据库如图 7-14 所示。

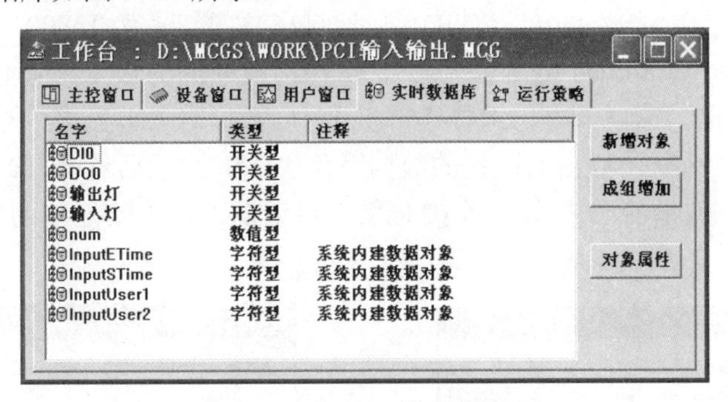

图 7-14　实训 10 实时数据库

4．添加设备

在工作台窗口的“设备窗口”选项卡中，双击“设备窗口”图标，出现“设备组态：设备窗口”窗口，单击组态环境窗口工具条上的“工具箱”按钮，系统弹出“设备工具箱”对话框。

1）单击“设备管理”按钮，系统弹出“设备管理”对话框。在可选设备列表中选择“所有设备”→“采集板卡”→“研华板卡”→“PCI_1710HG”→“研华_PCI1710HG”选项，单击“增加”按钮，将“研华_PCI1710HG”添加到右侧的选定设备列表中，如图 7-15 所示。单击“确认”按钮，选定设备就添加到“设备工具箱”对话框中，如图 7-16 所示。

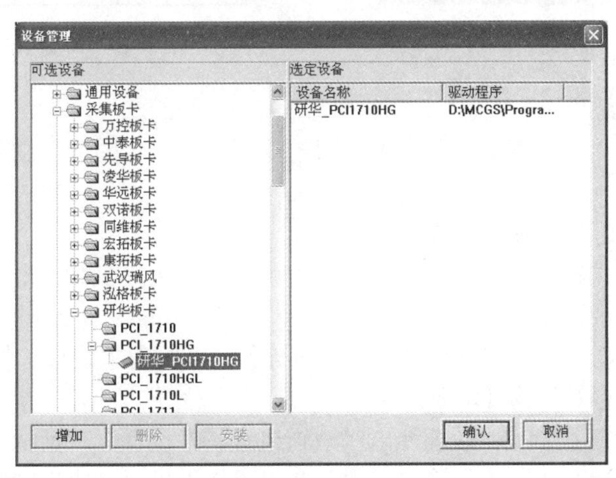

图 7-15　实训 10“设备管理”对话框

2）在“设备工具箱”对话框中双击“研华_PCI1710HG”项，在“设备组态：设备窗口”窗口中会出现“设备 0-[研华_PCI1710HG]”，该设备添加完成，如图 7-17 所示。

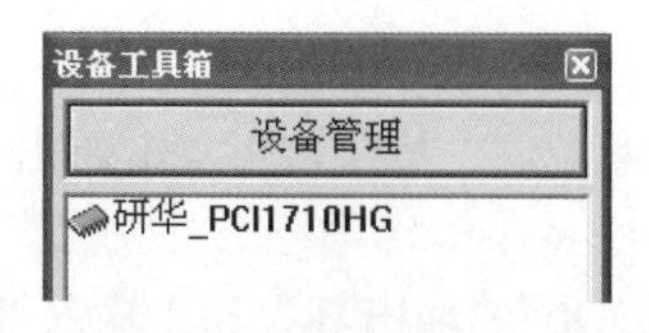

图 7-16　实训 10“设备工具箱”对话框

图 7-17　实训 10“设备组态：设备窗口”窗口

5. 设备属性设置

在“设备组态：设备窗口”中双击“设备 0-[研华_PCI1710HG]”项，系统弹出“设备属性设置”对话框，如图 7-18 所示。

1）在“基本属性”选项卡中，将 IO 基地址[16 进制]设为“e800”（IO 基地址即 PCI 板卡的端口地址，在 Windows 设备管理器中查看。该地址与板卡所在插槽的位置有关）。

2）在“通道连接”选项卡中，选择 16 通道对应数据对象单元格，右击，通过选择命令打开“连接对象”对话框，双击要连接的数据对象“DI0”；然后选择 32 通道对应数据对象单元格并右击，通过选择命令打开“连接对象”对话框，双击要连接的数据对象“DO0”，完成对象连接，如图 7-19 所示。

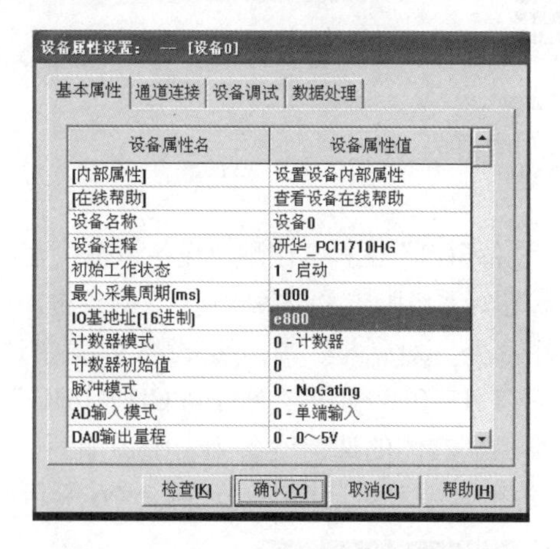

图 7-18　实训 10“设备属性设置”对话框

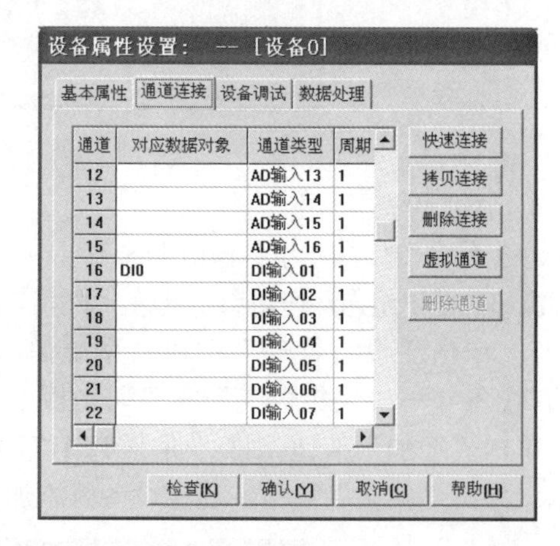

图 7-19　实训 10 设备通道连接

6. 建立动画连接

在工作台窗口的“用户窗口”选项卡，双击“开关计数”图标，进入“动画组态开关计数”窗口。

（1）建立“指示灯”元件的动画连接

双击窗口中的开关输入指示灯，系统弹出“单元属性设置”对话框。在“数据对象”选项卡中，数据对象连接选择“输入灯”。

使用同样的方法对开关输出指示灯进行动画连接，数据对象连接选择“输出灯”。

（2）建立计数“标签”构件动画连接

双击窗口中的标签“000”，系统弹出“动画组态属性设置”对话框。在“属性设置”选项卡中，输入输出连接选择“显示输出”项，在出现的“显示输出”窗口，表达式选择数据对象“num”，输出值类型选“数值量输出”，整数位数设为“2”。

（3）建立“按钮”构件的动画连接

双击“关闭”按钮对象，出现“标准按钮构件属性设置”对话框。选择“操作属性”窗口，其中按钮对应的功能选择“关闭用户窗口”项，在右侧下拉列表框选择“开关计数”。

7. 策略编程

在工作台窗口的“运行策略”选项卡中，单击“新建策略”按钮，出现“选择策略的类型”对话框，选择“事件策略”项，单击“确定”按钮，“运行策略”窗口出现新建的“策略 1”。

选中“策略 1”，单击“策略属性”按钮，系统弹出“策略属性设置”对话框，将策略名称改为“开关输入”，将对应表达式设为“DI0”，事件的内容选择“表达式的值有改变时，执行一次”，如图 7-20 所示。单击“确认”完成设置。

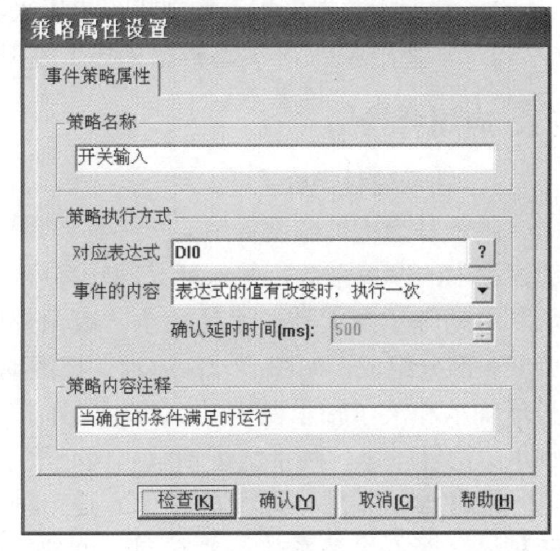

图 7-20　实训 10 事件策略属性设置

在工作台窗口的“运行策略”选项卡中，双击“开关输入”事件策略项，系统弹出“策略组态：开关输入”编辑窗口。单击组态环境窗口工具条中的“新增策略行”按钮，在“策略组态：开关输入”编辑窗口中出现新增策略行。单击策略工具箱中的“脚本程序”按钮，将鼠标指针移动到策略块图标上后单击，添加“脚本程序”构件。

双击“脚本程序”策略块，进入“脚本程序”编辑窗口，在编辑区输入如下程序（注释语句可不必输入）。

```
if DI0=0 then
    num = num + 1            '计数累加
    输入灯=1                 '界面中开关输入指示灯颜色变化
    输出灯=1                 '界面中开关输出指示灯颜色变化
    DO0=1                    '数据采集卡数字量输出 0 通道置高电平
else
    输入灯=0
    输出灯=0
    DO0=0                    '数据采集卡数字量输出 0 通道置低电平
endif
```

8. 调试与运行

保存工程，将“开关计数”窗口设为启动窗口，运行工程。

用导线将模块数字量输入通道 0 和 GND 端口短接或断开，使模块数字量输入通道 0 置低电平或高电平，程序界面中的开关输入指示灯和输出指示灯均改变颜色，开关计数器数字从 0 开始累加；同时线路中模块数字量输出通道 0 置高电平，线路中的指示灯 L 亮。

程序运行界面如图 7-21 所示。

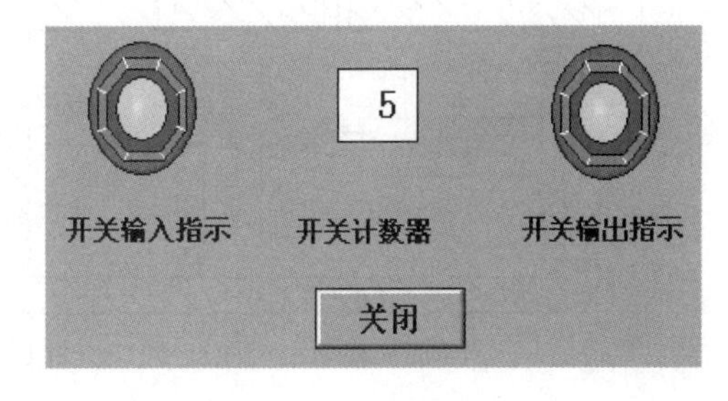

图 7-21　实训 10 程序运行界面

实训 11　滚柱分选直径检测

一、学习目标

1．掌握用数据采集卡实现模拟电压采集的硬件设计和连接方法。

2．掌握用 MCGS 编写数据采集卡模拟电压采集程序的设计方法。

二、应用背景

1．轴承滚柱简介

轴承是当代机械设备中的一种重要零部件，它的主要功能是支撑机械旋转体，降低其运动过程中的摩擦系数，并保证其回转精度。按运动元件摩擦性质的不同，轴承可分为滚动轴承和滑动轴承两大类。滚动轴承一般由外圈、内圈、滚动体和保持架4 部分组成，如图 7-22 所示。按滚动体的形状，滚动轴承分为球轴承和滚子轴承两大类。滚子轴承按滚子种类分为圆柱滚子轴承、滚针轴承、圆锥滚子轴承和调心滚子轴承。

图 7-22　滚动轴承产品图

圆柱滚子轴承（即滚柱轴承）是一种常用的轴承，为保证回转精度、降低摩擦系数，要求同一个轴承上安装的滚柱直径公差在一定范围内。

2．分选控制系统

某轴承公司希望对本厂生产的汽车用滚柱的直径进行自动测量和分选，技术指标及具体要求如下：滚柱的标称直径为 10.000mm，允许的公差范围是±3μm，超出公差范围的均予以剔除。

滚柱直径分选机的工作原理示意图如图 7-23 所示。

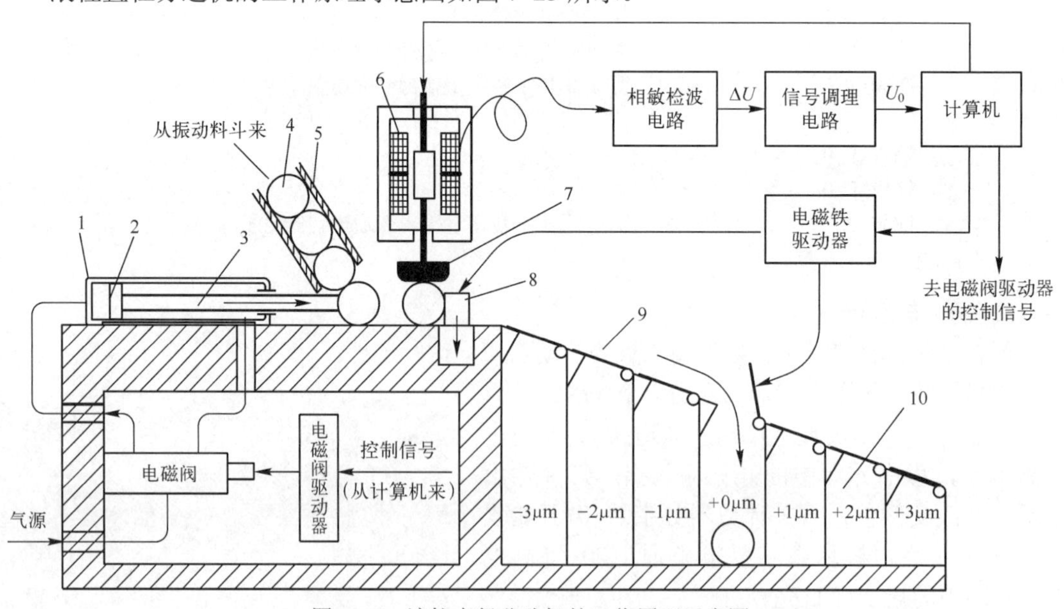

图 7-23　滚柱直径分选机的工作原理示意图

1—气缸　2—活塞　3—推杆　4—滚柱　5—落料管　6—电感测微器

7—钨钢测头　8—限位挡板　9—电磁翻板　10—料斗

待分选的滚柱放入振动料斗中，在电磁振动力的作用下，自动排成一列，从落料管中下移到气缸推杆右端。气缸活塞在高压气体的推动下，将滚柱快速推至电感测微器钨钢测头下方限位挡板位置。

电感测微器测得滚柱直径，经相敏检波电路转换为电压信号，再经过信号调理电路（如放大电路）送入计算机。计算机对反映滚柱直径大小的输入电压 U_0 进行采集、运算、分析、比较、判断，然后发出控制信号使限位挡板放下，同时发出另一路控制信号使继电器驱动电路导通，打开与滚柱直径公差相对应的电磁翻板，使滚柱进入相应料斗中。

分选完成后，计算机发出控制信号使限位挡板升起，同时发出控制信号到电磁阀驱动器，驱动电磁阀控制活塞推杆推动另一滚柱到限位挡板处，开始下一次分选。

轴承滚柱分选过程中，电感测微器将滚柱直径信号转换为模拟电压信号输入计算机；计算机输出开关信号控制限位挡板、电磁翻板和电磁阀。

下面通过实训，采用研华公司 PCI-1710HG 数据采集卡作为模拟电压采集装置，使用 MCGS 组态软件编写 PC 端程序实现电压采集。

三、设计任务

采用 MCGS 编写程序，实现 PC 与 PCI-1710HG 数据采集卡模拟电压采集。要求：PC 读取数据采集卡电压测量值，并在程序界面中以数值或曲线形式显示。

四、硬件线路

PC 与 PCI-1710HG 数据采集卡组成的模拟电压采集线路如图 7-24 所示。

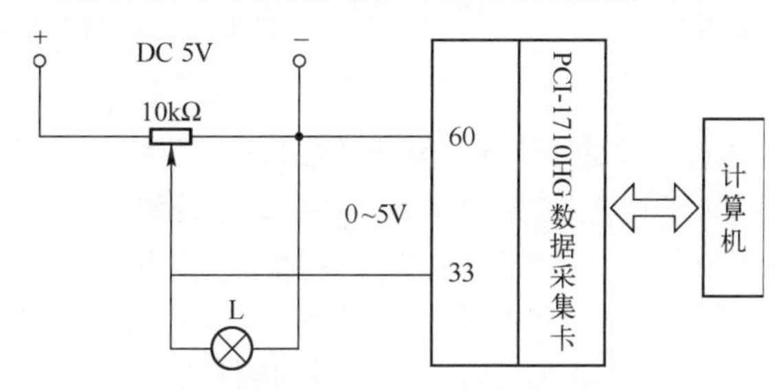

图 7-24　PC 与 PCI-1710HG 数据采集卡组成的模拟电压采集线路

图 7-24 中，将直流 5V 电压接到一个电位器两端，通过电位器产生一个变化的模拟电压（范围是 0～5V），将其送入 PCI-1710HG 数据采集卡模拟量输入 3 通道（33 端点是 AI3，60 端点是 AIGND），同时在电位器电压输出端接一个信号指示灯 L。

实验中，也可采用其他方法实现电压输入，如使用稳压电源提供的 0～5V 直流输出电压。

五、任务实现

1．建立新工程项目

工程名称：“电压采集”；窗口名称：“电压采集”；窗口标题：“数据采集卡电压采集”。

2．制作图形界面

在工作台窗口的“用户窗口”选项卡中，双击“电压采集”图标，进入“动画组态电压采集”窗口。

1）通过工具箱为所设计的图形界面添加 3 个“标签”构件，字符分别是“电压值：”

“000”和“V”。

2）通过工具箱为所设计的图形界面添加 1 个“实时曲线”构件。

3）通过工具箱为所设计的图形界面添加 1 个“按钮”构件，将按钮标题改为“关闭”。

设计的图形界面如图 7-25 所示。

3．定义数据对象

在工作台窗口的“实时数据库”选项卡中，单击“新增对象”按钮，再双击新出现的对象，系统弹出“数据对象属性设置”对话框。定义的对象如下：

1）对象名称设为“电压”，小数位数设为“2”，最小值设为“0”，最大值设为“10”，对象类型选“数值”。

2）对象名称设为“电压 1”，小数位数设为“0”，最小值设为“0”，最大值设为“10000”，对象类型选“数值”。

建立的实时数据库如图 7-26 所示。

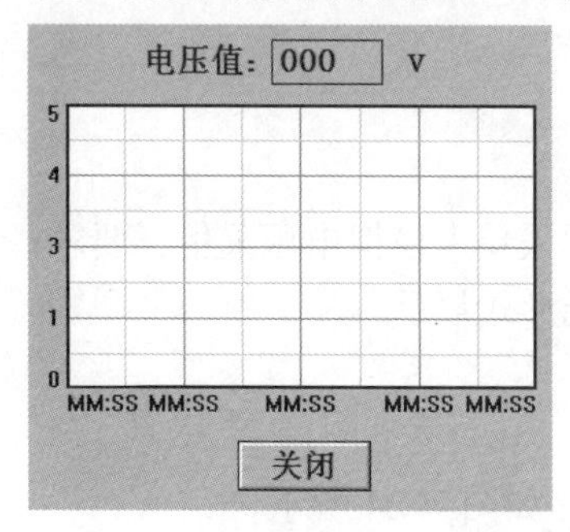

图 7-25　实训 11 图形界面

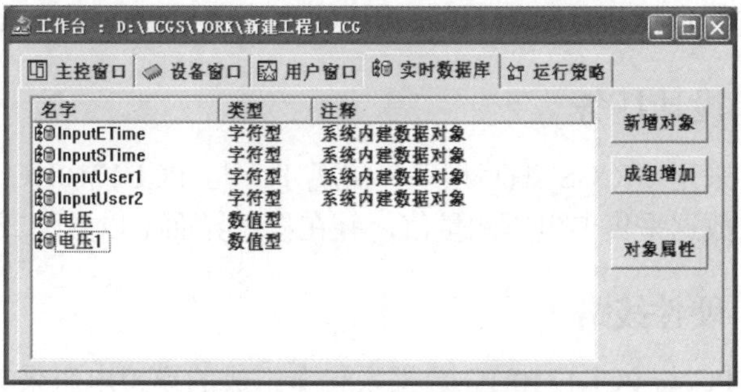

图 7-26　实训 11 实时数据库

4．添加设备

在工作台窗口的“设备窗口”选项卡中，双击“设备窗口”图标，出现“设备组态：设备窗口”窗口，单击组态环境窗口工具条上的“工具箱”按钮，系统弹出“设备工具箱”对话框。

1）单击“设备管理”按钮，系统弹出“设备管理”对话框。在可选设备列表中选择“所有设备”→“采集板卡”→“研华板卡”→“PCI_1710HG”→“研华_PCI1710HG”选项，单击“增加”按钮，将“研华_PCI1710HG”添加到右侧的选定设备列表中，如图 7-27 所示。单击“确认”按钮，选定设备就添加到“设备工具箱”对话框中，如图 7-28 所示。

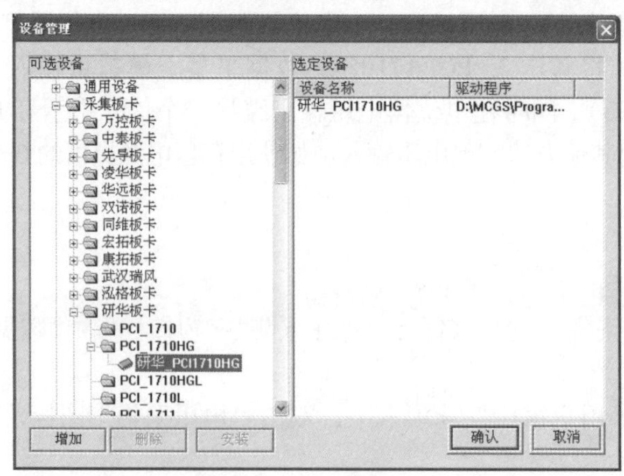

图 7-27　实训 11“设备管理”对话框

2）在“设备工具箱”对话框中双击“研华_PCI1710HG”，在“设备组态：设备窗口”窗口中会出现“设备 0-[研华_PCI1710HG]”，该设备添加完成，如图 7-29 所示。

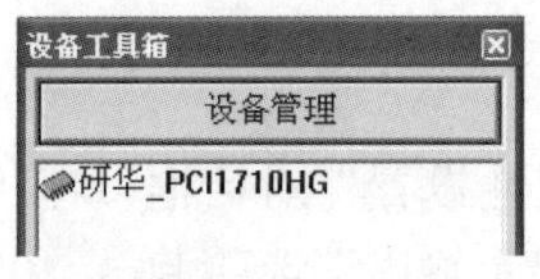

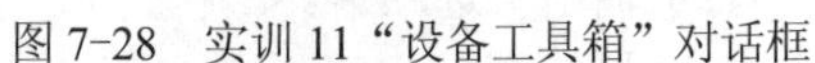

图 7-28　实训 11“设备工具箱”对话框　　图 7-29　实训 11“设备组态：设备窗口”窗口

5．设备属性设置

在“设备组态：设备窗口”窗口中双击“设备 0-[研华_PCI1710HG]”项，系统弹出“设备属性设置”对话框，如图 7-30 所示。

1）在“基本属性”选项卡中，将 IO 基地址[16 进制]设为“e800”（IO 基地址即 PCI 板卡的端口地址，在 Windows 设备管理器中查看。该地址与板卡所在插槽的位置有关）。

2）在“通道连接”选项卡中，选择 3 通道对应的数据对象单元格并右击，通过选择命令打开“连接对象”对话框，双击要连接的数据对象“电压 1”，完成对象连接，如图 7-31 所示。

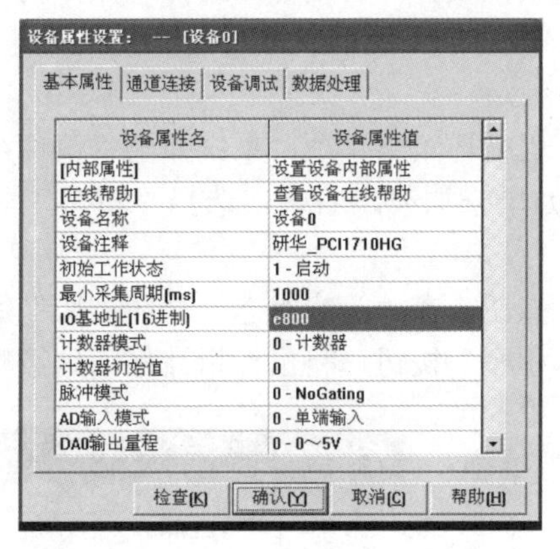

图 7-30　实训 11“基本属性”对话框

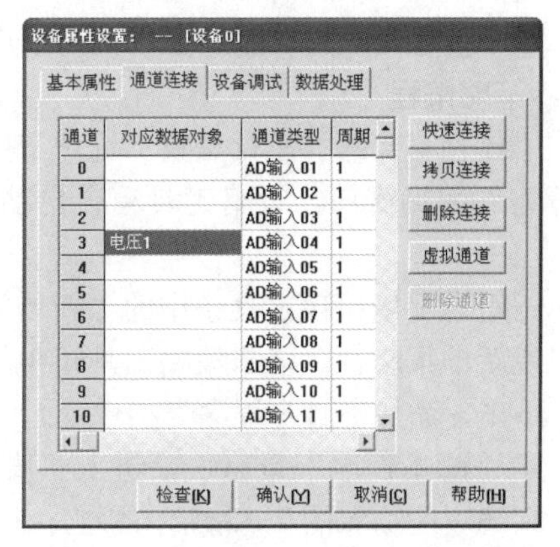

图 7-31　实训 11“通道连接”对话框

3）在“设备调试”选项卡中，如果系统连接正常，可以观察研华 PCI1710HG 数据采集卡模拟量输入 3 通道输入的电压值，当前显示为 2.2387V（需将显示值除以 1000），如图 7-32 所示。

设备属性设置： -- [设备0]

基本属性 | 通道连接 | 设备调试 | 数据处理

通道号	对应数据对象	通道值	通道类型
0		-4997.5	AD输入01
1		-4997.5	AD输入02
2		-4997.5	AD输入03
3	电压1	2238.7	AD输入04
4		-4997.5	AD输入05
5		-4997.5	AD输入06
6		-4997.5	AD输入07
7		-4997.5	AD输入08
8		-4997.5	AD输入09
9		-4997.5	AD输入10
10		-4997.5	AD输入11
11		-4997.5	AD输入12

检查(K)　确认(Y)　取消(C)　帮助(H)

图 7-32　实训 11“设备调试”对话框

6．建立动画连接

在工作台窗口的“用户窗口”选项卡，双击“电压采集”图标，进入“动画组态电压采集”窗口。

（1）建立标签构件“000”的动画连接

双击窗口中的标签构件“000”，系统弹出“动画组态属性设置”对话框，在“属性设置”选项卡中，输入输出连接选择“显示输出”项，出现“显示输出”选项卡。

选择“显示输出”选项卡，将表达式设为“电压”（可以直接输入，也可以单击表达式文本框右边的“？”按钮，选择数据对象“电压”），输出值类型选择“数值量输出”，输出格式选择“向中对齐”，整数位数设为“1”，小数位数设为“2”。

（2）建立“实时曲线”构件的动画连接

双击窗口中的“实时曲线”构件，系统弹出“实时曲线构件属性设置”对话框。

在“画笔属性”选项卡中，单击曲线 1 表达式文本框右边的“？”按钮号，选择数据对象“电压”。在“标注属性”选项卡中，X 轴长度设为“2”，Y 轴最大值设为“5”。

（3）建立“按钮”构件的动画连接

双击“关闭”按钮对象，出现“标准按钮构件属性设置”对话框。选择“操作属性”选项卡，其中按钮对应的功能选择“关闭用户窗口”，在右侧下拉列表框选择“电压采集”。

7．策略编程

在工作台窗口的“运行策略”选项卡中，双击“循环策略”项，系统弹出“策略组态：循环策略”编辑窗口，策略工具箱会自动加载（如果未加载，右击，选择“策略工具箱”命令）。

单击组态环境窗口工具条中的“新增策略行”按钮，在“策略组态：循环策略”编辑窗口中出现新增策略行。单击策略工具箱中的“脚本程序”按钮，将鼠标指针移动到策略块图标上，单击，添加“脚本程序”构件。

双击“脚本程序”策略块，进入“脚本程序”编辑窗口，在编辑区输入图 7-33 所示的程序。

图 7-33　实训 11 脚本程序

程序的含义是：将采集的数字量值除以 1000 转换为测量电压实际值。

单击“确定”按钮，完成程序的输入。

关闭“策略组态：循环策略”编辑窗口，保存程序，返回到工作台窗口的“运行策略”选项卡中，选择“循环策略”项，单击“策略属性”按钮，系统弹出“策略属性设置”对话框，将策略执行方式的定时循环时间设置为 1000ms，单击“确认”按钮完成设置。

8．调试与运行

保存工程，将“电压采集”窗口设为启动窗口，运行工程。

在数据采集卡模拟量输入 3 通道输入电压 0～5V，程序界面中的电压值、实时曲线都将随输入电压变化而变化。

程序运行界面如图 7-34 所示。

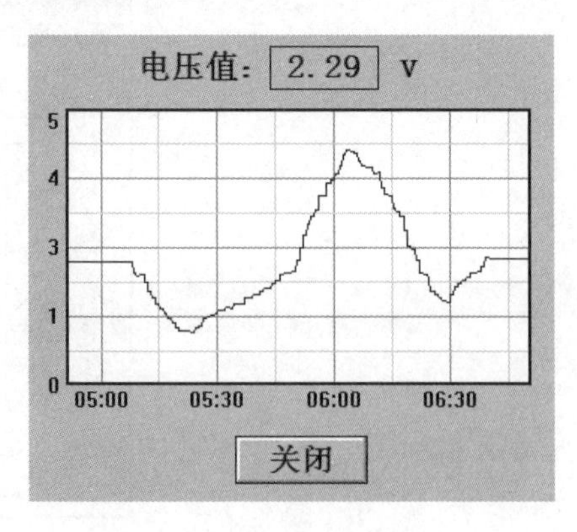

图 7-34　实训 11 运行界面

实训 12　温室大棚温度检测与控制

一、学习目标

1. 掌握用数据采集卡实现温度检测与控制的硬件设计和连接方法。
2. 掌握用 MCGS 编写数据采集卡温度检测与控制程序的设计方法。

二、应用背景

1. 温室大棚简介

温室又称暖房，能透光、保温（或加温）。它是以采光覆盖材料作为全部或部分围护结构材料，可供某些植物在不适宜室外生长的季节进行栽培的建筑，如图 7-35 所示，多用于低温季节喜温蔬菜、花卉、林木等植物栽培或育苗等。

图 7-35　某温室大棚

温室根据温室的最终使用功能，可分为生产性温室、试验（教育）性温室和允许公众进入的商业性温室。蔬菜大棚温室、花卉大棚温室、养殖温室等均属于生产性温室；人工气候室、温室实验室等属于试验（教育）性温室；各种观赏温室、零售温室、商品批发温室等则属于商业性温室。

现代化温室中应包括供水控制系统、温度控制系统、湿度控制系统和照明控制系统。供水控制系统根据植物需要自动适时、适量供给水分；温度控制系统适时调节温度；湿度控制系统用于调节湿度；照明控制系统提供辅助照明，使植物更易进行光合作用。以上系统可使用计算机自动控制，以创造植物所需的最佳环境条件。

2. 监控系统

某温室大棚温湿度监控系统如图 7-36 所示。系统由计算机、温度传感器、湿度传感器、信号调理电路、输入装置、输出装置、驱动电路、电磁阀和加热器等部分组成。

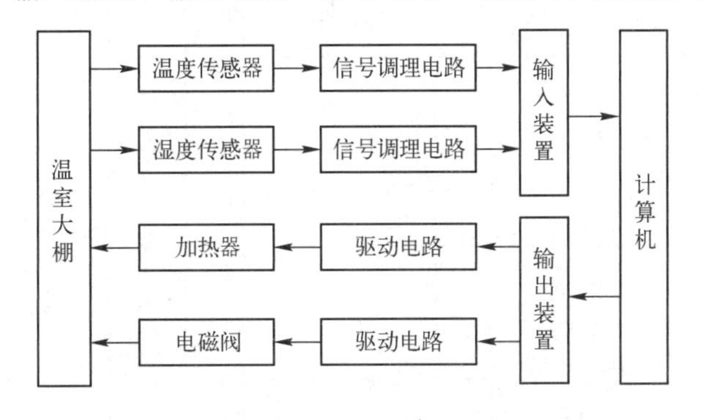

图 7-36　温室大棚温湿度监控系统结构框图

温度传感器、湿度传感器用于检测温室大棚温度和湿度，它们通过信号调理电路转换为电压信号，经输入装置传送给监控中心计算机来显示、处理、记录和判断；当低于规定温度值、规定湿度值（下限）时，计算机经输出装置发出控制信号，使加热器通电以加热，使电磁阀通电从而开始供水；当高于规定温度值、规定湿度值（上限）时，计算机经输出装置发出控制信号，使加热器断电以停止加热，电磁阀断电从而停止供水。

信号调理电路可采用温度变送器、湿度变送器，将温湿度变化转换为 4～20mA 标准电流信号或 1～5V 标准电压值；输入/输出装置可采用远程 I/O 模块，如果距离较近，也可采用数据采集卡。

温室大棚温湿度监控系统是一个典型的闭环控制系统。

温室大棚监控系统中，温度传感器、湿度传感器分别将温度、湿度信号转换为模拟电压信号输入计算机；计算机输出开关信号以控制加热器改变温度，以及控制电磁阀改变湿度。

下面通过实训，采用研华公司 PCI-1710HG 数据采集卡作为模拟电压输入和开关量输出装置，使用 MCGS 组态软件编写 PC 端程序实现温度检测和开关量输出控制。

三、设计任务

采用 MCGS 编写程序实现 PC 与 PCI-1710HG 数据采集卡温度检测与控制。要求：

1）自动连续读取并显示温度测量值。

2）实现温度上下限报警提示与开关控制。

3）绘制测量温度实时变化曲线和历史变化曲线。

四、硬件线路

PC 与 PCI-1710HG 数据采集卡组成的温度检测与控制线路如图 7-37 所示。

图 7-37 中，温度传感器 Pt100 热电阻用于检测温度变化，通过温度变送器（测量范围 0～200℃）转换为 4～20mA 电流信号，经过 250Ω 电阻转换为 1～5V 电压信号送入 PCI-1710HG 板卡模拟量输入 3 通道（引脚 33）。

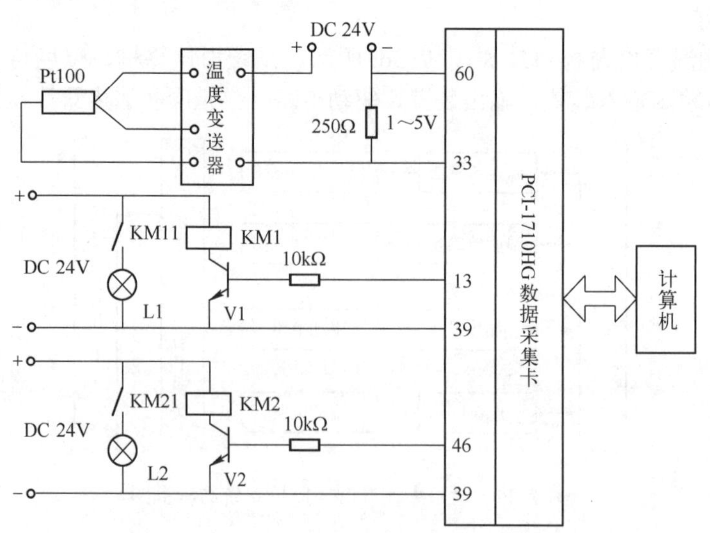

图 7-37　PC 与 PCI-1710HG 数据采集卡组成的温度检测与控制线路

当检测温度大于计算机设定的上限值时，计算机输出控制信号，使 PCI-1710HG 板卡数字量输出 1 通道（引脚 13）置高电平，晶体管 V1 导通，继电器 KM1 常开开关 KM11 闭合，指示灯 L1 亮；当检测温度小于计算机程序设定的下限值时，计算机输出控制信号，使 PCI-1710HG 板卡数字量输出 2 通道（引脚 46）置高电平，晶体管 V2 导通，继电器 KM2 常开开关 KM21 闭合，指示灯 L2 亮；当检测温度大于计算机程序设定的下限值并且小于计算机设定的上限值时，计算机输出控制信号，使 PCI-1710HG 板卡数字量输出 1 通道（引脚 13）置低电平，晶体管 V1 截止，继电器 KM1 常开开关 KM11 断开，指示灯 L1 灭，同时使 PCI-1710HG 板卡数字量输出 2 通道（引脚 46）置低电平，晶体管 V2 截止，继电器 KM2 常开开关 KM21 断开，指示灯 L2 灭。本实训使用指示灯代替加热器。

测试前需安装 PCI-1710HG 数据采集卡的驱动程序和设备管理程序。

五、任务实现

1. 建立新工程项目

双击桌面上的“MCGS 组态环境”图标，进入 MCGS 组态环境。

1）单击“文件”菜单，从下拉菜单中选择“新建工程”命令，出现工作台窗口。

2）单击“文件”菜单，从菜单中选择“工程另存为”命令，系统弹出“保存为”对话框，将文件名改为“数据采集卡温度测控”，单击“保存”按钮，进入工作台窗口。

3）在工作台窗口的“用户窗口”选项卡中，单击“新建窗口”按钮，“用户窗口”选项卡中出现新建的“窗口 0”。

4）选中“窗口 0”，单击“窗口属性”按钮，系统弹出“用户窗口属性设置”对话框。将窗口名称改为“主界面”，将窗口标题改为“主界面”，窗口位置选择“最大化显示”，单击“确认”按钮。

5）按照步骤 3）、步骤 4）以同样的方法建立两个用户窗口，窗口名称分别为“实时曲线”和“历史曲线”，窗口标题分别为“实时曲线”和“历史曲线”，窗口位置均选择“任意摆放”。

6）在工作台窗口的“用户窗口”选项卡中，右击“主界面”图标，在弹出的快捷菜单中选择“设置为启动窗口”命令。

2. 制作图形界面

（1）“主界面”窗口

在工作台窗口的“用户窗口”选项卡中，双击“主界面”窗口图标，进入界面开发系统。

1）通过工具箱中的“插入元件”工具为所设计的图形界面添加 1 个“仪表”元件。

2）通过工具箱为所设计的图形界面添加 5 个“标签”构件，字符分别为“当前温度值:”“上限温度值:”“下限温度值:”“上限报警灯:”和“下限报警灯:”，所有标签的边线颜色均设置为“无边线颜色”（双击标签可进行设置）。

3）通过工具箱为所设计的图形界面添加 3 个“输入框”构件。单击工具箱中的“输入框”构件图标，然后将鼠标指针移动到所设计的界面上，单击空白处并拖动鼠标，就可画出适当大小的矩形框，所设计的图形界面中出现“输入框”构件。

4）通过工具箱中的“插入元件”工具为所设计的图形界面添加 2 个“指示灯”元件。

设计的“主界面”窗口如图 7-38 所示。

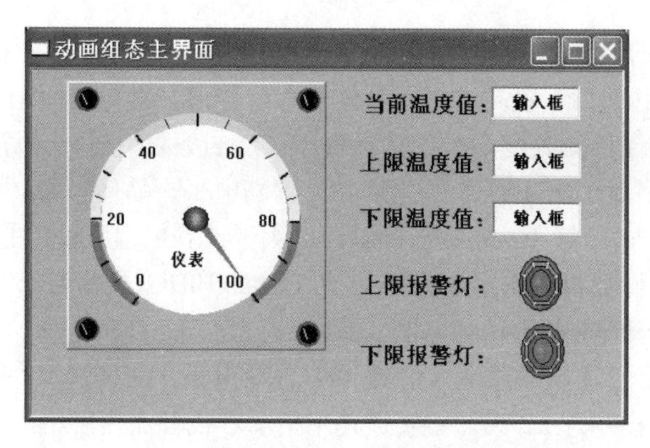

图 7-38　实训 12“主界面”窗口

（2）“实时曲线”窗口

在工作台窗口中的“用户窗口”选项卡中，双击“实时曲线”图标，进入界面开发系统。

1）通过工具箱为所设计的图形界面添加 1 个“实时曲线”构件。

2）通过工具箱为所设计的图形界面添加 1 个“标签”构件，字符为“实时曲线”，标签的边线颜色均设置为“无边线颜色”（双击标签可进行设置）。

设计的“实时曲线”窗口如图 7-39 所示。

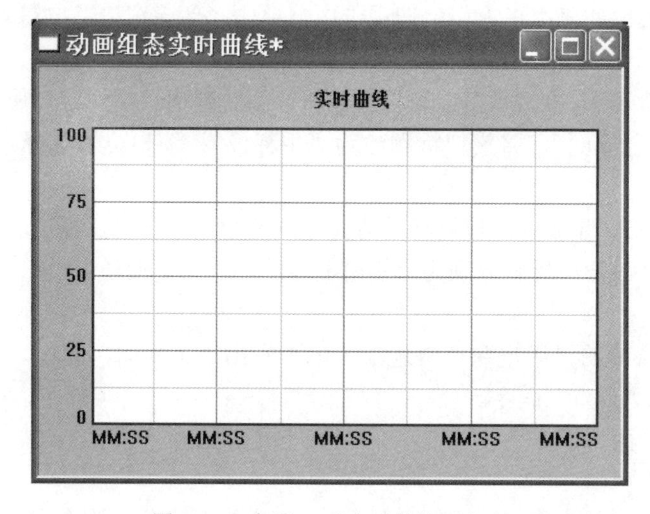

图 7-39　实训 12“实时曲线”窗口

（3）“历史曲线”窗口

在工作台窗口中的“用户窗口”选项卡中，双击“历史曲线”图标，进入界面开发系统。

1）通过工具箱为所设计的图形界面添加 1 个“标签”构件，字符为“历史曲线”。标签的边线颜色设置为“无边线颜色”。

2）通过工具箱为所设计的图形界面添加 1 个“历史曲线”构件。单击工具箱中的“历史曲线”构件图标，然后将鼠标指针移动到所设计的界面上，单击空白处并拖动鼠标，就可画出一个适当大小的矩形框，所设计的图形界面中出现“历史曲线”构件。

设计的“历史曲线”窗口如图 7-40 所示。

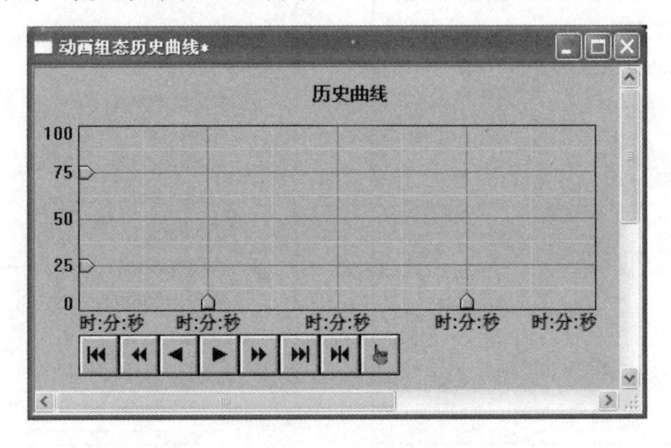

图 7-40　实训 12“历史曲线”窗口

3．菜单设计

1）在工作台窗口中的“主控窗口”选项卡中，单击“菜单组态”按钮，系统弹出“菜单组态：运行环境菜单”窗口，如图 7-41 所示。右击“系统管理［&S］”项，系统弹出快捷菜单，选择“删除菜单”命令，清除自动生成的默认菜单。

2）单击“MCGS 组态环境”窗口工具条中的“新增菜单项”按钮，生成“[操作 0]”菜单。双击“[操作 0]”菜单，系统弹出“菜单属性设置”对话框。在“菜单属性”选项卡中，将菜单名设为“系统”，菜单类型选择“下拉菜单项”，如图 7-42 所示。单击“确认”按钮，就可生成“系统”菜单。

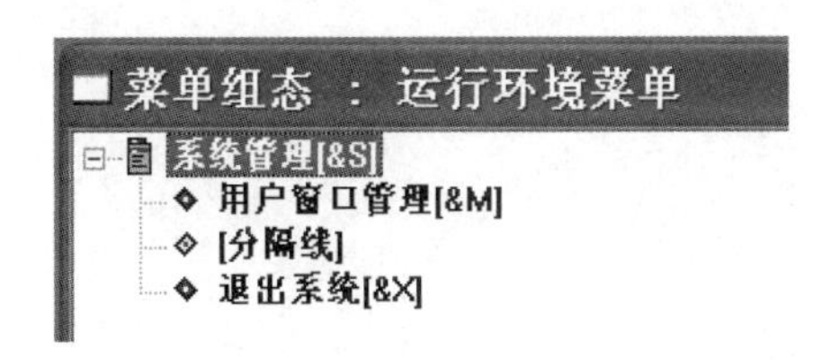

图 7-41　实训 12“菜单组态：运行环境菜单”窗口

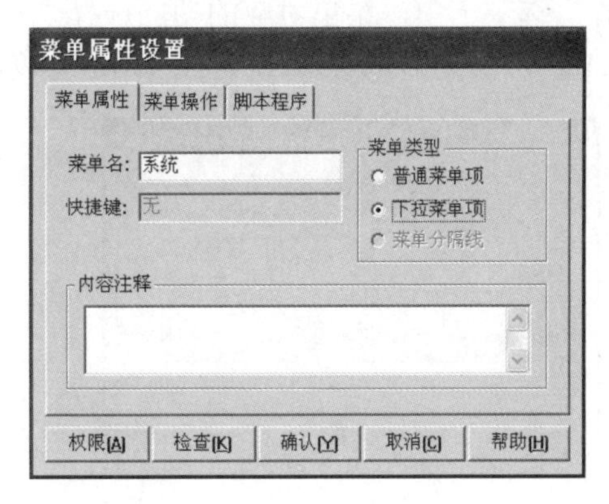

图 7-42　实训 12“菜单属性设置”对话框

3）在“菜单组态：运行环境菜单”窗口选择“系统”菜单，右击，系统弹出快捷菜单，选择“新增下拉菜单”命令，可新增 1 个下拉菜单“[操作集 0]”。

双击“[操作集 0]”菜单，系统弹出“菜单属性设置”对话框，在“菜单属性”选项卡中，将菜单名改为“退出[X]”，菜单类型选择“普通菜单项”，将光标定位在“快捷键”文本输入框中，同时按键盘上的 Ctrl 和 X 键，则文本输入框中出现“Ctrl+X”，如图 7-43 所示。在“菜单操作”选项卡中，菜单对应的功能选择“退出运行系统”，单击其右侧的下三角按钮，在弹出的下拉列表中选择“退出运行环境”，如图 7-44 所示。单击“确认”按钮，设置完毕。

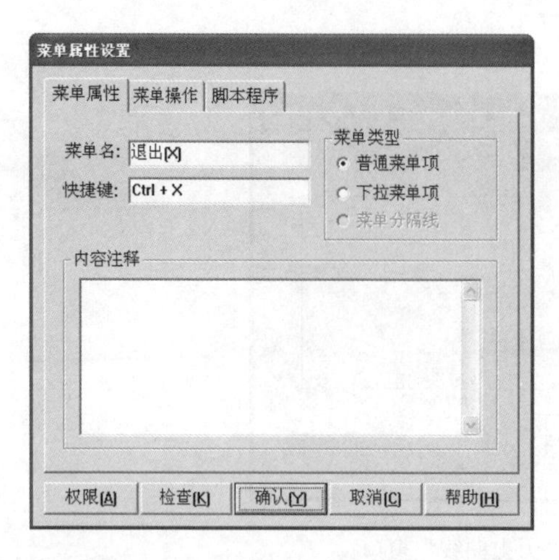

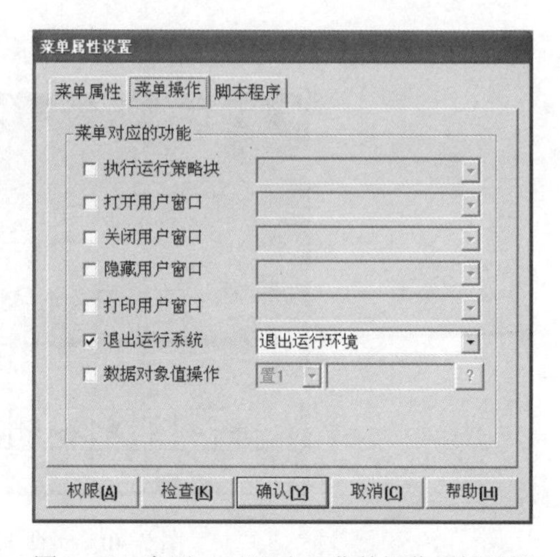

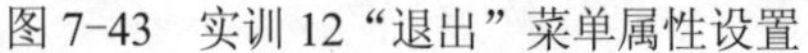

图 7-43　实训 12“退出”菜单属性设置　　　　图 7-44　实训 12“退出”菜单操作属性设置

4）单击工具条中的“新增菜单项”按钮，生成“[操作 0]”菜单。双击“[操作 0]”菜单，系统弹出“菜单属性设置”对话框。在“菜单属性”选项卡中，将菜单名改为“功能”，菜单类型选择“下拉菜单项”，单击“确认”按钮，生成“功能”菜单。

5）在“菜单组态：运行环境菜单”窗口中选择“功能”菜单，右击，系统弹出快捷菜单，选择“新增下拉菜单”命令，可新增 1 个下拉菜单“[操作集 0]”。

双击“[操作集 0]”菜单，系统弹出“菜单属性设置”对话框，在“菜单属性”选项卡中，将菜单名设为“实时曲线”，菜单类型选择“普通菜单项”，如图 7-45 所示；在“菜单操作”选项卡中，菜单对应的功能选择“打开用户窗口”，在右侧的下拉列表框中选择“实时曲线”，如图 7-46 所示。单击“确认”按钮，设置完毕。

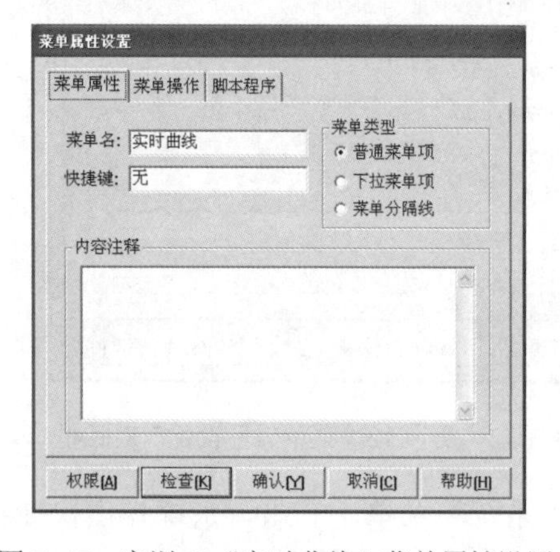

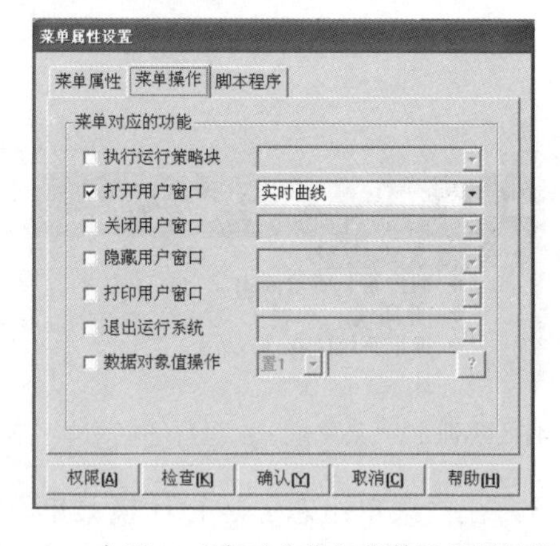

图 7-45　实训 12“实时曲线”菜单属性设置　　　　图 7-46　实训 12“实时曲线”菜单操作属性设置

6）在“菜单组态：运行环境菜单”窗口中选择“功能”菜单，右击，系统弹出快捷菜单，选择“新增下拉菜单”命令，可新增 1 个下拉菜单“[操作集 0]”。

双击“[操作集 0]”菜单，系统弹出“菜单属性设置”对话框，在“菜单属性”选项卡中，将菜单名设为“历史曲线”，菜单类型选择“普通菜单项”，如图 7-47 所示；在“菜单操作”选项卡中，菜单对应的功能选择“打开用户窗口”，在右侧的下拉列表框中选择“历史曲线”，如图 7-48 所示。单击“确认”按钮，设置完毕。

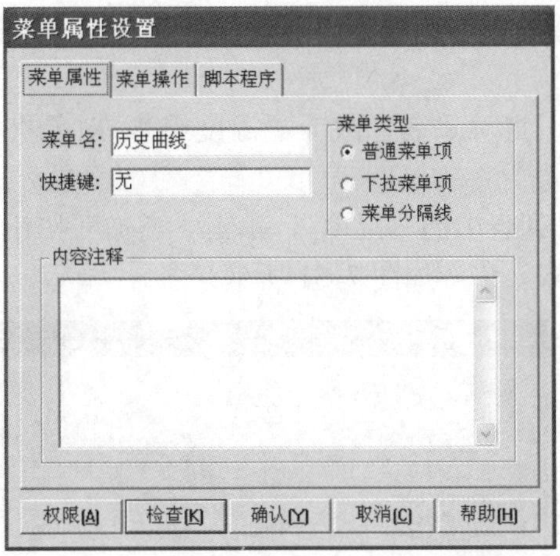

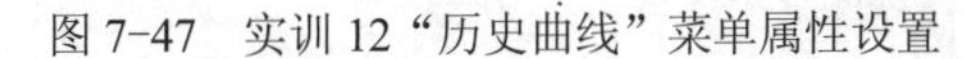

图 7-47　实训 12“历史曲线”菜单属性设置

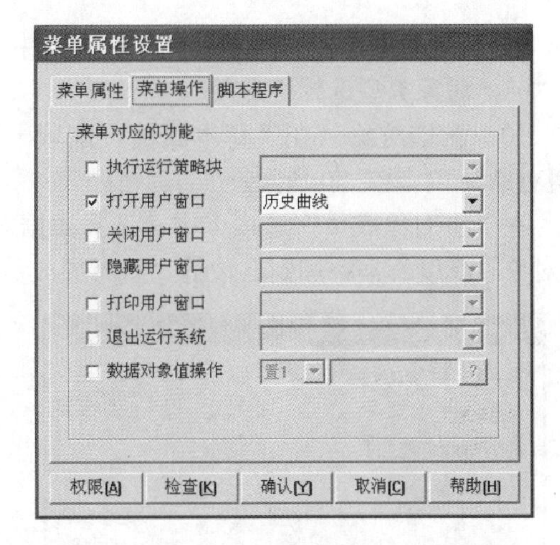

图 7-48　实训 12“历史曲线”菜单操作属性设置

7）在“菜单组态：运行环境菜单”窗口中分别选择“退出（X）”“实时曲线”和“历史曲线”菜单项，右击，系统弹出快捷菜单，选择“菜单右移”命令，将已选中的 3 个菜单项右移；使用同样的方法右击，系统弹出快捷菜单，选择“菜单上移”命令，可以调整“实时曲线”和“历史曲线”菜单的上下位置。

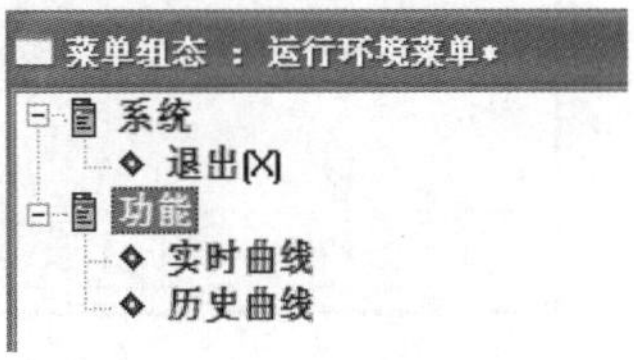

图 7-49　实训 12 菜单结构

设计完成的菜单结构如图 7-49 所示。

4．定义数据对象

在工作台窗口的“实时数据库”选项卡中，单击“新增对象”按钮，再双击新出现的对象，系统弹出“数据对象属性设置”对话框。

1）在“基本属性”选项卡中，将对象名称改为“温度”，小数位数设为“1”，最小值设为“0”，最大值设为“200”，对象类型选择“数值”。

在“存盘属性”选项卡中，数据对象值的存盘选择“定时存盘”，存盘周期设为 1s。

2）新增对象，在“基本属性”选项卡中，将对象名称改为“电压”，小数位数设为“2”，最小值设为“0”，最大值设为“10”，对象类型选择“数值”。

3）新增对象，在“基本属性”选项卡中，将对象名称改为“电压 1”，小数位数设为“0”，最小值设为“0”，最大值设为“1000”，对象类型选择“数值”。

4）新增对象，在“基本属性”选项卡中，将对象名称改为“温度上限”，对象类型选“数值”，小数位设为“0”，对象初值设为“50”，最小值设为“50”，最大值设为“200”。

5）新增对象，在“基本属性”选项卡中，将对象名称改为“温度下限”，对象类型选“数值”，小数位设为“0”，对象初值设为“20”，最小值设为“20”，最大值设为“40”。

6）新增对象，在“基本属性”选项卡中，将对象名称改为“上限灯”，对象初值为设为“0”，对象类型选择“开关”。

7）新增对象，在“基本属性”选项卡中，将对象名称改为“下限灯”，对象初值为设为“0”，对象类型选择“开关”。

8）新增对象，在“基本属性”选项卡中，将对象名称改为“上限开关”，对象初值为设为“0”，对象类型选择“开关”。

9）新增对象，在“基本属性”选项卡中，将对象名称改为“下限开关”，对象初值为设为“0”，对象类型选择“开关”。

10）新增对象，在“基本属性”选项卡中，将对象名称改为“温度组”，对象类型选“组对象”，如图 7-50 所示。

在“组对象成员”选项卡中，选择数据对象列表中的“温度”，单击“增加”按钮，数据对象“温度”被添加到右边的“组对象成员列表”中，如图 7-51 所示。

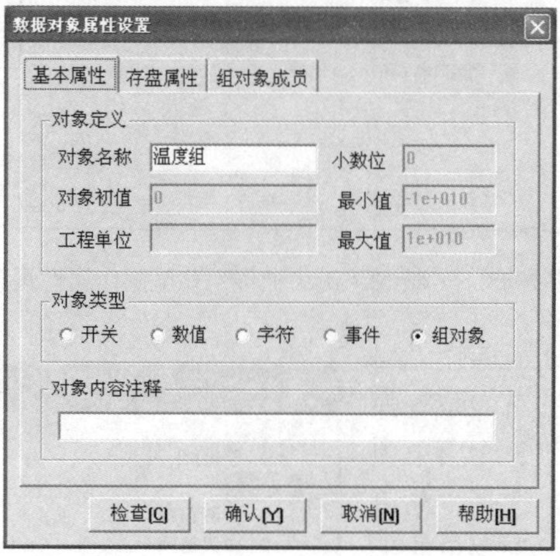

图 7-50　实训 12“温度组”对象基本属性设置

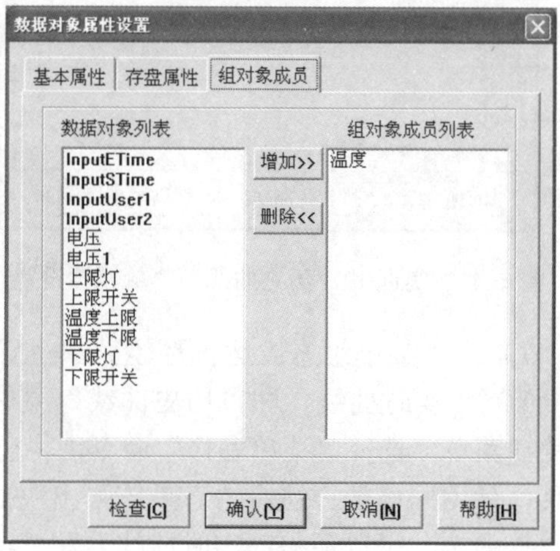

图 7-51　实训 12“组对象成员”选项卡

在“存盘属性”选项卡中，选择“定时存盘”，存盘周期设为 1s。

建立的实时数据库如图 7-52 所示。

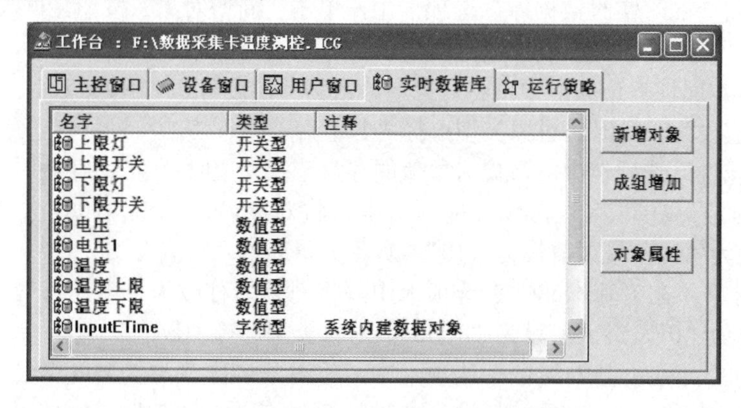

图 7-52　实训 12 实时数据库

5．添加采集板卡设备

在工作台窗口的“设备窗口”选项卡中，双击“设备窗口”图标，出现“设备组态：设备窗口”窗口，单击组态环境窗口工具条上的“工具箱”按钮，系统弹出“设备工具箱”对话框。

1）单击“设备管理”按钮，系统弹出“设备管理”对话框。在可选设备列表中选择“所有设备”→“采集板卡”→“研华板卡”→“PCI_1710HG”→“研华_PCI1710HG”选项，单击“增加”按钮，将“研华_PCI1710HG”添加到右侧的选定设备列表中，如图 7-53 所示。

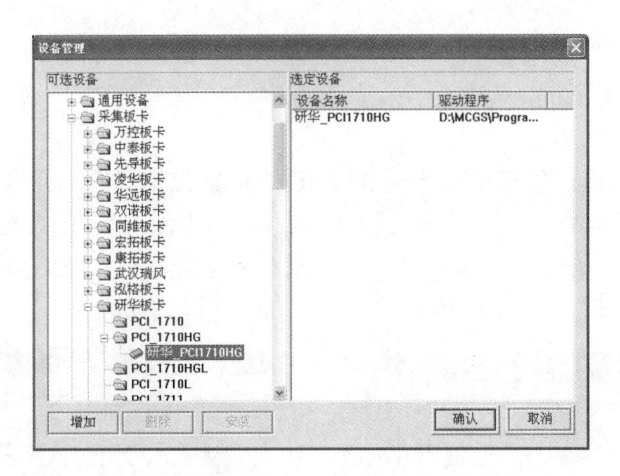

图 7-53 实训 12“设备管理”对话框

单击“确认”按钮，选定设备就添加到“设备工具箱”对话框中，如图 7-54 所示。

2）在“设备工具箱”对话框中双击“研华_PCI1710HG”项，在“设备组态：设备窗口”窗口中会出现“设备 0-[研华_PCI1710HG]”，该设备添加完成，如图 7-55 所示。

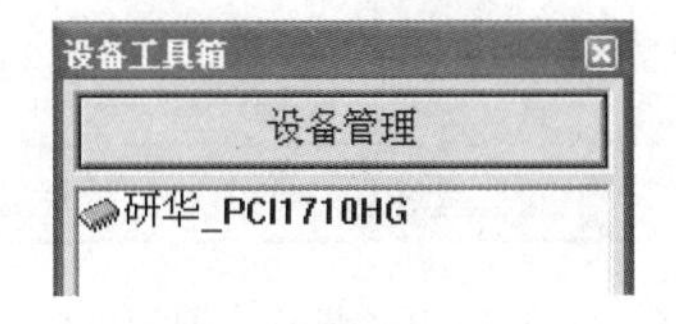

图 7-54 实训 12“设备工具箱”对话框

图 7-55 实训 12“设备组态：设备窗口”窗口

6．设备属性设置

在工作台窗口的“设备窗口”选项卡中，双击“设备窗口”图标，出现“设备组态：设备窗口”窗口。在其中双击“设备 0-[研华_PCI1710HG]”项，系统弹出“设备属性设置”对话框，如图 7-56 所示。

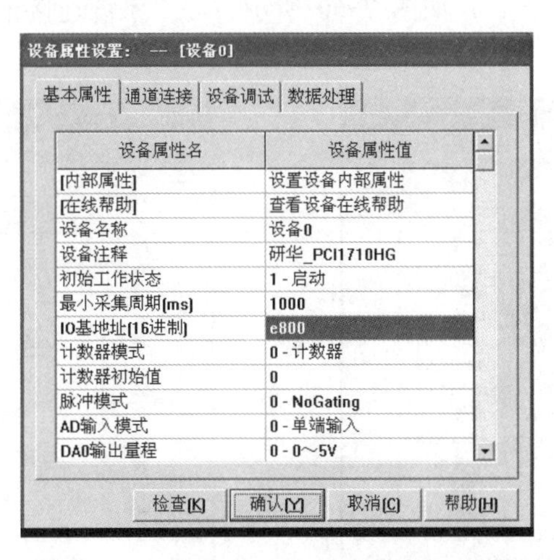

图 7-56 实训 12“设备属性设置”对话框

1）在“基本属性”选项卡中，将 IO 基地址[16 进制]设为“e800”（IO 基地址即 PCI 板卡的端口地址，在 Windows 设备管理器中查看。该地址与板卡所在插槽的位置有关）。

2）在“通道连接”选项卡中，选择 3 通道对应的数据对象单元格，右击，通过选择命令打开“连接对象”对话框，双击要连接的数据对象“电压 1”，完成对象连接，如图 7-57 所示。

3）在“通道连接”选项卡中，选择 33 通道对应的数据对象单元格，右击，通过选择命令打开“连接对象”对话框，双击要连接的数据对象“上限开关”；再选择 34 通道对应的数据对象单元格，右击，通过选择命令打开“连接对象”对话框，双击要连接的数据对象“下限开关”，完成对象连接，如图 7-58 所示。

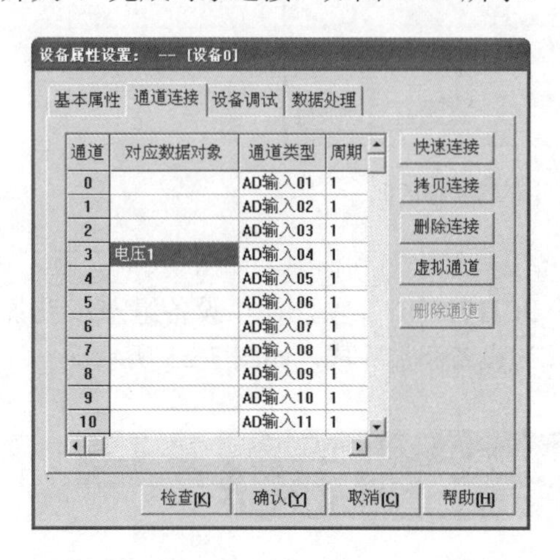

图 7-57　实训 12 模拟量输入通道连接

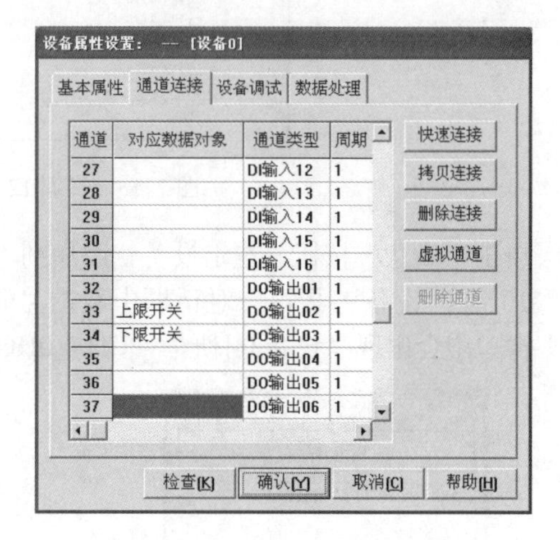

图 7-58　实训 12 开关量输出通道连接

4）在“设备调试”选项卡中，如果系统连接正常，可以观察研华 PCI-1710HG 数据采集卡模拟量输入 3 通道输入的电压值，当前显示 2.2387V（需将显示值需除以 1000），如图 7-59 所示。

5）在“设备调试”选项卡中，用鼠标长按 34 通道对应数据对象“下限开关”的通道值单元格，通道值“0”变为“1”，如图 7-60 所示。如果系统连接正常，线路中数据采集卡对应输出通道 DO2 输出高电平，信号指示灯会亮。

图 7-59　实训 12 模拟电压输入调试

图 7-60　实训 12 开关量输出调试

7. 建立动画连接

(1)“主界面”窗口对象动画连接

在工作台窗口的“用户窗口”选项卡中，双击“主界面”窗口图标进入开发系统。

1）建立“仪表”元件的动画连接。双击窗口中仪表元件，系统弹出“单元属性设置”对话框。选择“数据对象”选项卡中。连接类型选择“仪表输出”。单击右侧的“？”按钮，系统弹出“数据对象连接”对话框，双击数据对象“温度”，在“数据对象”选项卡中仪表输出行出现连接的数据对象“温度”。单击“确认”按钮，完成仪表元件的数据连接。

2）建立“输入框”构件动画连接。双击窗口中的当前温度值“输入框”构件，出现“输入框构件属性设置”对话框。在“操作属性”选项卡中，将对应数据对象的名称设置为“温度”，将数值输入的取值范围最小值设为“0”，最大值设为“200”。

双击窗口中上限温度值“输入框”构件，出现“输入框构件属性设置”对话框。在“操作属性”选项卡中，将对应数据对象的名称设置为“温度上限”，将数值输入的取值范围最小值设为“50”，最大值设为“200”。

双击窗口中的下限温度值“输入框”构件，出现“输入框构件属性设置”对话框。在“操作属性”选项卡中，将对应数据对象的名称设置为“温度下限”，将数值输入的取值范围最小值设为“20”，最大值设为“40”。

3）建立“指示灯”元件的动画连接。双击窗口中的上限指示灯元件，系统弹出“单元属性设置”对话框。

在“动画连接”选项卡中，单击“组合图符”图元后的“？”按钮，在系统弹出的窗口中双击数据对象“上限灯”，单击“确认”按钮完成连接。

双击窗口中的下限指示灯元件，系统弹出“单元属性设置”对话框。

在“动画连接”选项卡中，单击“组合图符”图元后的“？”按钮，在系统弹出的窗口中双击数据对象“下限灯”，单击“确认”按钮完成连接。

(2)“实时曲线”窗口对象动画连接

在工作台窗口的“用户窗口”选项卡中，双击“实时曲线”窗口图标进入开发系统。

双击窗口中的“实时曲线”构件，系统弹出“实时曲线构件属性设置”对话框。

在“画笔属性”选项卡中，曲线1表达式文本输入框里设置数据对象“温度”。

在“标注属性”选项卡中，时间单位选择“分钟”，*X*轴长度设为“2”，*Y*轴最大值设为“100”。

(3)“历史曲线”窗口对象动画连接

在工作台窗口的“用户窗口”选项卡中，双击“历史曲线”窗口进入开发系统。

双击窗口中的“历史曲线”构件，系统弹出“历史曲线构件属性设置”对话框。

1）在“基本属性”选项卡中，将曲线名称设为“温度历史曲线”。

2）在“存盘数据”选项卡中，历史存盘数据来源选择“组对象对应的存盘数据”，在右侧的下拉列表框中选择“温度组”，如图7-61所示。

3）在“标注设置”选项卡中，将*X*轴坐标长度设为“10”，时间单位选择“分”，标注间隔设为“1”。

4）在“曲线标识”选项卡中，选择温度曲线标识，曲线内容设为“温度”，最大坐标设为“200”，实时刷新设为“温度”，如图7-62所示。

图 7-61　实训 12“历史曲线”构件存盘数据属性

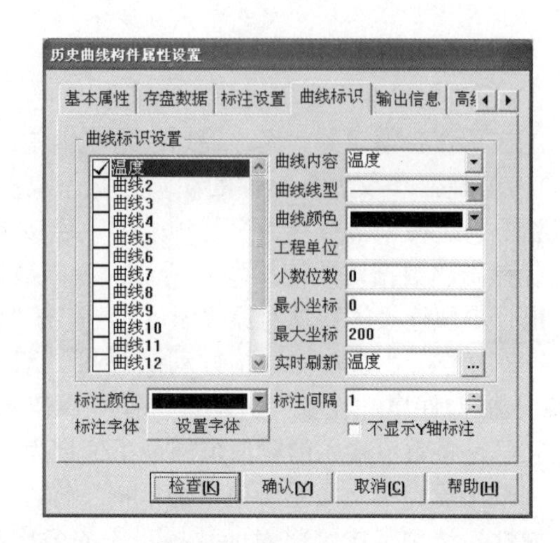

图 7-62　实训 12“历史曲线”构件曲线标识属性

单击“确认”按钮完成“历史曲线”构件动画连接。

8．策略编程

在工作台窗口的“运行策略”选项卡中，双击“循环策略”项，系统弹出“策略组态：循环策略”编辑窗口，策略工具箱会自动加载（如果未加载，右击，选择“策略工具箱”命令）。

单击 MCGS 组态环境窗口工具条中的“新增策略行”按钮，在“策略组态：循环策略”编辑窗口中出现新增策略行。单击策略工具箱中的“脚本程序”按钮，将鼠标指针移动到策略块图标上，单击，添加“脚本程序”构件。

双击“脚本程序”策略块，进入“脚本程序”编辑窗口，在编辑区输入如下程序。

```
电压=电压 1/1000
温度= (电压-1)*50
if 温度>=温度上限 then
  上限开关=1
  上限灯=1
endif
if 温度>温度下限 and 温度<=温度上限 then
  下限开关=0
  下限灯=0
  上限开关=0
  上限灯=0
endif
if 温度<=温度下限 then
  下限开关=1
  下限灯=1
endif
```

程序的含义是：利用公式“电压=电压 1/1000”把采集的数字量值转换为电压值，利用公式“温度=(电压-1)*50”把电压值转换为温度值（数据采集卡采集到 1～5V 电压值，对应的温度值范围是 0～200℃，温度与电压是线性关系）；当温度大于等于设定的上限温度值时，上限开关对应的数字量输出通道置高电平，所设计的界面中上限灯改变颜色；当温度小于等于设定的下限温度值时，下限开关对应的数字量输出通道置高电平，所设计的界面中下限灯改变颜色。

单击“确定”按钮，完成程序的输入。

关闭“策略组态：循环策略”编辑窗口，保存程序，返回到工作台窗口“运行策略”选项卡中，选择“循环策略”项，单击“策略属性”按钮，系统弹出“策略属性设置”对话框，将策略执行方式的定时循环时间设置为1000ms，单击“确认”按钮完成设置。

9．调试与运行

保存工程，将“主界面”窗口设为启动窗口，运行工程。

“主界面”窗口启动，给传感器升温或降温，“主界面”窗口中显示当前测量温度值，温度的上下限值，仪表指针随着温度的变化而转动。

当测量温度值大于等于上限温度值时，窗口中的上限灯改变颜色，线路中上限指示灯L1亮；当测量温度值小于等于下限温度值时，窗口中的下限灯改变颜色，线路中下限指示灯L2亮；当测量温度值大于下限温度值并且小于上限温度值时，窗口中的下限灯、上限灯改变颜色，线路中的下限指示灯L2和上限指示灯L1灭。其中报警上下限值是可以修改的。

“主界面”窗口如图7-63所示。

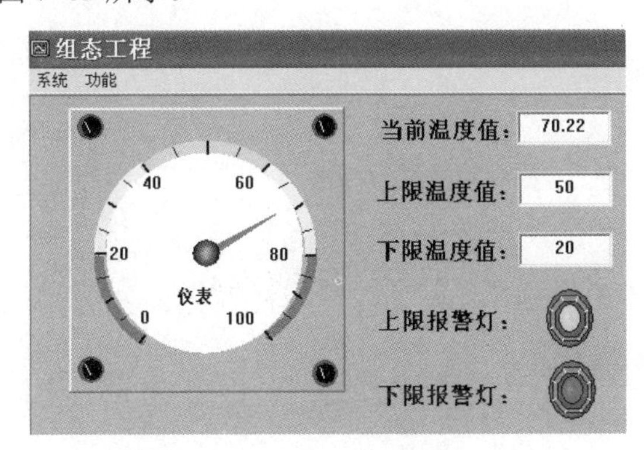

图7-63　实训12“主界面”窗口运行

单击“主界面”窗口中的“功能”菜单，选择“实时曲线”子菜单，系统弹出“实时曲线”窗口。窗口中显示温度值变化的实时曲线，如图7-64所示。

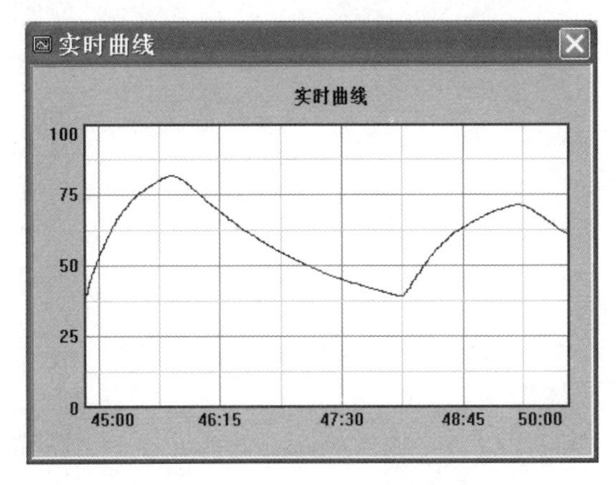

图7-64　实训12“实时曲线”窗口

单击“主界面”窗口中的“功能”菜单，选择“历史曲线”子菜单，系统弹出“历史曲线”窗口。窗口中显示温度值变化的历史曲线，如图 7-65 所示。

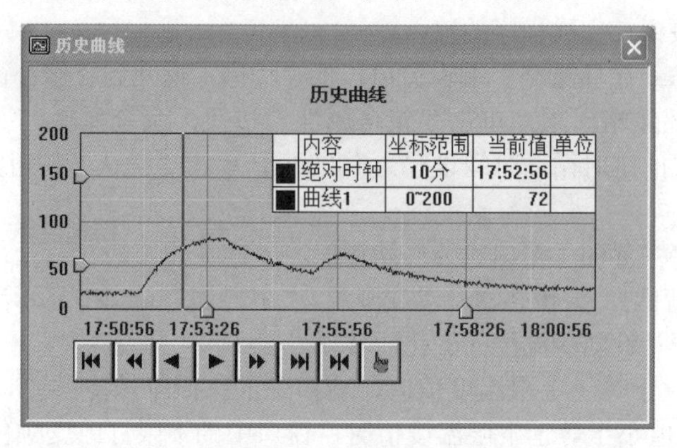

图 7-65　实训 12“历史曲线”窗口

第 8 章　MCGS 串口通信与控制

目前使用计算机的串口进行通信的应用十分广泛，串行通信接口技术简单成熟，性能可靠，价格低廉，所要求的软硬件环境或条件都很低，被广泛应用于计算机控制系统相关领域，早期的仪器、单片机、PLC 等均使用串口与计算机进行通信，其最初多用于数据通信上，但随着工业控制行业的发展，许多测量仪器都带有 RS-232 串口总线接口。

将带有 RS-232 总线接口的仪器作为 I/O 接口设备，再通过 RS-232 串口总线与 PC 组成测试仪器系统。其主要适用于速度较低的测试系统，与 GPIB 总线、VXI 总线、PXI 总线相比，它的接口简单，使用方便。

8.1　串口通信概述

8.1.1　串口通信的基本概念

1．通信与通信方式

什么是通信？简单地说，通信就是两个人之间的沟通，也可以说是两个设备之间的数据交换。人类之间的通信使用了诸如电话、书信等工具进行，而设备之间的通信则是使用电信号。最常见的信号传递就是通过电压的改变来达到表示不同状态的目的。以计算机为例，高电位代表了一种状态，而低电位则代表了另一种状态，在组合了很多电位状态后就形成了两种设备之间的通信。

最简单的信息传送方式，就是使用一条信号线路来传送电压的变化而达到传送信息的目的，只要准备沟通的双方事先定义好何种状态代表何种意思，那么通过这一条线就可以让双方进行数据交换。

在计算机内部，所有的数据都是使用“位”来存储的，每一位都是电位的一个状态（计算机中以 0 或 1 表示）；计算机内部使用组合在一起的 8 位数据代表一般所使用的字符、数字及一些符号，例如 01000001 就表示一个字符。一般来说，必须传递这些字符、数字或符号才算是数据交换。

数据传输可以通过两种方式进行：并行通信和串行通信。

（1）并行通信

如果一组数据的各数据位在多条线上同时被传送，则这种传输方式称为并行通信，如图 8-1 所示，使用了 8 条信号线一次将一个字符 11001101 全部传送完毕。

并行数据传送的特点是：各数据位同时传送，传送速度快、效率高，多用在实时、快速的场合，打印机端口就是一个典型的并行传送的例子。

并行传送的数据宽度可以是 1～128 位，甚至更宽，但是有多少数据位就需要多少根数据线，因此传送的成本高。在集成电路芯片的内部、同一插件板中的各部件之间、同一机箱内各插件板之间的数据传送都是并行的。

并行数据传送只适用于近距离的通信，通常用于距离小于 30m 的通信。

（2）串行通信

串行通信是指通信的发送方和接收方之间的数据信息的传输是在一根数据线上进行的，以每次一个二进制的 0 或 1 为最小单位逐位进行传输，如图 8-2 所示。

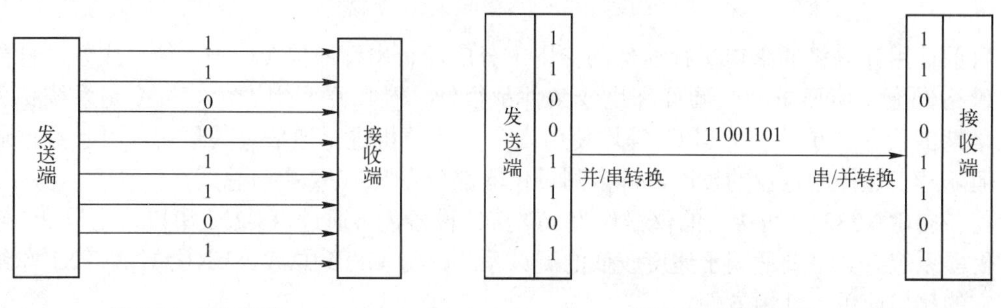

图 8-1 并行通信　　　图 8-2 串行通信

串行数据传送的特点是：数据传送按位顺序进行，最少只需要一根传输线即可完成，节省传输线。与并行通信相比，串行通信还有较为显著的优点：传输距离长，可以从几米到几千米；在长距离传输时，串行数据传送的速率会比并行数据传送速率快；串行通信的通信时钟频率容易提高；串行通信的抗干扰能力十分强，其信号间的互相干扰完全可以忽略。但是在短距离传输时，串行通信传送速度比并行通信慢得多。正是由于串行通信的接线少、成本低，因此它在数据采集和控制系统中得到了广泛的应用，它的产品也多种多样。

2．串口通信参数

串行端口的通信方式是将字节拆分成一个接着一个的位再传送出去。接到此电位信号的一方再将信号中的一个一个的位组合成原来的字节，如此形成一个字节的完整传送。在数据传送时，应在通信端口初始化时设置几个通信参数。

（1）波特率

串行通信的传输受到通信双方设备性能及通信线路特性的影响，收发双方必须按照同样的速度进行串行通信，即收发双方采用同样的波特率。通常将传输速度称为波特率，它指的是串行通信中每一秒所传送的数据位数，单位是 bit/s。经常可以看到仪器或调制解调器（Modem）的规格书上都写着 19200bit/s、38400bit/s 等，其所指的就是传输速度。例如，在某异步串行通信中，每传送一个字符需要 8 位，如果采用波特率 4800bit/s 进行传送，则每秒可以传送 600 个字符。

（2）数据位

当接收设备收到起始位后，紧接着就会收到数据位，数据位可以是 5、6、7 或 8 位数据。在字符数据传送的过程中，数据位从最低有效位开始传送。

（3）起始位

在通信线上，没有数据传送时处于逻辑“1”状态。当发送设备要发送一个字符数据时，首先发出一个逻辑“0”信号，这个逻辑低电平就是起始位。起始位通过通信线传向接收设备，当接收设备检测到这个逻辑低电平后，就开始准备接收数据位信号。因此，起始位所起的作用就是表示字符传送的开始。

（4）停止位

在奇偶校验位或者数据位（无奇偶校验位时）之后是停止位。它可以是 1 位、1.5 位或2 位，停止位是一个字符数据的结束标志。

（5）奇偶校验位

数据位发送完之后，就可以发送奇偶校验位。奇偶校验位用于有限差错检验，通信双方在通信时需约定一致的奇偶校验方式。就数据传送而言，奇偶校验位是冗余位，它表示数据的一种性质，用于检错。

8.1.2 串口通信标准

1．RS-232 串口通信标准

（1）概述

RS-232C 是美国电子工业协会（Electronic Industry Association，EIA）于 1962 年公布的，并于 1969 年修订的串行接口标准。它已经成为国际上通用的标准。

RS-232C 标准（协议）的全称是 EIA-RS-232C 标准，其中 RS（Recommended Standard）代表推荐标准，232 是标识号，C 代表 RS-232 的最新一次修改（1969 年的修改），它适合于数据传输速率在 0～20000bit/s 范围内的通信。这个标准对串行通信接口的有关问题，如信号电平、信号线功能、电气特性、机械特性等，都进行了明确规定。

目前 RS-232C 已成为数据终端设备（Data Terminal Equipment，DTE），如计算机的接口标准，也是数据通信设备（Data Communication Equipment，DCE），如 Modem 的接口标准。

目前 RS-232C 是 PC 在工业控制系统中实现通信时应用最广泛的一种串行接口，IBM PC 上的 COM1、COM2 接口，就是 RS-232C 接口。

利用 RS-232C 串行通信接口可实现两台个人计算机的点对点的通信；可与其他外设（如打印机、逻辑分析仪、智能调节仪、PLC 等）近距离串行连接；当它连接了调制解调器，可远距离地与其他计算机通信；将其转换为 RS-422 或 RS-485 接口，可实现一台个人计算机与多台现场设备之间的通信。

（2）RS-232C 接口连接器

由于 RS-232C 并未定义连接器的物理特性，因此，出现了 DB-25 和 DB-9 各种类型的连接器，其引脚的定义也各不相同。现在计算机上一般只提供 DB-9 连接器，其都为公头。相应的连接线上的串口连接器也有公头和母头之分，如图 8-3 所示。

作为多功能 I/O 卡或主板上提供的 COM1 和 COM2 两个串行接口的 DB-9 连接器，它只提供异步通信的 9 个信号引脚，如图 8-4 所示，各引脚的信号功能描述见表 8-1。

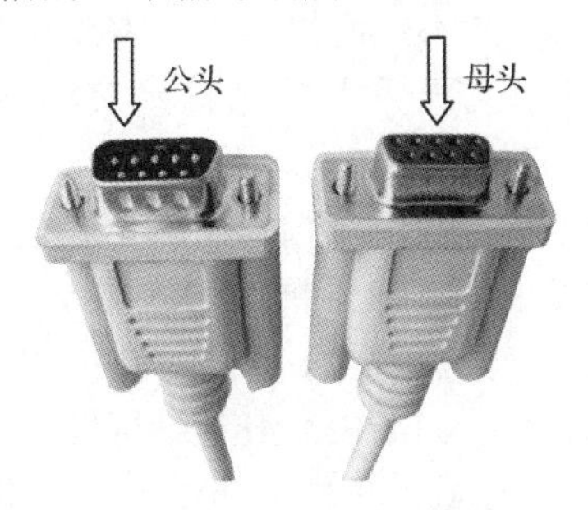

图 8-3　公头与母头串口连接器

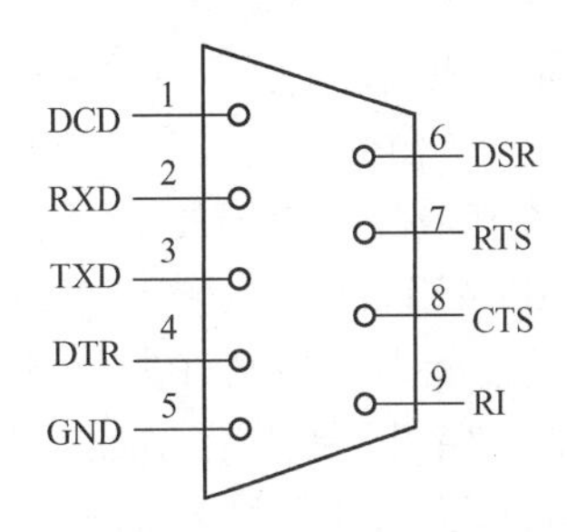

图 8-4　DB-9 串口连接器

表 8-1 9 针串行口的针脚功能

针脚	符号	通信方向	功　能
1	DCD	计算机 → 调制解调器	载波信号检测。用来表示 DCE 已经接收到满足要求的载波信号，已经接通通信链路，告知 DTE 准备接收数据
2	RXD	计算机 ← 调制解调器	接收数据。接收 DCE 发送的串行数据
3	TXD	计算机 → 调制解调器	发送数据。将串行数据发送到 DCE。在不发送数据时，TXD 保持逻辑“1”
4	DTR	计算机 → 调制解调器	数据终端准备好。当该信号有效时，表示 DTE 准备发送数据至 DCE，可以使用
5	GND	计算机 = 调制解调器	信号地线。为其他信号线提供参考电位
6	DSR	计算机 ← 调制解调器	数据装置准备好。当该信号有效时，表示 DCE 已经与通信的信道接通，可以使用
7	RTS	计算机 → 调制解调器	请求发送。该信号用来表示 DTE 请求向 DCE 发送信号。当 DTE 欲发送数据时，将该信号置为有效，向 DCE 提出发送请求
8	CTS	计算机 ← 调制解调器	清除发送。该信号是 DCE 对 RTS 的响应信号。当 DCE 已经准备好接收 DTE 发送的数据时，将该信号置为有效，通知 DTE 可以通过 TXD 发送数据
9	RI	计算机 ← 调制解调器	振铃信号指示。当 Modem（DCE）收到交换台送来的振铃呼叫信号时，该信号被置为有效，通知 DTE 对方已经被呼叫

RS-232C 的每一支引脚都有它的作用，也有它信号流动的方向。原来的 RS-232C 被设计为用来连接调制解调器以进行传输的，因此它的引脚意义通常也和调制解调器的传输有关。

从功能来看，全部信号线分为 3 类，即数据线（TXD、RXD）、地线（GND）和联络控制线（DSR、DTR、RI、DCD、RTS、CTS）。

可以从表 8-1 了解到硬件线路上的方向。另外值得一提的是，如果从计算机的角度来看这些引脚的通信状况的话，流进计算机端的，可以看成是数字输入；而流出计算机端的，则可以看成是数字输出。

数字输入与数字输出的关系是什么呢？从工业应用的角度来看，所谓的输入，就是用来“监测”的，而输出就是用来“控制”的。

（3）RS-232C 接口电气特性

EIA-RS-232C 对电气特性、逻辑电平和各种信号线功能都进行了规定。

在 TXD 和 RXD 上：逻辑 1 为 −15～−3V；　逻辑 0 为+3～+15V。

在 RTS、CTS、DSR、DTR 和 DCD 等控制线上：信号有效（接通，ON 状态，正电压）为+3～+15V；信号无效（断开，OFF 状态，负电压）为−15～−3V。

2．RS-422/485 串口通信标准

RS-422 由 RS-232 发展而来，它是为弥补 RS-232 的不足而提出的。为改进 RS-232 抗干扰能力差、通信距离短、速率低的缺点，RS-422 定义了一种平衡通信接口，将传输速率提高到 10Mbit/s，传输距离延长到 1219m（速率低于 100Kbit/s 时），并允许在一条平衡总线上连接最多 10 个接收器。RS-422 是一种单机发送、多机接收的单向、平衡传输规范。

为扩展 RS-422 的应用范围，EIA 又在 RS-422 的基础上制定了 RS-485 标准，增加了多点、双向通信能力，即允许多个发送器连接到同一条总线上，同时增加了发送器的驱动能力和冲突保护特性，扩展了总线共模范围，后命名为 TIA/EIA-488-A 标准。由于 EIA 提出的建议标准都以“RS”作为前缀，所以在通信工业领域，仍然习惯将上述标准以 RS 作为前缀称谓。

由于 RS-485 是从 RS-422 的基础上发展而来的，所以 RS-485 的许多电气规定与 RS-422 相同。如都采用平衡传输方式，都需要在传输线上接终端匹配电阻等。

RS-485 可以采用二线与四线方式，二线方式可实现真正的多点双向通信。其主要特点如下。

1）RS-485 的接口信号电平与 RS-232 相比降低了，这样不易损坏接口电路的芯片，且该电平与 TTL 电平兼容，可方便与 TTL 电路连接。

2） RS-485 的数据最高传输速率为 10Mbit/s。其平衡双绞线的长度与传输速率成反比，在 100Kbit/s 速率以下，才可能使用规定的最长的电缆长度。只有在很近的距离下才能获得最高传输速率。因为 RS-485 接口组成的半双工网络，一般只需两根连线，所以 RS-485 接口均采用屏蔽双绞线传输。

3）RS-485 接口采用平衡驱动器和差分接收器的组合，抗共模干扰能力增强，即抗噪声干扰性好，抗干扰性能大大高于 RS-232 接口，因而通信距离远。RS-485 接口的最大传输距离大约为 1200m。

RS-485 协议可以看成 RS-232 协议的替代标准，与传统的 RS-232 协议相比，其在通信速率、传输距离、多机连接等方面均有了非常大的提高，这也是工业系统中使用 RS-485 总线的主要原因。

RS-485 总线工业应用成熟，而且大量的已有工业设备均提供 RS-485 接口，因而时至今日，RS-485 总线仍在工业应用领域中具有十分重要的地位。

8.1.3 PC 串行接口

1．观察计算机上的串口位置和几何特征

在 PC 主机箱的后面板上有各种各样的接口，其中有两个 9 针的接头区，如图 8-5 所示，这就是 RS-232C 串行通信端口。PC 上的串行接口有多个名称：232 口、串口、通信口、COM 口、异步口等。

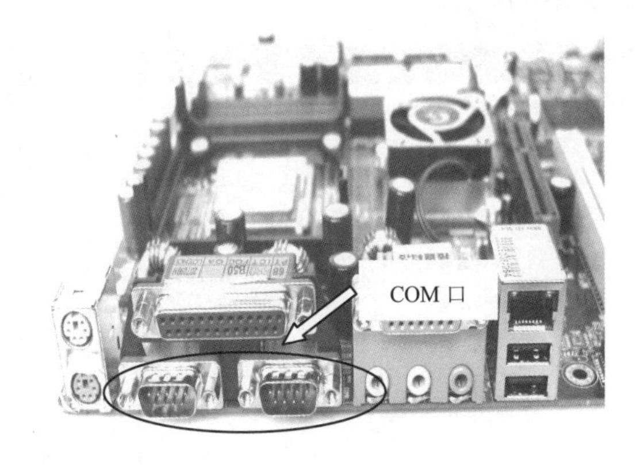

图 8-5 PC 上的串行接口

2．查看串口设备信息

进入 Windows 操作系统，右击“我的电脑”或“计算机”图标，在弹出的快捷菜单中选择“属性”命令，弹出“系统属性”对话框，如图 8-6 所示。在“系统属性”对话框中选择“硬件”选项卡，单击“设备管理器”按钮，出现“设备管理器”对话框。在设备列表中显示端口（COM 和 LPT）设备信息，如图 8-7 所示。

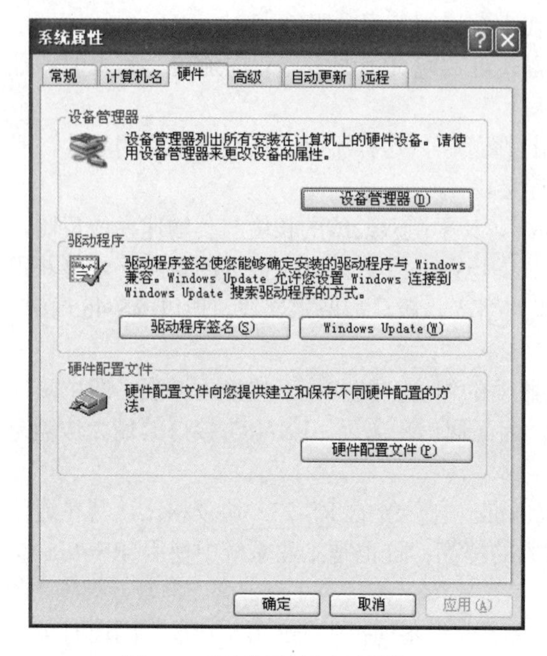

图 8-6 “系统属性”对话框

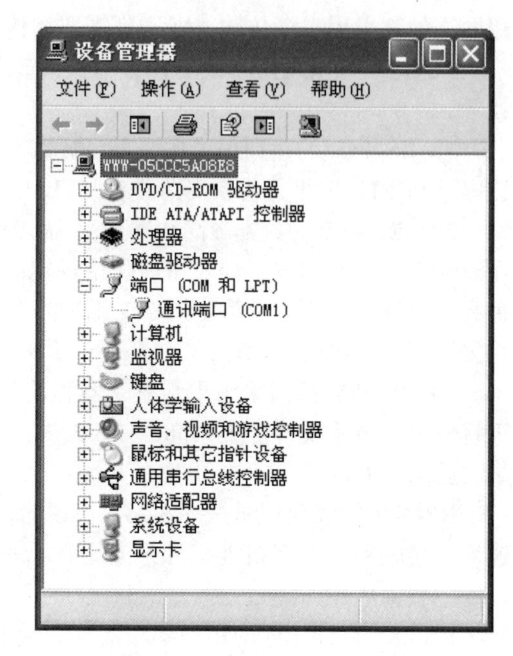

图 8-7 “设备管理器”对话框

右击“通信端口（COM1）”选项，在弹出的快捷菜单中选择“属性”命令，进入“通信端口（COM1）属性”对话框，在这里可以查看端口设置，也可查看其资源。

在“端口设置”选项卡中，可以看到默认的波特率和其他设置，如图 8-8 所示，这些设置可以在这里改变，也可以很方便地在应用程序中修改。

在“资源”选项卡中可以看到 COM1 口的输入/输出范围（03F8～03FF）和中断请求号（04），如图 8-9 所示。

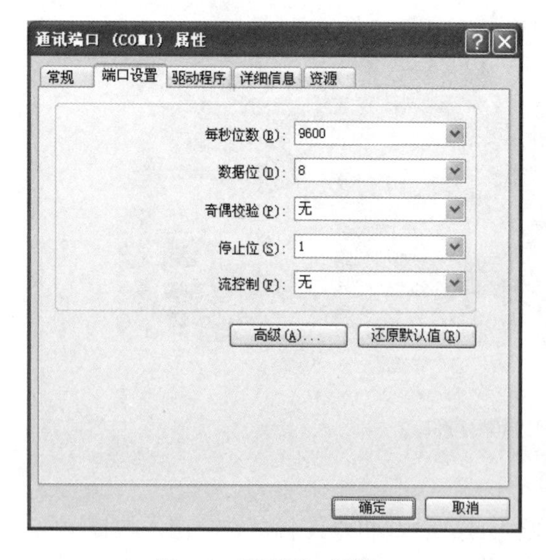

图 8-8 查看端口设置

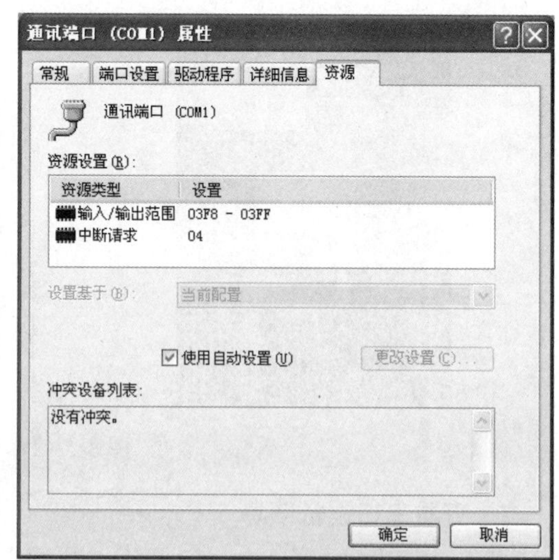

图 8-9 查看端口资源

8.1.4 PC 串口通信线路连接

1．近距离通信线路连接

当 2 台 RS-232 串口设备通信距离较近时（<15m），可以用电缆线直接将 2 台设备的 RS-232 端口连接，若通信距离较远（>15m）时，则需附加调制解调器（Modem）。

在 RS-232 的应用中，很少严格按照 RS-232 标准。其主要原因是，许多定义的信号在大多数的应用中并没有用上。在许多应用中，例如 Modem，只用了 9 个信号线（2 条数据线、6 条控制线、1 条地线）。但在其他一些应用中，可能只需要 5 个信号线（2 条数据线、2 条握手线、1 条地线）。还有一些应用，可能只需要数据线，而不需要握手线（即只需要 3 条信号线）。

当通信距离较近时，通信双方不需要 Modem，可以直接连接，这种情况下，只需使用少数几根信号线即可。最简单的情况是，在通信中根本不需要 RS-232 的控制联络信号，只需 3 根线（发送线、接收线、信号地线）便可实现全双工异步串行通信。

图 8-10a 是两台串口通信设备之间的最简单连接（即三线连接），其中 DTE 甲的 2 号接收脚与 DTE 乙的 3 号发送脚交叉连接是因为在直连方式时，把通信双方都当成数据终端设备，双方都可发也可收。在这种方式下，通信双方的任何一方，只要请求发送 RTS 有效和数据终端准备好 DTR 有效就能开始发送和接收。

如果只有一台计算机，而且也没有两个串行通信端口可以使用，那么将第 2 脚与第 3 脚外部短接，如图 8-10b 所示，第 3 脚的输出信号就会被传送到第 2 脚，从而送到同一串行端口的输入缓冲区，程序只要再从相同的串行端口上进行读取的操作，即可将数据读入，一样可以形成一个测试环境。

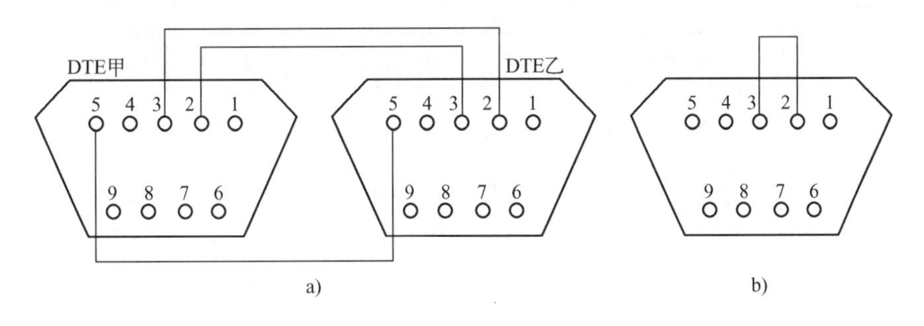

图 8-10 串口设备最简单连接

2．远距离通信线路连接

一般 PC 采用 RS-232 通信接口，当 PC 与串口设备通信距离较远时，二者不能用电缆直接连接，可采用 RS-485 总线进行连接。

当 PC 与多个具有 RS-232 接口的设备远距离通信时，可使用 RS-232/RS-485 通信接口转换器将计算机上的 RS-232 通信口转为 RS-485 通信口，在信号进入设备前再使用 RS-485/RS-232 转换器将 RS-485 通信口转为 RS-232 通信口，再与设备相连，图 8-11 所示为具有 RS-232 接口的 PC 与 n 个带有 RS-232 通信接口的设备相连。

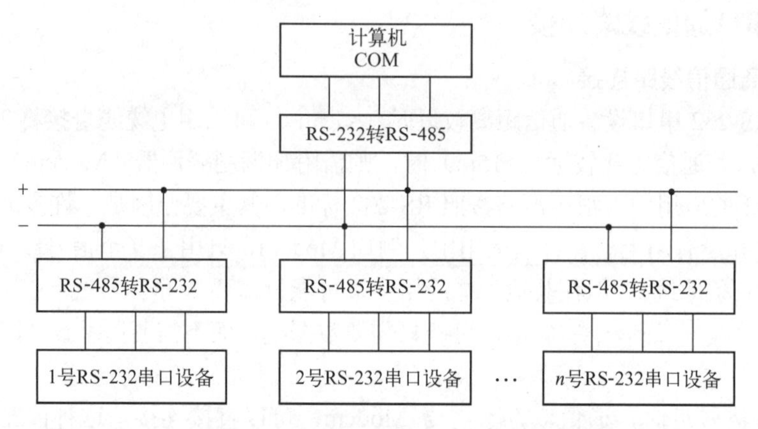

图 8-11　PC 与多个 RS-232 串口设备远距离连接

当 PC 与多个具有 RS-485 接口的设备通信时，由于两端设备接口的电气特性不一，不能直接相连，因此，也可采用 RS-232/RS-485 通信接口转换器将 RS-232 接口转换为 RS-485 接口，再与串口设备相连。图 8-12 所示为具有 RS-232 接口的 PC 与 n 个带有 RS-485 通信接口的设备相连。

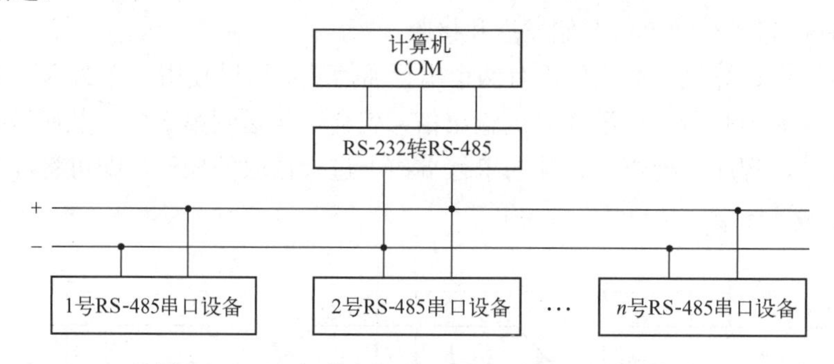

图 8-12　PC 与多个 RS-485 串口设备远距离连接

工业 PC（IPC）一般直接提供 RS-485 接口，与多台具有 RS-485 接口的设备通信时不用转换器，可直接相连。图 8-13 所示为具有 RS-485 接口的 IPC 与 n 个带有 RS-485 通信接口的设备相连。

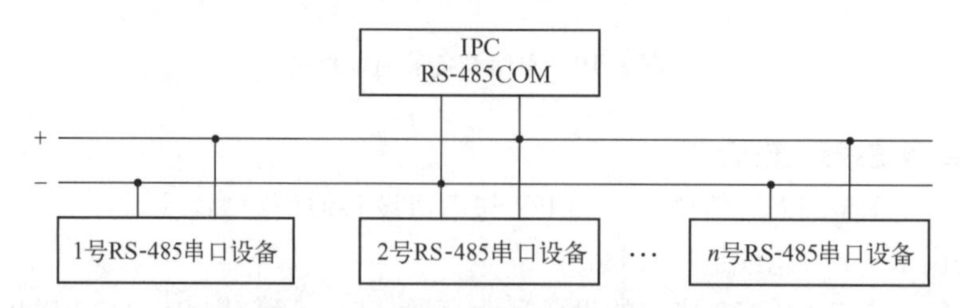

图 8-13　IPC 与多个 RS-485 串口设备远距离连接

RS-485 接口只有两根线要连接，有+、-端（或被称为 A、B 端）区分，用双绞线将所有串口设备的接口并联在一起即可。

8.2 MCGS 串口通信与控制实训

实训 13 机械手臂定位检测与控制

一、学习目标

1．掌握用三菱 PLC 实现开关量输入与输出的硬件设计和连接方法。

2．掌握用 MCGS 编写三菱 PLC 开关量输入与输出程序的设计方法。

二、应用背景

1．机械手臂概述

机械手臂是机器人技术领域中得到非常广泛实际应用的自动化机械装置，在工业制造、医学治疗、娱乐服务、军事、半导体制造、太空探索等领域都能见到它的身影。

尽管它们的形态各有不同，但它们都有一个共同的特点，就是能够接受指令，精确地定位到三维（或二维）空间上的某一点进行作业。

机械手臂由以下几部分组成。

1）运动元件。如油缸、气缸、齿条、凸轮等，都是驱动手臂运动的部件。

2）导向装置。是保证手臂的正确方向及承受由于工件的重量所产生的弯曲和扭转的力矩。

3）手臂。起着连接和承受外力的作用。手臂上的零部件，如油缸、导向杆、控制件等，都安装在手臂上。

此外，根据机械手运动和工作的要求，管路、冷却装置、行程定位装置、自动检测装置等，一般也都装在手臂上。图 8-14 所示是某机械手臂产品图。

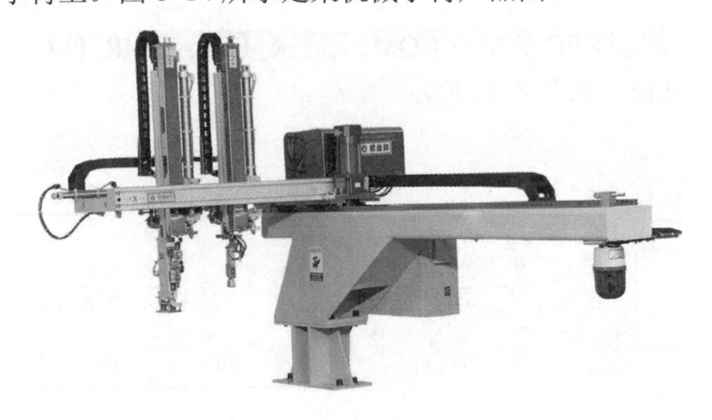

图 8-14　某机械手臂产品图

手臂的结构、工作范围、承载能力和动作精度都直接影响机械手臂的工作性能。

手臂的基本作用是将手爪移动到所需位置，因此需要对机械手臂进行定位控制。

2．机械手臂的定位控制系统

某机械手臂的定位控制系统主要由接近开关、检测电路、输入装置、输出装置、驱动电路、电动机、计算机等部分组成，如图 8-15 所示。

机械手臂在电动机的带动下沿着导轨向右平行移动，当移动到停止位处，电感接近开关感应到机械手臂靠近，产生开关信号，其由检测电路检测到，经输入装置送入计算机来显示、判断，计算机发出控制指令，由输出装置输出开关控制信号，驱动电动机停止转动，从而使机械手臂停止移动。

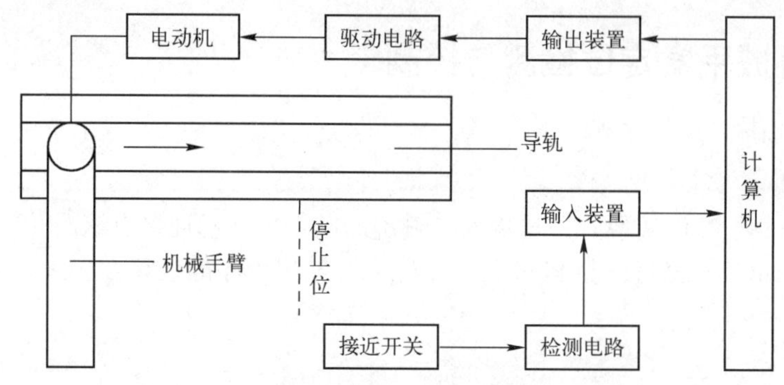

图 8-15　机械手臂定位控制系统结构示意图

在机械手臂的定位控制系统中，机械手臂的位置开关信号输入计算机，计算机输出开关信号控制电动机的动作。

下面通过实训，将三菱 PLC 作为开关量输入和输出装置，使用 MCGS 编写 PC 端程序实现开关量输入和输出。

三、设计任务

采用 MCGS 编写程序实现 PC 与三菱 PLC 开关量的输入与输出。要求：

改变三菱 PLC 某开关量输入端口（如 X0）的信号状态值，程序画面中的指示灯改变颜色，同时 PLC 某开关量输出端口（如 Y0）的信号指示灯亮/灭。

四、硬件线路

通过 SC-09 编程电缆将 PC 的串口 COM1 与三菱 FX_{2N}-32MR PLC 的编程口连接起来组成开关量输入与输出线路，如图 8-16 所示。

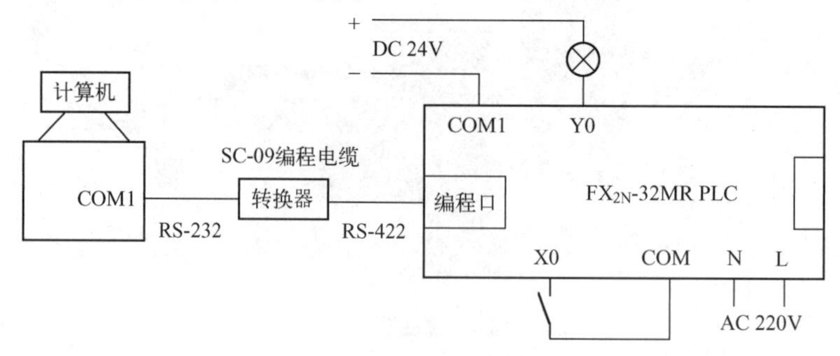

图 8-16　PC 与三菱 PLC 组成的开关量输入与输出线路

（1）开关量输入线路　将按钮、行程开关、继电器开关等的常开触点接 PLC 开关量输入端点，改变 PLC 某个输入端口的状态（打开/关闭）。

实际测试中，可用导线将 X0 端点与 COM 端点之间短接或断开以产生开关量输入信号（代替接近开关产生的开关量输入信号）。

（2）开关量输出线路　可外接指示灯或继电器等装置来显示 PLC 开关量输出端点状

态，即打开/关闭，表示电动机的运行状态。

实际测试中，不需外接指示灯，直接使用PLC面板上提供的输出信号指示灯即可。

五、任务实现

1．建立新工程项目

工程名称：“开关输入与输出”；窗口名称：“开关输入与输出”。

2．制作图形界面

在工作台窗口的“用户窗口”选项卡中，双击“开关输入与输出”图标，进入“动画组态开关输入与输出”窗口。

1）为所设计的图形界面添加2个“指示灯”元件。

2）为所设计的图形界面添加2个“标签”构件，字符分别为“开关输入指示灯”和“开关输出指示灯”，将其属性分别设置为“无填充色”和“无边线颜色”。

3）为所设计的图形界面添加1个“按钮”构件，将标题改为“关闭”。

设计的图形界面如图8-17所示。

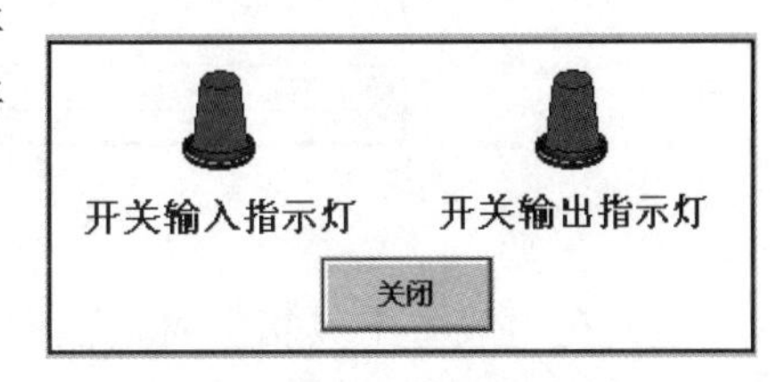

图8-17 实训13图形界面

3．定义数据对象

在工作台窗口的“实时数据库”选项卡中，定义2个开关型对象。

1）对象名称为“输入灯”，对象类型选择“开关”。

2）对象名称为“输出灯”，对象类型选择“开关”。

建立的实时数据库如图8-18所示。

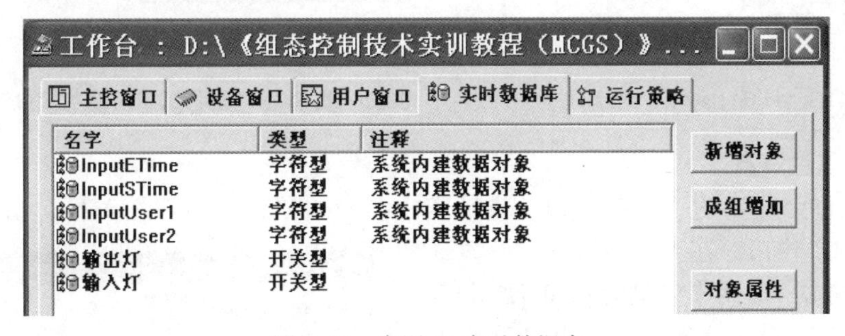

图8-18 实训13实时数据库

4．添加三菱PLC设备

在工作台窗口的“设备窗口”选项卡中，双击“设备窗口”图标，系统弹出“设备组态：设备窗口”窗口，单击组态环境窗口工具条上的“工具箱”按钮，系统弹出“设备工具箱”对话框。单击“设备管理”按钮，系统弹出“设备管理”对话框。

1）在“设备管理”对话框的可选设备列表中双击“通用串口父设备”项，将其添加到右侧的选定设备列表中，如图8-19所示。

2）在“设备管理”对话框中，选择“所有设备”→“PLC设备”→“三菱”→“三菱_FX系列编程口”→“三菱_FX系列编程口”选项，单击“增加”按钮，将“三菱_FX系列编程口”添加到右侧的选定设备列表中，如图8-19所示。单击“确认”按钮，选定的设备“通用串口父设备”和“三菱_FX系列编程口”就添加到“设备工具箱”对话框中，如图8-20所示。

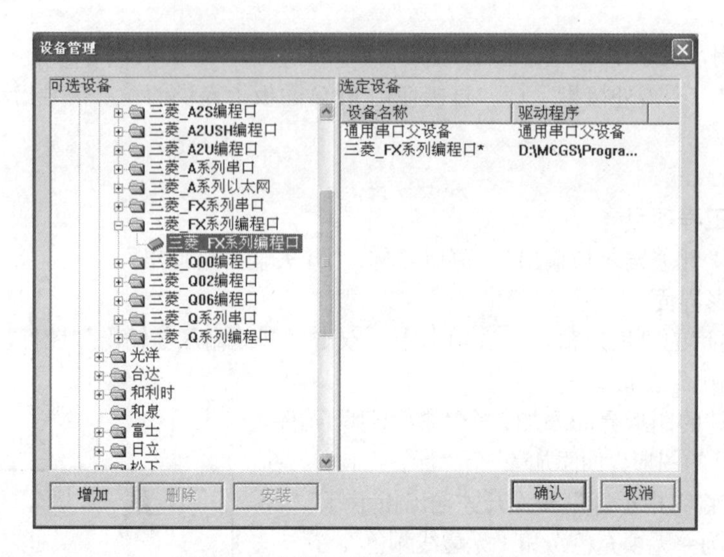

图 8-19　实训 13“设备管理”对话框

3）在“设备工具箱”对话框中双击“通用串口父设备”项，在“设备组态：设备窗口”窗口中会出现“通用串口父设备 0-[通用串口父设备]”。同样的方法，在“设备工具箱”对话框中双击“三菱_FX 系列编程口”项，在“设备组态：设备窗口”窗口中会出现“设备 0-[三菱_FX 系列编程口]”，至此设备添加完成，如图 8-21 所示。

图 8-20　实训 13“设备工具箱”对话框

图 8-21　实训 13“设备组态：设备窗口”窗口

5．设备属性设置

1）在工作台窗口的“设备窗口”选项卡中，双击“设备窗口”图标，出现“设备组态：设备窗口”窗口。在“设备组态：设备窗口”窗口中双击“通用串口父设备 0-[通用串口父设备]”项，系统弹出“通用串口设备属性编辑”对话框。

在“基本属性”选项卡中，串口端口号选“0-COM1”，通信波特率选“6-9600”，数据位位数选“0-7 位”，停止位位数选“0-1 位”，数据校验方式选“2-偶校验”，如图 8-22 所示，参数设置完毕，单击“确认”按钮。

2）在“设备组态：设备窗口”窗口中双击“设备 0-[三菱_FX 系列编程口]”项，系统弹出“设备属性设置”对话框，如图 8-23 所示。在“基本属性”选项卡中，选择“设置设

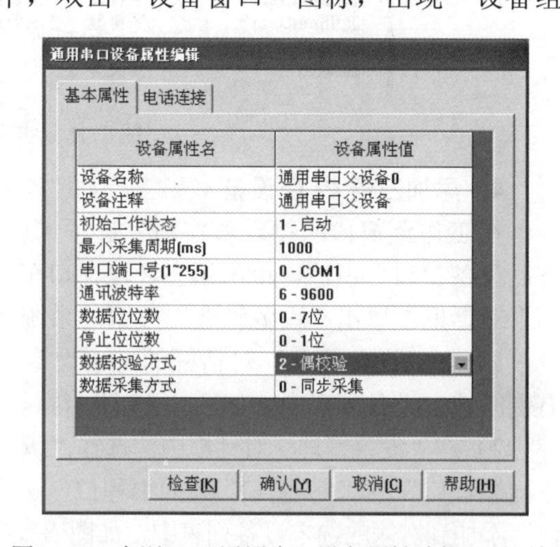

图 8-22　实训 13“通用串口设备属性编辑”对话框

备内部属性”项，出现[...]图标，单击该图标系统弹出“三菱_FX 系列编程口通道属性设置”对话框，如图 8-24 所示。

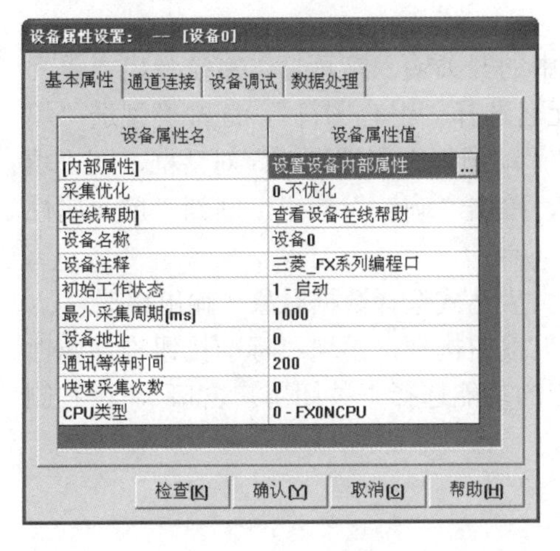

图 8-23　实训 13“设备属性设置”对话框

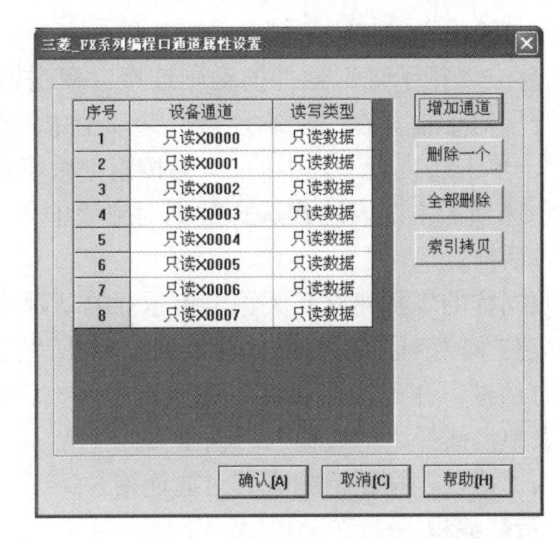

图 8-24　实训 13“三菱_FX 系列编程口通道属性设置”对话框

单击“增加通道”按钮，系统弹出“增加通道”对话框。寄存器类型选择“Y 输出寄存器”，寄存器地址设为“0”，通道数量设为“1”，操作方式选“只写”，如图 8-25 所示。

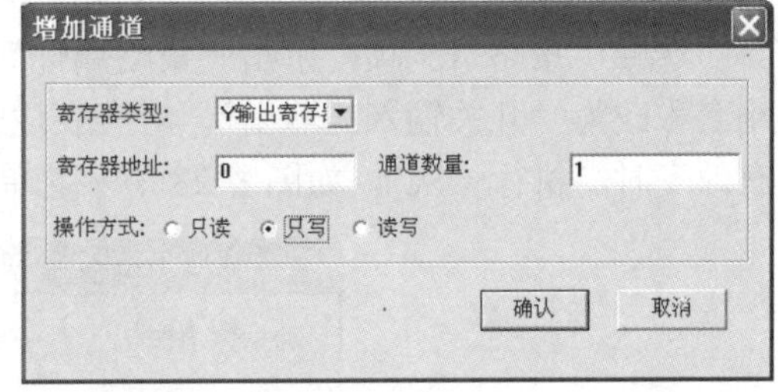

图 8-25　实训 13“增加通道”对话框

单击“确认”按钮，“三菱_FX 系列编程口通道属性设置”对话框中出现新增加的一个“只写 Y0000”通道，如图 8-26 所示。

3）在“设备属性设置”对话框中选择“通道连接”选项卡，选择 1 通道对应数据对象单元格，右击，通过选择命令打开“连接对象”对话框，双击要连接的数据对象“输入灯”；选择 9 通道对应的数据对象单元格，右击，通过选择命令打开“连接对象”对话框，双击要连接的数据对象“输出灯”，通道连接完成后如图 8-27 所示。

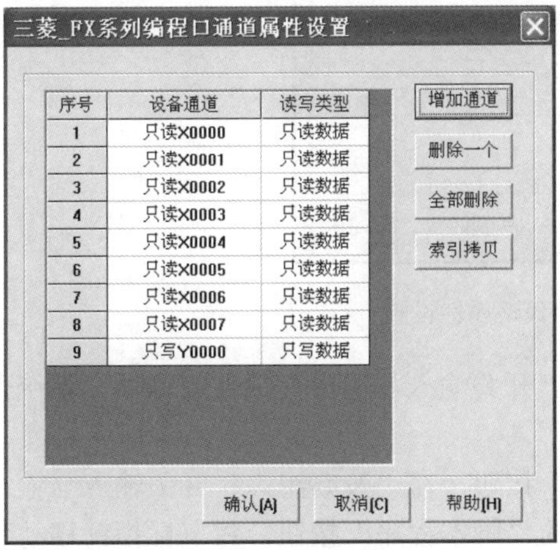

图 8-26　实训 13 新增设备通道

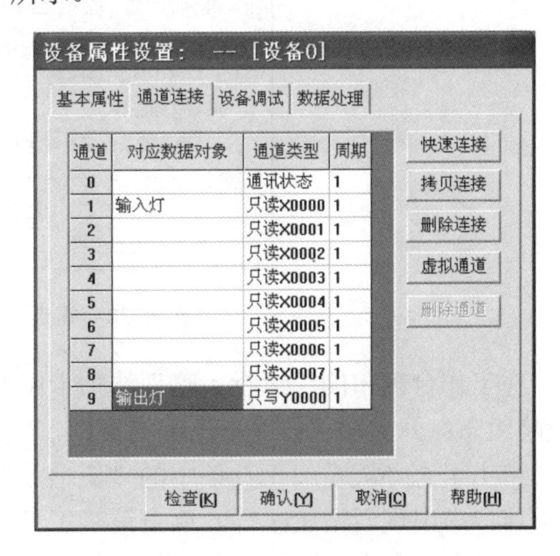

图 8-27　实训 13 设备通道连接

6．建立动画连接

在工作台窗口的“用户窗口”选项卡，双击“开关输入与输出”图标，进入“动画组态开关输入与输出”窗口。

1）建立“指示灯”元件的动画连接。双击窗口中的开关输入指示灯，系统弹出“单元属性设置”对话框。在“动画连接”选项卡中，图元名选择“组合图符”，连接类型选“填充颜色”，单击连接表达式中的“>”按钮，系统弹出“动画组态属性设置”对话框，在“填充颜色”选项卡中，表达式选择数据对象“输入灯”，单击“确认”按钮，回到“单元属性设置”对话框。

按照同样的步骤建立开关输出指示灯的动画连接，表达式选择数据对象“输出灯”。

2）建立“按钮”构件的动画连接。双击“关闭”按钮构件，出现“标准按钮构件属性设置”对话框。在“操作属性”选项卡中，按钮对应的功能选择“关闭用户窗口”，在右侧下拉列表中框选择“开关输入与输出”。

单击“确认”按钮，完成其对通连接。

7．策略编程

在工作台窗口的“运行策略”选项卡中，单击“新建策略”按钮，系统弹出“选择策略的类型”对话框，选择“事件策略”项，单击“确定”按钮，“运行策略”窗口出现新建的“策略 1”。

选择“策略 1”项，单击“策略属性”按钮，系统弹出“策略属性设置”对话框，将策略名称改为“开关输入与输出”，对应表达式设为“输入灯”，事件的内容选择“表达式的值有改变时，执行一次”，如图 8-28 所示。单击“确认”按钮完成设置。

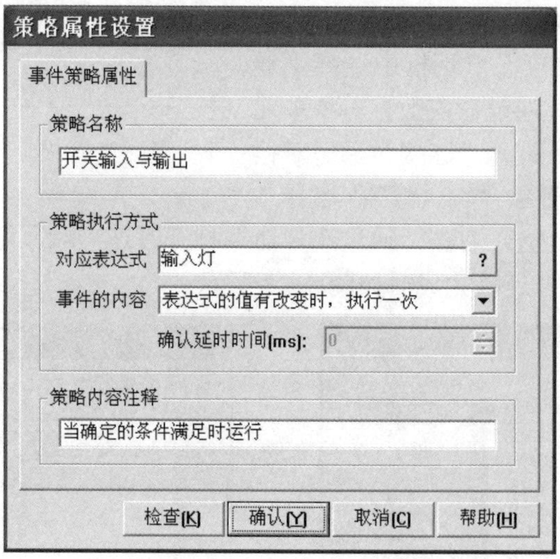

图 8-28　实训 13 事件策略属性设置

在工作台窗口的“运行策略”选项卡中双击“开关输入与输出”事件策略项，系统弹出“策略组态：开关输入与输出”编辑窗口。

单击组态环境窗口工具条中的“新增策略行”按钮，在“策略组态：开关输入与输出”编辑窗口中出现新增策略行。单击策略工具箱中的“脚本程序”按钮，将鼠标指针移动到策略块图标上，单击，添加“脚本程序”构件。

双击“脚本程序”策略块，进入“脚本程序”编辑窗口，在编辑区输入如下程序。

```
if 输入灯=1 then
    输出灯=1
else
    输出灯=0
endif
```

8．程序测试与运行

保存工程，将“开关输入与输出”窗口设为启动窗口，运行工程。

将三菱 PLC 线路中某开关量输入端口（如 X0 与 COM 端口）短接或断开，程序界面中开关量输入指示灯和输出指示灯颜色改变，同时 PLC 上开关量输出端口 Y0 上的信号指示灯会对应亮或灭。

程序运行界面如图 8-29 所示。

图 8-29　实训 13 运行界面

实训 14　自动感应门检测与控制

一、学习目标

1．掌握用西门子 PLC 实现开关量输入与输出的硬件设计和连接方法。

2．掌握用 MCGS 编写西门子 PLC 开关量输入与输出程序的设计方法。

二、应用背景

1．自动感应门简介

自动感应门是指门的开关控制是通过感应方式实现的。它的特点是当有人或物体靠近时，门会自动打开。使用自动感应门除了有方便人进出外，还可以节约空调能源、降低噪音、防风、防尘等。它广泛用于银行、大型商场、酒店、企事业单位等场所。

自动感应门按开门方式主要分为平移式和旋转式，如图 8-30 所示。

图 8-30　自动感应门产品图

2．自动感应门控制系统

某平移式自动感应门控制系统由计算机、传感器、输入装置、输出装置、驱动电路、减速器、电动机和其他装置组成，如图 8-31 所示。

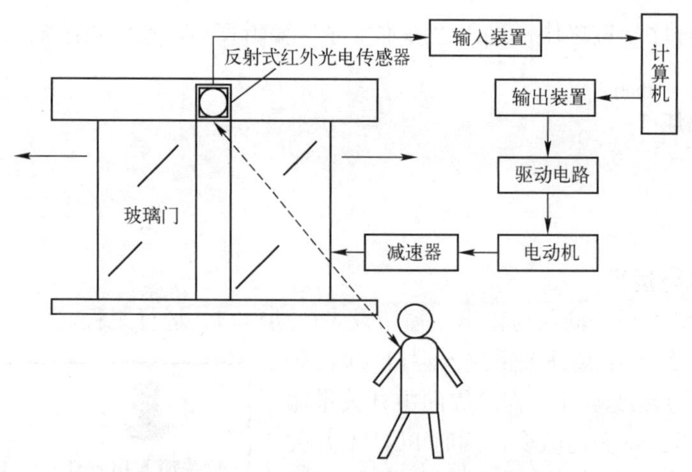

图 8-31　自动感应门控制系统组成示意图

传感器采用反射式红外光电传感器，它对物体是否存在进行感应，无论人员移动与否，只要处于传感器的扫描范围内，它都会产生触点（开关）信号。

自动感应门的工作过程是：安装在门上的红外传感器的光源发射红外线，当有人接近时，红外线照射在人体上并反射到传感器的接收元件上，产生的开门触点信号经输入装置传给计算机。计算机接收开关信号后进行判断，通过输出装置发出控制信号驱动电动机正向运行，将门开启；当人离开后由计算机做出判断，通知电动机反向运动，将门关闭。

自动感应门还设置了安全辅助装置，当门正在关闭时，安装在门侧的红外传感器检测到有人进出，控制门停止关闭并打开，防止夹人。

下面通过实训，采用西门子 PLC 作为开关量输入和输出装置，使用 MCGS 编写 PC 端程序实现开关量输入和输出。

三、设计任务

采用 MCGS 编写程序实现 PC 与西门子 PLC 开关量的输入与输出。要求：

改变西门子 PLC 某开关量输入端口（如 I0.0）的信号状态值，程序画面中的指示灯改变颜色，同时 PLC 某开关量输出端口（如 Q0.0）的信号指示灯亮/灭。

四、硬件线路

通过 PC/PPI 编程电缆将 PC 的串口 COM1 与西门子 S7-200 PLC 的编程口连接起来，组成开关量输入与输出线路，如图 8-32 所示。

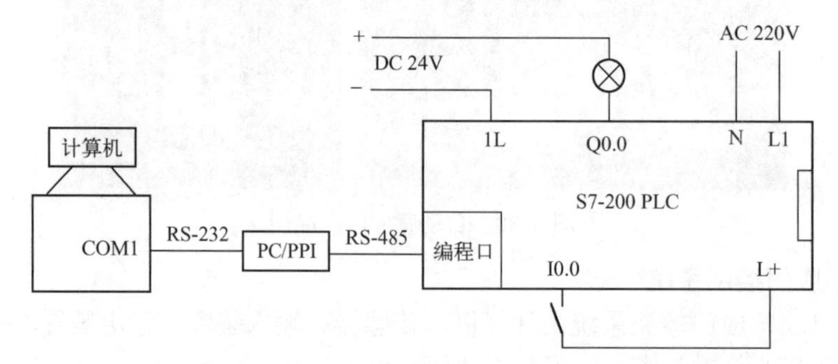

图 8-32　PC 与 S7-200 PLC 组成的开关量输入与输出线路

（1）开关量输入系统

采用按钮、行程开关、继电器开关等改变 PLC 某个开关量输入端口的状态（打开/关闭）。用导线将 M、1M 和 2M 端点短接，按钮、行程开关等的常开触点接 PLC 开关量输入端点。

实际测试中，可用导线将输入端点 I0.0 与 L+端点之间短接或断开，产生开关量输入信号。

（2）开关量输出系统

可外接指示灯或继电器等装置来显示 PLC 某个开关量输出端口输出状态（打开/关闭）。

实际测试中，不需外接指示灯，直接使用 PLC 提供的输出信号指示灯。

五、任务实现

1．建立新工程项目

工程名称：“开关输入与输出”；窗口名称：“开关输入与输出”。

2．制作图形界面

在工作台窗口的“用户窗口”选项卡中，双击“开关输入与输出”图标，进入“动画组态开关输入与输出”窗口。

1）为所设计的图形界面添加 2 个“指示灯”元件。

2）为所设计的图形界面添加 2 个“标签”构件，分别为“开关输入指示灯”和“开关输出指示灯”，将其属性分别设置为“无填充色”和“无边线颜色”。

3）为所设计的图形界面添加 1 个“按钮”构件，将标题改为“关闭”。

设计的图形界面如图 8-33 所示。

图 8-33　实训 14 图形界面

3．定义数据对象

在工作台窗口的“实时数据库”选项卡中，定义 2 个开关型对象。

1）对象名称为“输入灯”，对象类型选择“开关”。

2）对象名称为“输出灯”，对象类型选择“开关”。

建立的实时数据库如图 8-34 所示。

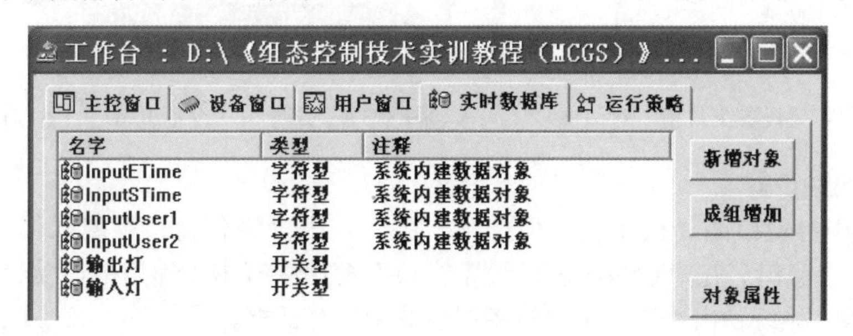

图 8-34　实训 14 实时数据库

4．添加西门子 PLC 设备

在工作台窗口的“设备窗口”选项卡中，双击“设备窗口”图标，系统弹出“设备组态：设备窗口”窗口，单击组态环境窗口工具条上的“工具箱”按钮，系统弹出“设备工具箱”对话框。单击“设备管理”按钮，系统弹出“设备管理”对话框。

1）在“设备管理”对话框的可选设备列表中双击“通用串口父设备”项，将其添加到右侧的选定设备列表中，如图 8-35 所示。

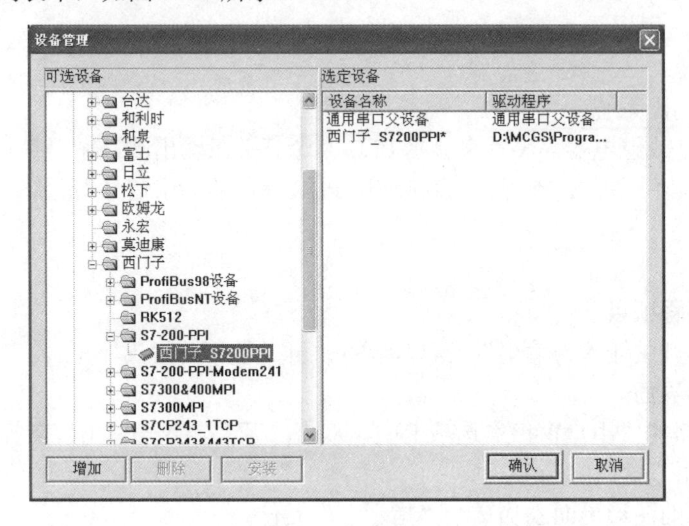

图 8-35　实训 14“设备管理”对话框

2）在“设备管理”对话框中，选择“所有设备”→“PLC 设备”→“西门子”→“S7-200-PPI”→“西门子_S7200PPI”选项，单击“增加”按钮，将“西门子_S7200PPI”添加到右侧的选定设备列表中，如图 8-35 所示。单击“确认”按钮，选定的设备“通用串口父设备”和“西门子_S7200PPI”就添加到“设备工具箱”对话框中，如图 8-36 所示。

3）在“设备工具箱”对话框中双击“通用串口父设备”项，在“设备组态：设备窗口”窗口中出现“通用串口父设备 0-[通用串口父设备]”。使用同样的方法，在“设备工具箱”对话框中双击“西门子_S7200PPI”项，在“设备组态：设备窗口”窗口中会出现“设备 0-[西门子_S7200PPI]”，至此设备添加完成，如图 8-37 所示。

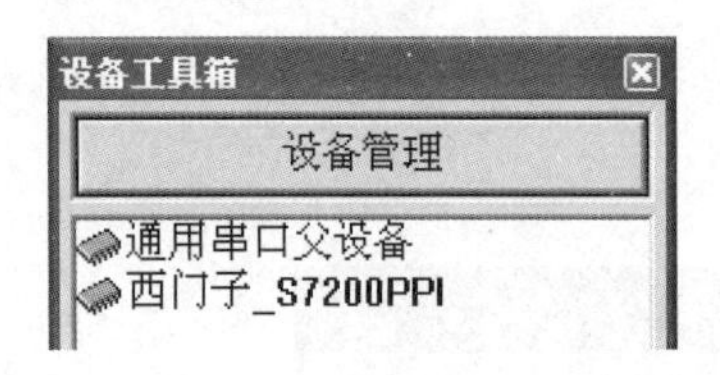

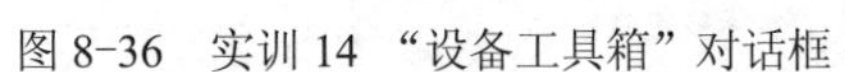

图 8-36　实训 14 “设备工具箱”对话框

图 8-37　实训 14“设备组态：设备窗口”窗口

5．设备属性设置

1）在工作台窗口的“设备窗口”选项卡中，双击“设备窗口”图标，出现“设备组态：设备窗口”窗口。在“设备组态：设备窗口”窗口中双击“通用串口父设备 0-[通用串口父设备]”项，系统弹出“通用串口设备属性编辑”对话框。

在“基本属性”选项卡中，串口端口号选“0-COM1”，通信波特率选“6-9600”，数据位位数选“1-8 位”，停止位位数选“0-1 位”，数据校验方式选“2-偶校验”，如图 8-38 所示，参数设置完毕，单击“确认”按钮。

2）在“设备组态：设备窗口”窗口中双击“设备 0-[西门子_S7200PPI]”，系统弹出“设备属性设置”对话框，如图 8-39 所示。

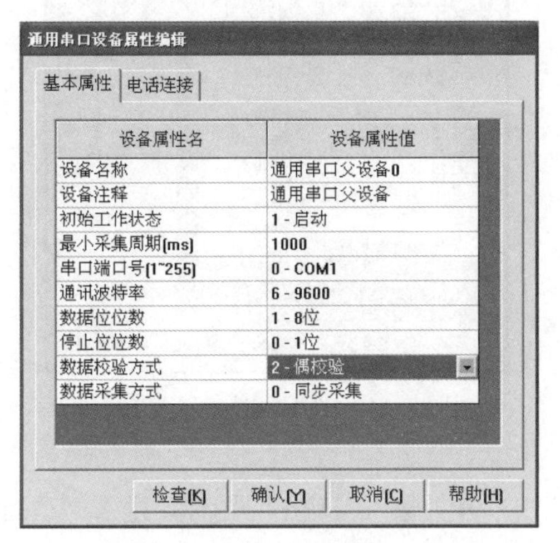

图 8-38　实训 14“通用串口设备属性编辑”对话框

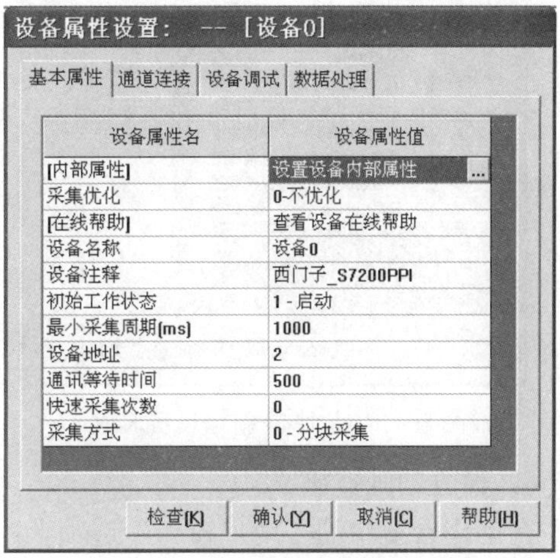

图 8-39　实训 14“设备属性设置”对话框

在“基本属性”选项卡中，选择“设置设备内部属性”项，出现 ... 图标，单击该图标，系统弹出“西门子_S7200PPI 通道属性设置”对话框，如图 8-40 所示。

单击“增加通道”按钮，系统弹出“增加通道”对话框。寄存器类型选择“Q 寄存器”，数据类型选择“通道的第 00 位”，寄存器地址设为“0”，通道数量设为“1”，操作方式选“只写”，如图 8-41 所示。

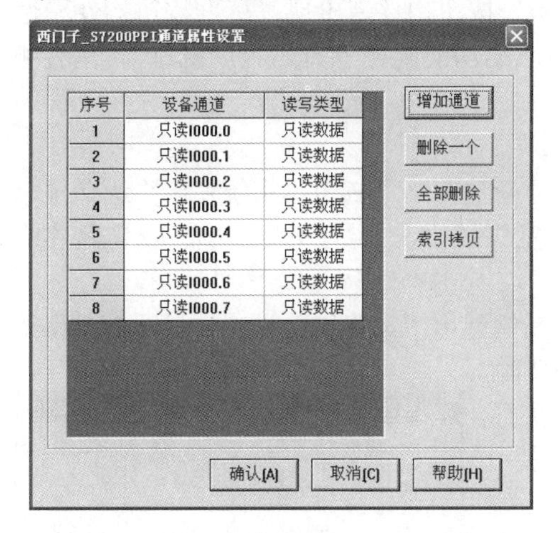

图 8-40　实训 14“西门子_S7200PPI 通道属性设置”对话框

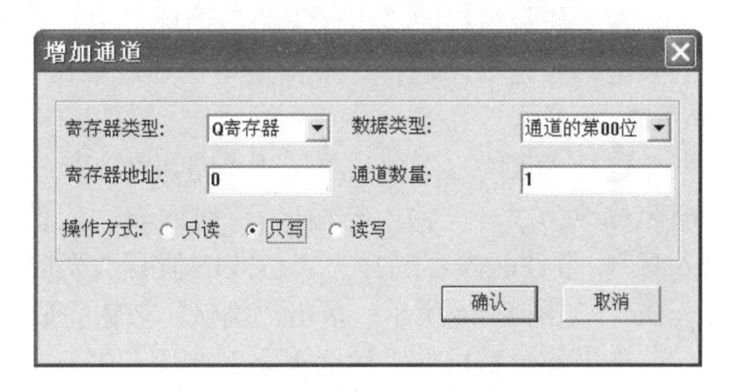

图 8-41　实训 14“增加通道”对话框

单击“确认”按钮，“西门子_S7200PPI 通道属性设置”对话框中会出现新增加的一个“Q000.0”通道，如图 8-42 所示。

3）在“设备属性设置”对话框中选择“通道连接”选项卡中，选中 1 通道对应数据对象单元格，右击，系统弹出“连接对象”对话框，双击要连接的数据对象“输入灯”。

选中 9 通道对应数据对象单元格，右击，系统弹出“连接对象”对话框，双击要连接的数据对象“输出灯”，通道连接完成后如图 8-43 所示。

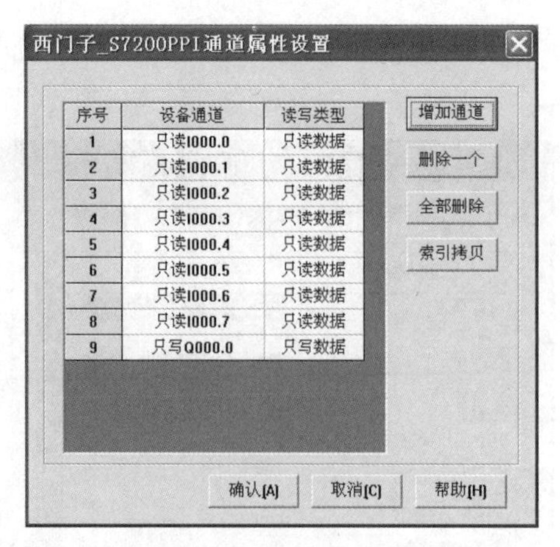

图 8-42　实训 14 新增设备通道

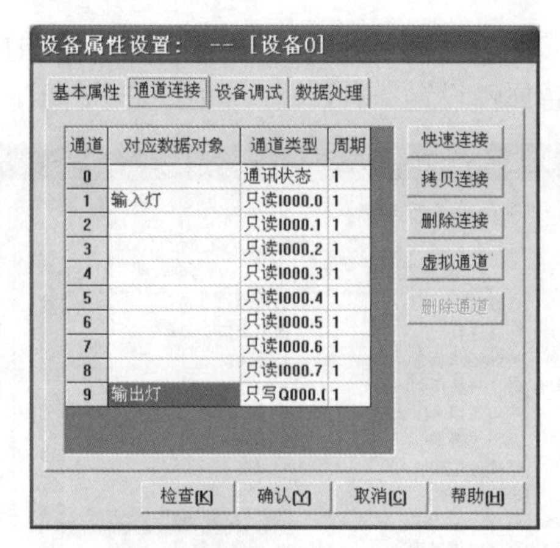

图 8-43　实训 14 设备通道连接

6．建立动画连接

在工作台窗口的“用户窗口”选项卡中，双击“开关输入与输出”图标，进入“动画组态开关输入与输出”窗口。

1）建立“指示灯”元件的动画连接。双击窗口中的开关输入指示灯，系统弹出“单元属性设置”对话框。在“动画连接”选项卡中，图元名选择“组合图符”，连接类型选“填充颜色”，单击连接表达式中的“>”按钮，系统弹出“动画组态属性设置”对话框，在“填充颜色”选项卡中，表达式选择数据对象“输入灯”。

按照同样的步骤建立开关输出指示灯的动画连接，表达式选择数据对象“输出灯”。

2）建立“按钮”构件的动画连接。双击“关闭”按钮构件，出现“标准按钮构件属性设置”对话框。在“操作属性”选项卡中，按钮对应的功能选择“关闭用户窗口”，在右侧的下拉列表框中选择“开关输入与输出”。

7．策略编程

在工作台窗口的“运行策略”选项卡中，单击“新建策略”按钮，系统弹出“选择策略的类型”对话框，选择“事件策略”项，单击“确定”按钮，“运行策略”窗口出现新建的“策略 1”。

选择“策略 1”项，单击“策略属性”按钮，系统弹出“策略属性设置”对话框，将策略名称改为“开关输入与输出”，对应表达式设为“输入灯”，事件的内容选择“表达式的值有改变时，执行一次”，如图 8-44 所示。单击“确认”按钮完成设置。

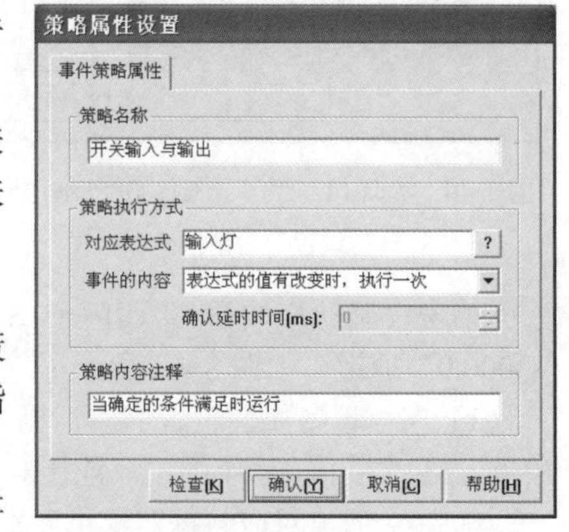

图 8-44　实训 14 事件策略属性设置

在工作台窗口的“运行策略”选项卡中双击“开关输入与输出”事件策略项，系统弹出“策略组态：开关输入与输出”编辑窗口。

单击组态环境窗口工具条中的“新增策略行”按钮，在“策略组态：开关输入与输出”编辑窗口中出现新增策略行。单击策略工具箱中的“脚本程序”按钮，将鼠标指针移动到策略块图标上，单击，添加“脚本程序”构件。

双击“脚本程序”策略块，进入“脚本程序”编辑窗口，在编辑区输入如下程序。

```
if 输入灯=1 then
     输出灯=1
else
     输出灯=0
endif
```

8．调试与运行

保存工程，将“开关输入与输出”窗口设为启动窗口，运行工程。

将西门子 PLC 线路中某开关量输入端口（如 I0.0 与 L+端口）短接或断开，程序界面中的开关量输入指示灯和输出指示灯颜色改变，同时 PLC 上开关量输出端口 Q0.0 上的信号指示灯会对应亮或灭。

程序运行界面如图 8-45 所示。

开关输入指示灯　开关输出指示灯

关闭

图 8-45　实训 14 运行界面

实训 15　银行防盗检测与报警

一、学习目标

1．掌握用远程 I/O 模块实现开关量输入与输出的硬件设计和连接方法。

2．掌握用 MCGS 编写远程 I/O 模块开关量输入与输出程序的设计方法。

二、应用背景

1．防盗报警系统

银行、博物馆等重要场所，安全保卫工作非常重要。为防止不法人员闯入，除了配备必要的保安人员外，还要安装防盗报警系统。

当报警系统传感器检测到有人员闯入时，现场会发出声光报警信号，还会将报警信号传到银行或公安监控室的计算机中，以便及时发现警情进行处置。

某银行防盗报警系统主要由传感器、检测电路、输入装置、声光报警器、计算机等部分组成，如图 8-46 所示。

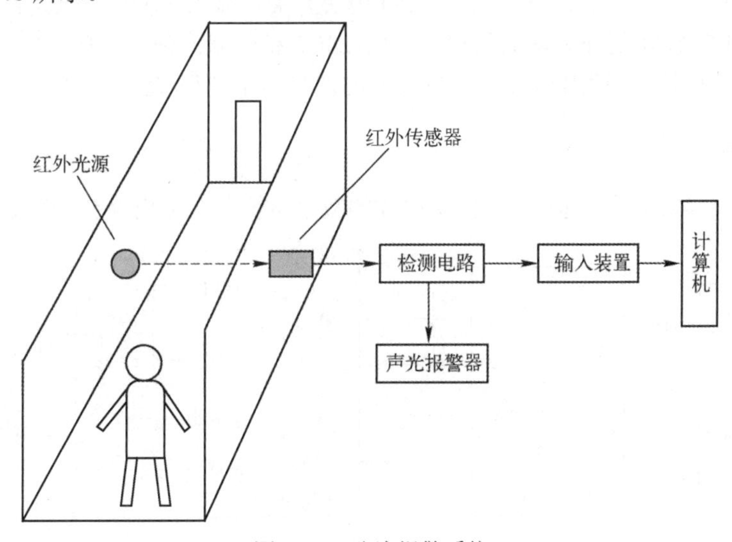

图 8-46　防盗报警系统

传感器采用透射式红外光电传感器，需要配套的红外光源。光源发出的红外光，人类肉眼看不到。

光源和传感器安装在过道两侧，正常情况下无物体遮挡，光源发出的红外光照射在传感器接收元件上，检测电路输出高电平，声光报警器和计算机不响应。

当有人闯入时，人体经过传感器会遮挡红外线，此时传感器的接收元件没有红外线照射，检测电路输出低电平，现场的声光报警器发出声光报警信号，监控室中的计算机及时响应，产生报警信息，通知安保人员快速处置。

为了使报警系统更加安全可靠，会安装多个红外传感器组成光幕，如图 8-47 所示。

在机械加工中，为了保护冲压机床操作人员的安全，可以利用光幕组成检测控制系统，如图 8-48 所示。当机床工作时，如果操作人员的手臂伸到危险部位，光幕光线会被遮挡，计算机控制机床会停止冲压工作。

图 8-47　光幕示意图

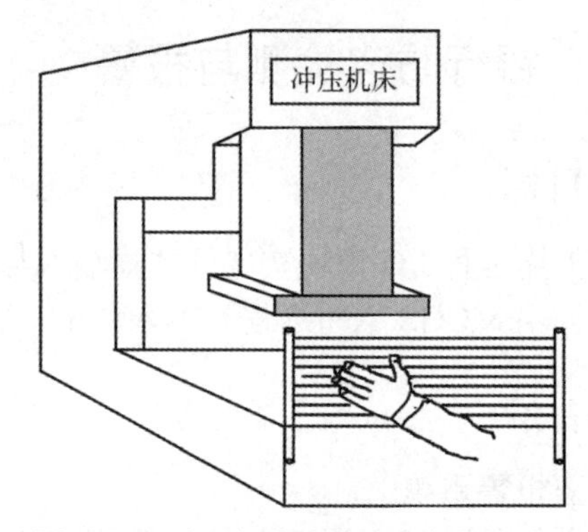

图 8-48　冲压机床光幕安全保护示意图

下面通过实训，采用远程 I/O 模块作为开关（数字）量输入和输出装置，使用 MCGS 编写 PC 端程序实现开关（数字）量输入和输出。

三、设计任务

采用 MCGS 编写程序实现 PC 与远程 I/O 模块开关量输入与输出。要求：

改变远程 I/O 模块某开关量输入端口（如 DI0）信号状态值，程序画面中的指示灯改变颜色，同时模块某开关量输出端口（如 DO0）的信号指示灯亮/灭。

四、硬件线路

PC 与 ADAM4000 系列远程 I/O 模块组成的数字量输入与输出系统如图 8-49 所示。

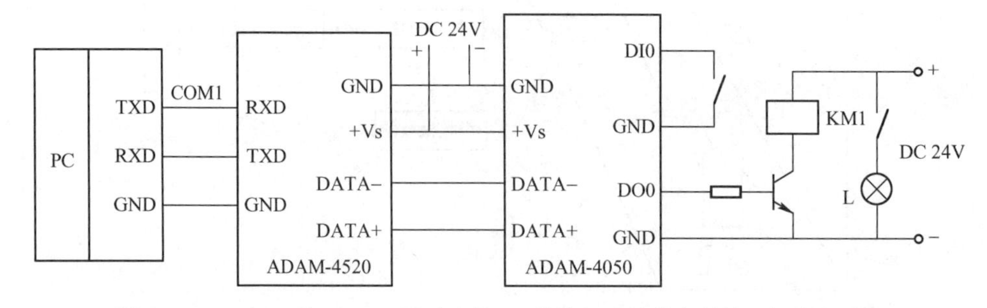

图 8-49　PC 与 ADAM4000 系列远程 I/O 模块组成的数字量输入与输出系统

ADAM-4520（RS232 与 RS485 转换模块）的串口与 PC 的串口 COM1 连接；ADAM-4050（数字量输入与输出模块）的信号输入端子 DATA+、DATA-分别与 ADAM-4520 的 DATA+、DATA-连接，电源端子+Vs、GND 分别与 DC24V 电源的+、-连接。

（1）开关量输入线路

将按钮、行程开关、继电器开关等的常开触点接模块数字量输入通道 0（管脚 DI0 和 GND）来改变模块数字量输入通道 0 的状态（0 或 1）。

实际测试中，可用导线将 DI0 和 GND 之间短接或断开产生开关（数字）量输入信号。

（2）开关量输出线路

可外接指示灯或继电器等装置来显示开关输出状态（打开/关闭）。

图 8-49 中，ADAM-4050 模块数字量输出通道 0（管脚 DO0 和 GND）接三极管基极，当计算机输出控制信号置 DO0 为高电平时，三极管导通，继电器常开开关 KM1 闭合，指示灯 L 亮；当置 DO0 为低电平时，三极管截止，继电器常开开关 KM1 断开，指示灯 L 灭。

实际测试时可使用万用表直接测量数字量输出通道 0（DO0 和 GND）的输出电压（高电平 3.5V 以上，低电平 0V）。

测试前需安装模块的驱动程序，将 ADAM-4050 的地址设为 02。

五、任务实现

1．建立新工程项目

工程名称：“开关输入与输出”；窗口名称：“开关输入与输出”。

2．制作图形界面

在工作台窗口的“用户窗口”选项卡中，双击“开关输入与输出”图标，进入“动画组态开关输入与输出”窗口。

1）为所设计的图形界面添加 2 个“指示灯”元件。

2）为所设计的图形界面添加 2 个“标签”构件，分别为“开关输入指示灯”和“开关输出指示灯”，将其属性分别设置为“无填充色”和“无边线颜色”。

3）为所设计的图形界面添加 1 个“按钮”构件，将标题改为“关闭”。

设计的图形界面如图 8-50 所示。

图 8-50　实训 15 图形界面

3．定义数据对象

在工作台窗口的“实时数据库”选项卡中，定义 2 个开关型对象。

1）对象名称为“输入灯”，对象类型选择“开关”。

2）对象名称为“输出灯”，对象类型选择“开关”。

建立的实时数据库如图 8-51 所示。

工作台 ：D:\《组态控制技术实训教程（MCGS）》...

主控窗口　设备窗口　用户窗口　实时数据库　运行策略

名字	类型	注释
InputETime	字符型	系统内建数据对象
InputSTime	字符型	系统内建数据对象
InputUser1	字符型	系统内建数据对象
InputUser2	字符型	系统内建数据对象
输出灯	开关型	
输入灯	开关型	

新增对象　成组增加　对象属性

图 8-51　实训 15 实时数据库

4．添加设备

在工作台窗口的“设备窗口”选项卡，双击“设备窗口”图标，出现“设备组态：设备窗口”窗口。单击组态环境窗口工具条上的“工具箱”按钮，系统弹出“设备工具箱”对话框。单击“设备管理”按钮，系统弹出“设备管理”对话框。

1）在“设备管理”对话框的可选设备列表中双击“通用串口父设备”项，将其添加到右侧的选定设备列表中，如图 8-52 所示。

2）在“设备管理”对话框中，选择“所有设备”→“智能模块”→“研华模块”→“ADAM4000”→“研华-4050”选项，单击“增加”按钮，将“研华-4050”添加到右侧的选定设备列表中，如图 8-52 所示。单击“确认”按钮，选定的设备“通用串口父设备”和“研华-4050”就添加到“设备工具箱”对话框中，如图 8-53 所示。

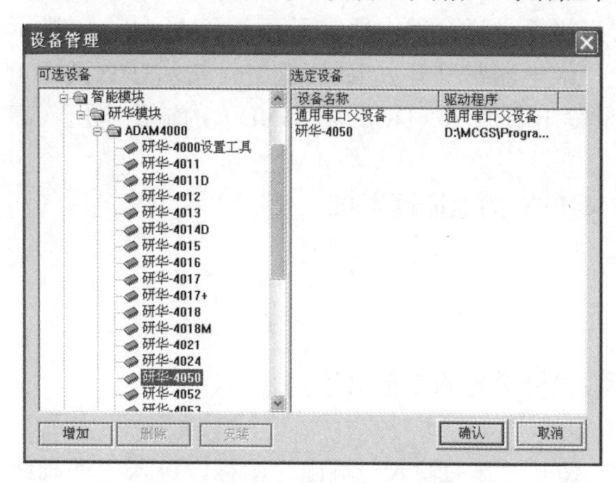

图 8-52　实训 15“设备管理”对话框

图 8-53　实训 15“设备工具箱”对话框

3）在“设备工具箱”对话框中双击“通用串口父设备”项，在“设备组态：设备窗口”窗口中出现“通用串口父设备 0-[通用串口父设备]”。使用同样的方法，在“设备工具箱”对话框双击“研华-4050”项，在“设备组态：设备窗口”窗口中会出现“设备 0-[研华-4050]”，至此设备添加完成，如图 8-54 所示。

图 8-54　实训 15“设备组态：设备窗口”窗口

5．设备属性设置

1）在工作台窗口的“设备窗口”选项卡中，双击“设备窗口”图标，出现“设备组态：设备窗口”窗口。在“设备组态：设备窗口”窗口中双击“通用串口父设备 0-[通用串口父设备]”项，系统弹出“通用串口设备属性编辑”对话框。

在“基本属性”选项卡中，串口端口号选“0-COM1”，通信波特率选“6-9600”，数据位位数选“1-8 位”，停止位位数选“0-1 位”，数据校验方式选“0-无校验”，如图 8-55 所示，参数设置完毕，单击“确认”按钮。

2）在“设备组态：设备窗口”窗口中双击“设备 0-[研华-4050]”，系统弹出“设备属性设置”对话框。

在“基本属性”选项卡中，将设备地址设为“2”，如图 8-56 所示。

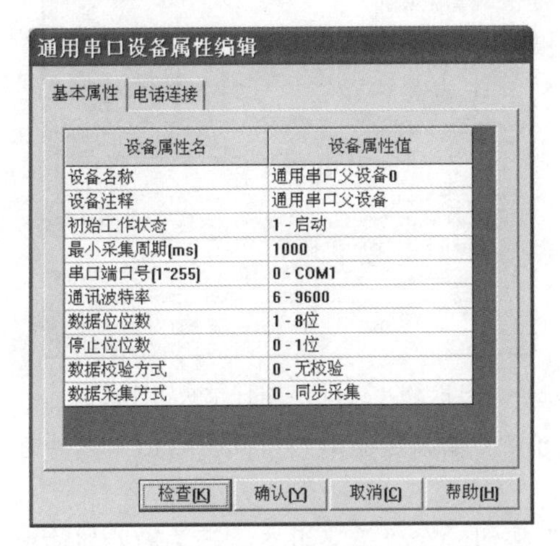

图 8-55　实训 15“通用串口设备属性编辑”对话框

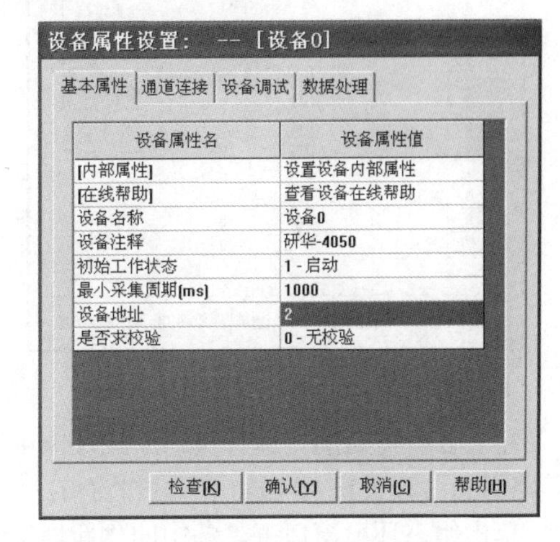

图 8-56　实训 15“设备属性设置”对话框

在“通道连接”选项卡中，选中 1 通道对应数据对象单元格，右击，通过选择命令打开“连接对象”对话框，双击要连接的数据对象“输入灯”；选中 8 通道对应数据对象单元格，右击，通过选择命令打开弹出“连接对象”对话框，双击要连接的数据对象“输出灯”，通道连接完成后如图 8-57 所示。

6．建立动画连接

在工作台窗口的“用户窗口”选项卡中，双击“开关输入与输出”图标，进入“动画组态开关输入与输出”窗口。

1）建立“指示灯”元件的动画连接。双击窗口中开关输入指示灯，系统弹出“单元属性设置”对话框。在“动画连接”选项卡中，图元名选择“组合图符”，连接类型选“填充颜色”，单击连接表达式中的“>”按钮，系统弹出“动画组态属性设置”对话框，在“填充颜色”选项卡中，表达式选择数据对象“输入灯”。

按照同样的步骤建立开关输出指示灯的动画连接，表达式选择数据对象“输出灯”。

2）建立“按钮”构件的动画连接。双击“关闭”按钮构件，出现“标准按钮构件属性设置”对话框。在“操作属性”选项卡中，按钮对应的功能选择“关闭用户窗口”，在右侧下拉列表框中选择“开关输入与输出”。

7．策略编程

在工作台窗口的“运行策略”选项卡中，单击“新建策略”按钮，系统弹出“选择策略的类型”对话框，选择“事件策略”项，单击“确定”按钮，“运行策略”窗口出现新建的“策略 1”。

选择“策略 1”项，单击“策略属性”按钮，系统弹出“策略属性设置”对话框，将策略名称改为“开关输入与输出”，对应表达式设为“输入灯”，事件的内容选择“表达式的值有改变时，执行一次”，如图 8-58 所示。单击“确认”按钮完成设置。

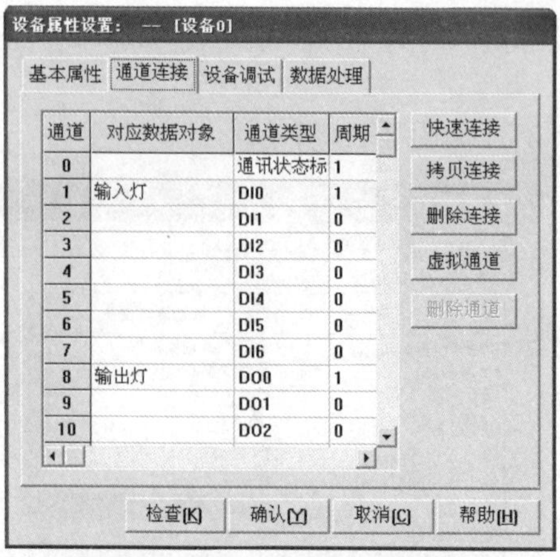

图 8-57　实训 15 设备通道连接

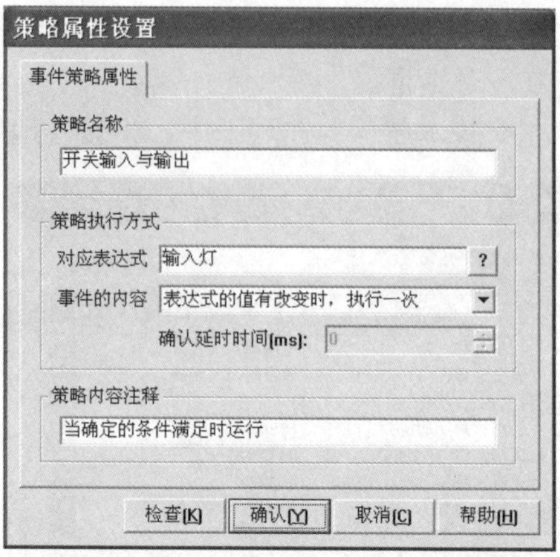

图 8-58　实训 15 事件策略属性设置

在工作台窗口的“运行策略”选项卡中双击“开关输入与输出”事件策略项，系统弹出“策略组态：开关输入与输出”编辑窗口。

单击组态环境窗口工具条中的“新增策略行”按钮，在“策略组态：开关输入与输出”编辑窗口中出现新增策略行。单击策略工具箱中的“脚本程序”按钮，将鼠标指针移动到策略块图标上，单击，添加“脚本程序”构件。

双击“脚本程序”策略块，进入“脚本程序”编辑窗口，在编辑区输入如下程序。

```
if 输入灯=1 then
    输出灯=1
else
    输出灯=0
endif
```

8．调试与运行

保存工程，将“开关输入与输出”窗口设为启动窗口，运行工程。

将远程 I/O 模块线路中某输入端口（如 DI0 与 GND 端口）短接或断开，程序界面中的开关量输入指示灯和输出指示灯颜色改变，同时远程 I/O 模块线路中输出端口 DO0 上的信号指示灯会对应亮或灭。

程序运行界面如图 8-59 所示。

图 8-59　实训 15 运行界面

实训 16　发动机温度检测与报警

一、学习目标

1．掌握用三菱 PLC 实现温度监控的硬件设计和连接方法。

2．掌握用 MCGS 编写三菱 PLC 温度监控程序的设计方法。

二、应用背景

1．发动机台架试验检测系统

发动机的各项性能指标、参数及各类特性曲线都是在发动机试验台架上按规定的试验方法进行测定的。汽车发动机出厂前必须通过台架试验之后方能投入使用。

传统的内燃机台架试验机试验过程数据记录、数据处理采用人工方式，功能简单，测试效率低，因此，目前多采用计算机数据采集与处理系统。

某型号柴油发动机的主要额定参数如下：发动机功率 280kW，发动机转速 1500r/min，转矩 400N·m，最高燃烧压力 11MPa，冷却水温度 75℃～80℃，进气温度 50℃～70℃，排气温度 80℃～200℃，机油温度 85℃～90℃，燃油消耗 210g/kWh，机油消耗 1g/kWh。

为了测量上述参数，采用了柴油机台架试验自动检测系统，其结构框图如图 8-60 所示，整个检测系统由 3 个部分组成。第一部分是传感器和一次仪表，包括转速传感器、油温传感器、水温传感器、排气温度计、测功机以及油耗表等，其功能是把发动机的性能参数通过传感器转换为相应的电信号；第二部分是信号调理模块和输入装置，其主要功能是对信号进行采样、放大、AD 转换，并把采集到的数据以一定格式传送给计算机；第三部分为计算机处理系统，包括计算机、显示器及打印机等其功能是实现数据的采集、处理、显示、存储以及图表打印等，比如显示柴油机的转速、进气温度等参数，获得柴油机的负荷特性、速度特性、功率特性等。

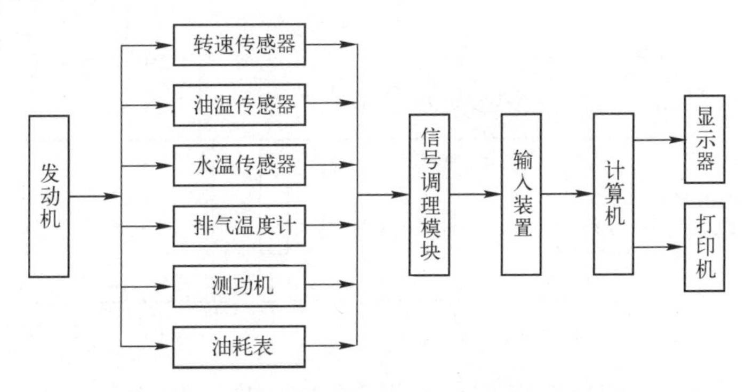

图 8-60　柴油机台架试验自动检测系统结构框图

某发动机台架试验计算机自动检测与信息处理系统如图 8-61 所示。

下面通过实训，将三菱 PLC 作为模拟量输入装置，使用 MCGS 组态软件编写 PC 端程序实现温度检测。

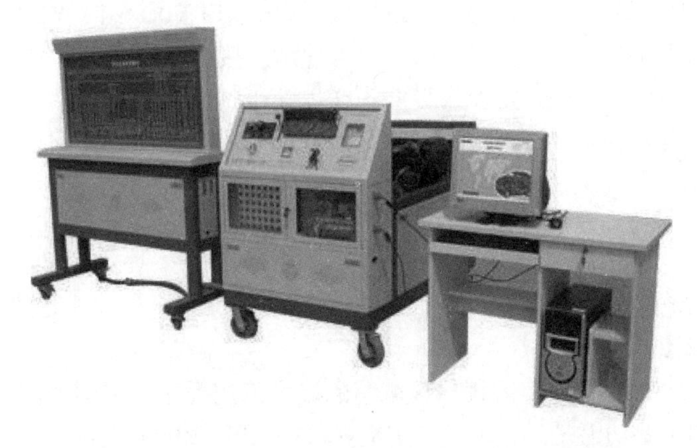

图 8-61　某发动机台架试验计算机自动检测与信息处理系统

三、设计任务

采用 MCGS 编写程序实现 PC 与三菱 PLC 温度测控。要求：

1）采用 SWOPC-FXGP/WIN-C 编程软件编写 PLC 程序，实现三菱 FX_{2N}-32MR PLC 温度监控。当测量温度小于下限值时，Y0 端口置位；当测量温度大于等于下限值且小于等于上限值时，Y0 和 Y1 端口复位；当测量温度大于上限值时，Y1 端口置位。

2）采用 MCGS 编写程序，实现 PC 与三菱 FX_{2N}-32MR PLC 温度监测，具体要求：读取并显示三菱 PLC 检测的温度值，绘制温度变化曲线；当测量温度小于下限值时，程序界面下限指示灯为红色；当测量温度大于等于下限值且小于等于上限值时，上下限指示灯均为绿色；当测量温度大于上限值时，程序界面上限指示灯为红色。

四、硬件线路

将三菱 FX_{2N}-32MR PLC 的编程口通过 SC-09 编程电缆与 PC 的串口 COM1 连接起来，组成温度测控系统，如图 8-62 所示。

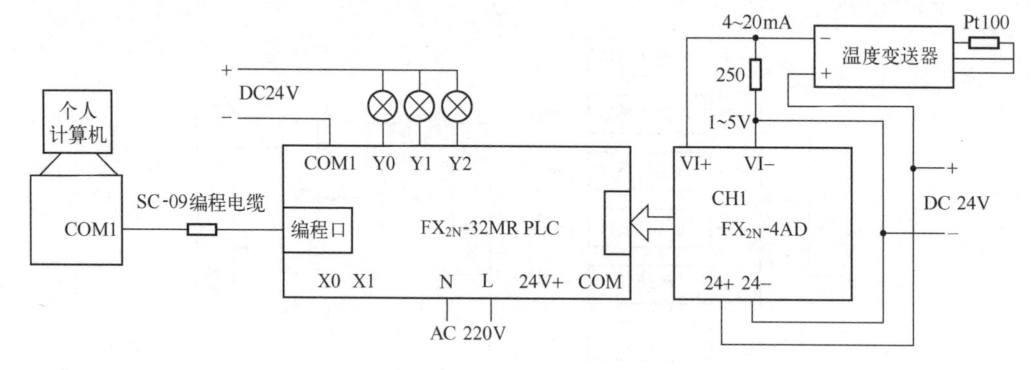

图 8-62 PC 与三菱 PLC 组成的温度测控系统

将三菱模拟量输入扩展模块 FX_{2N}-4AD 与 PLC 主机通过扁平电缆相连，温度传感器 Pt100 热电阻接到温度变送器输入端，温度变送器输入范围是 0℃～200℃，输出范围是 4～200mA，经过 250Ω 电阻将电流信号转换为 1～5V 电压信号输入到扩展模块 FX_{2N}-4AD 模拟量输入 1 通道（CH1）端口 VI+和 VI−。PLC 主机输出端口 Y0、Y1、Y2 接指示灯。

扩展模块的 DC24V 电源由主机提供（也可使用外接电源）。FX_{2N}-4AD 模块的 ID 号为 0。FX_{2N}-4AD 空闲的输入端口一定要用导线短接以免干扰信号窜入。

PLC 的模拟量输入模块（FX_{2N}-4AD）负责 AD 转换，即将模拟量信号转换为 PLC 可以识别的数字量信号。

五、任务实现

1. PLC 端温度测控程序

（1）PLC 梯形图

采用 SWOPC-FXGP/WIN-C 编程软件编写的温度测控程序梯形图如图 8-63 所示。

程序梯形图的主要功能是：实现三菱 FX_{2N}-32MR PLC 温度采集，当测量温度小于 30℃时，Y0 端口置位，当测量温度大于等于 30℃而小于等于 50℃时，Y0 和 Y1 端口复位，当测量温度大于 50℃时，Y1 端口置位。

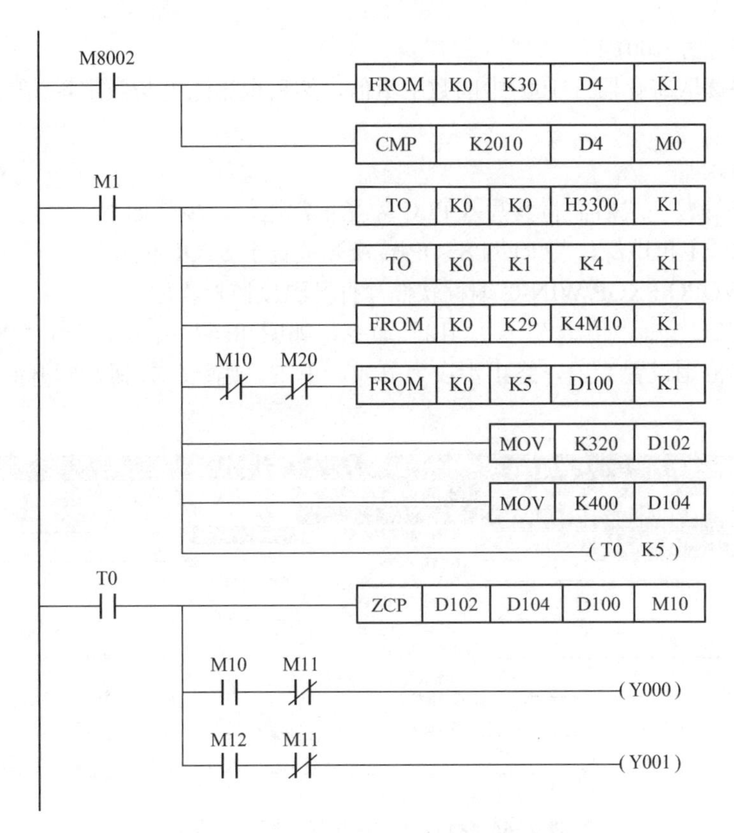

图 8-63　实训 16 PLC 温度监控程序梯形图

程序说明：

第 1 逻辑行，首次扫描时从 0 号特殊功能模块的 BFM# 30 中读出标识码，即模块 ID 号，并放到基本单元的 D4 中；

第 2 逻辑行，检查模块 ID 号，如果是 FX_{2N}-4AD，结果送到 M0；

第 3 逻辑行，设定通道 1 的量程类型；

第 4 逻辑行，设定通道 1 平均滤波的周期数为 4；

第 5 逻辑行，将模块运行状态从 BFM#29 读入 M10～M25；

第 6 逻辑行，如果模块运行正常，且模块数字量输出值正常，通道 1 的平均采样值（温度的数字量值）存入寄存器 D100 中；

第 7 逻辑行，将下限温度数字量值 320（对应温度 30℃）放入寄存器 D102 中；

第 8 逻辑行，将上限温度数字量值 400（对应温度 50℃）放入寄存器 D104 中；

第 9 逻辑行，延时 0.5s。

第 10 逻辑行，将寄存器 D102 和 D104 中的值（上下限）与寄存器 D100 中的值（温度采样值）进行比较。

第 11 逻辑行，当寄存器 D100 中的值小于寄存器 D102 中的值，Y000 端口置位。

第 12 逻辑行，当寄存器 D100 中的值大于寄存器 D104 中的值，Y001 端口置位。

温度值与数字量值的换算关系：0℃～200℃对应电压值 1～5V，0～10V 对应数字量值 0～2000，那么 1～5V 对应数字量值 200～1000，因此 0℃～200℃对应数字量值 200～1000，即温度值=(数字量值-200)/4。

上位机程序读取寄存器 D100 中的数字量值，然后根据温度与数字量值的对应关系计算出温度测量值。

（2）程序写入

PLC 端程序编写完成后需将其写入 PLC 才能正常运行。步骤如下：

1）接通 PLC 主机电源，将 RUN/STOP 转换开关置于 STOP 位置。

2）运行 SWOPC-FXGP/WIN-C 编程软件，打开温度监控程序。

3）执行“PLC”→“传送”→“写出”命令，如图 8-64 所示，打开“PC 程序写入”对话框，选中“范围设置”项，终止步设为 100，单击“确认”按钮，即开始写入程序，如图 8-65 所示。

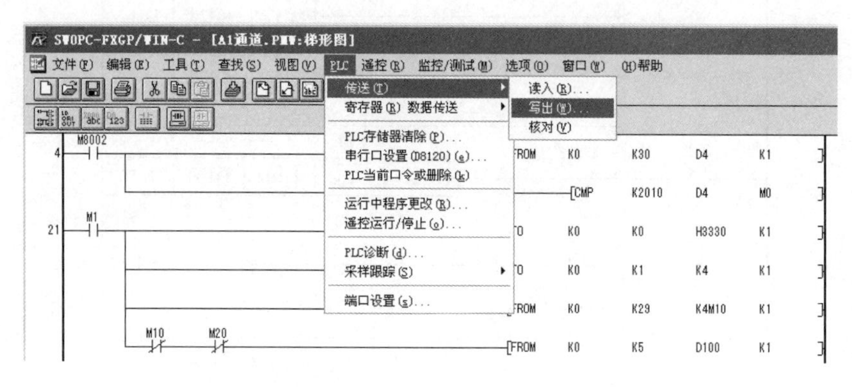

图 8-64　执行 PLC→传送→写出命令

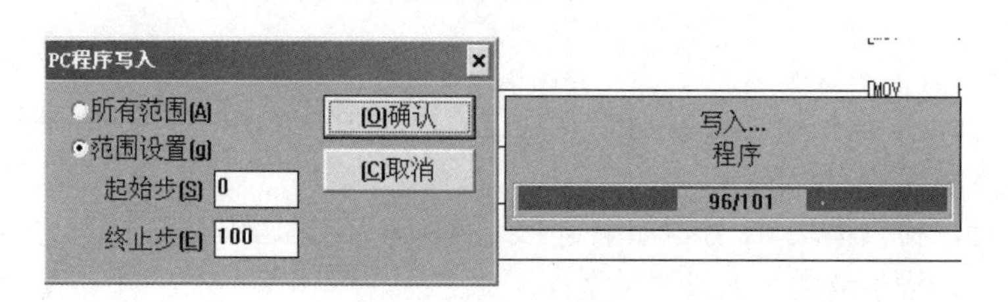

图 8-65　PC 程序写入

4）程序写入完毕将 RUN/STOP 转换开关置于 RUN 位置，即可进行温度监控。

（3）程序监控

PLC 端程序写入后，可以进行实时监控。步骤如下：

1）接通 PLC 主机电源，将 RUN/STOP 转换开关置于 RUN 位置。

2）运行 SWOPC-FXGP/WIN-C 编程软件，打开温度监控程序，并写入。

3）执行“监控/测试”→“开始监控”命令，即可开始监控程序的运行，如图 8-66 所示。

监控界面中，寄存器 D100 上的蓝色数字（如 469）就是模拟量输入 1 通道的电压实时采集值（换算后的电压值为 2.345V，与万用表测量值相同，换算成温度值为 67.25℃），改变测量温度，输入电压改变，该数值随着改变。

当寄存器 D100 中的值小于寄存器 D102 中的值，Y000 端口置位；当寄存器 D100 中的值大于寄存器 D104 中的值，Y001 端口置位。

```
M8002                                              2010
--| |----+------------------[FROM   K0     K30     D4      K1    ]--
         |                                         2010
         +------------------[CMP    K2010  D4      M0    ]--
M1
--| |----+------------------[TO     K0     K0      H3330   K1    ]--
         |
         +------------------[TO     K0     K1      K4      K1    ]--
         |
         +------------------[FROM   K0     K29     K4M10   K1    ]--
         |  M10    M20                             469
         +--|/|----|/|------[FROM   K0     K5      D100    K1    ]--
         |                                         320
         +--------------------------------[MOV     K320    D102  ]--
         |                                         400
         +--------------------------------[MOV     K400    D104  ]--
         |                                 0
         +--------------------------------(T0      K5            )--
T0                          320    400     469
--| |----+------------------[ZCP    D102   D104    D100    M10   ]--
         |  M10    M11
         +--| |----|/|---------------------------------( Y000 )--
         |  M12    M11
         +--| |----|/|---------------------------------( Y001 )--
```

图 8-66　实训 16 PLC 监控程序

4）监控完毕，执行“监控/测试”→“停止监控”命令，即可停止监控程序的运行。注意：必须停止监控，否则会影响上位机程序的运行。

2．PC 端采用 MCGS 实现温度监测

（1）建立新工程项目

工程名称：“温度检测”；窗口名称：“温度检测”。

（2）制作图形界面

在工作台窗口的“用户窗口”选项卡中，双击“温度检测”图标，进入“动画组态温度检测”窗口。

1）为所设计的图形界面添加 1 个“实时曲线”构件。

2）为所设计的图形界面添加 4 个“标签”构件，分别是“温度值：”“000”（保留边线）、“下限灯：”“上限灯：”。

3）为所设计的图形界面添加 2 个“指示灯”元件。

4）为所设计的图形界面添加 1 个“按钮”构件，将标题改为“关闭”。

设计的图形界面如图 8-67 所示。

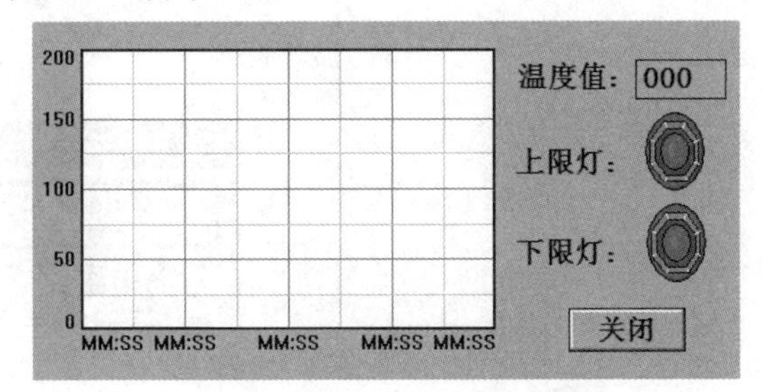

图 8-67　实训 16 图形界面

（3）定义数据对象

在工作台窗口中切换至“实时数据库”选项卡中。

1）定义 2 个数值型对象。对象名称为“温度”，小数位设为“1”，最小值设为“0”，最大值设为“200”，对象类型选择“数值”。

对象名称为“数字量”，小数位设为“0”，最小值设为“0”，最大值设为“2000”，对象类型选择“数值”。

2）定义 2 个开关型对象。对象名称为“上限灯”，对象初值设为“0”，对象类型选择“开关”。对象名称为“下限灯”，对象初值设为“0”，对象类型选择“开关”。

建立的实时数据库如图 8-68 所示。

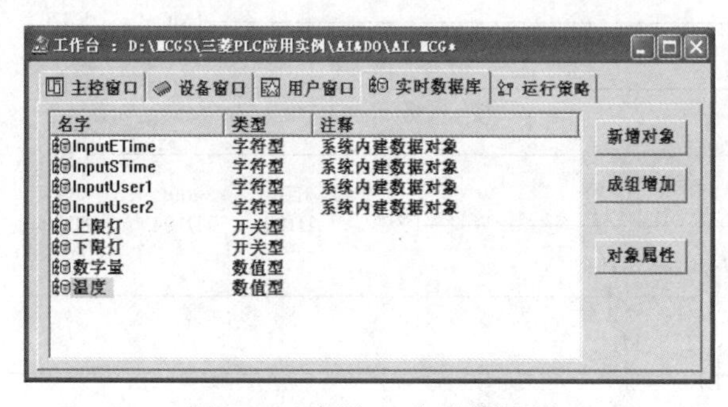

图 8-68　实训 16 实时数据库

（4）添加 PLC 设备

在工作台窗口的“设备窗口”选项卡中，双击“设备窗口”图标，系统弹出“设备组态：设备窗口”窗口，单击组态环境窗口工具条上的“工具箱”按钮，系统弹出“设备工具箱”对话框。单击“设备管理”按钮，系统弹出“设备管理”对话框。

1）在“设备管理”对话框的可选设备列表中双击“通用串口父设备”项，将其添加到右侧的选定设备列表中，如图 8-69 所示。

2）在“设备管理”对话框，选择“所有设备”→“PLC 设备”→“三菱”→“三菱_FX 系列编程口”→“三菱_FX 系列编程口”选项，单击“增加”按钮，将“三菱_FX 系列编程口”添加到右侧的选定设备列表中，如图 8-69 所示。单击“确认”按钮，选定的设备“通用串口父设备”和“三菱_FX 系列编程口”就添加到“设备工具箱”对话框中，如图 8-70 所示。

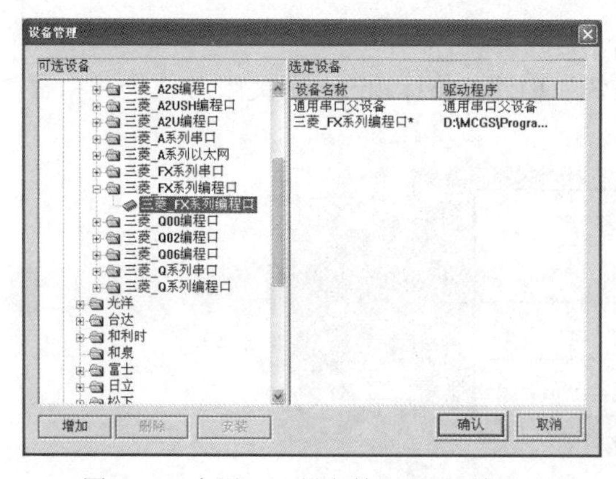

图 8-69　实训 16“设备管理”对话框

图 8-70　实训 16“设备工具箱”对话框

3）在“设备工具箱”对话框中双击“通用串口父设备”项，在“设备组态：设备窗口”窗口中出现“通用串口父设备 0-[通用串口父设备]”。使用同样的方法，在“设备工具箱”对话框中双击“三菱_FX 系列编程口”项，在“设备组态：设备窗口”窗口中会出现“设备 0-[三菱_FX 系列编程口]”，至此设备添加完成，如图 8-71 所示。

（5）设备属性设置

1）在工作台窗口的“设备窗口”选项卡中，双击“设备窗口”图标，出现“设备组态：设备窗口”窗口。在“设备组态：设备窗口”窗口中双击“通用串口父设备 0-[通用串口父设备]”项，系统弹出“通用串口设备属性编辑”对话框。

在“基本属性”选项卡中，串口端口号选“0-COM1”，通信波特率选“6-9600”，数据位位数选“0-7 位”，停止位位数选“0-1 位”，数据校验方式选“2-偶校验”，如图 8-72 所示，参数设置完毕，单击“确认”按钮。

图 8-71　实训 16“设备组态：设备窗口”窗口

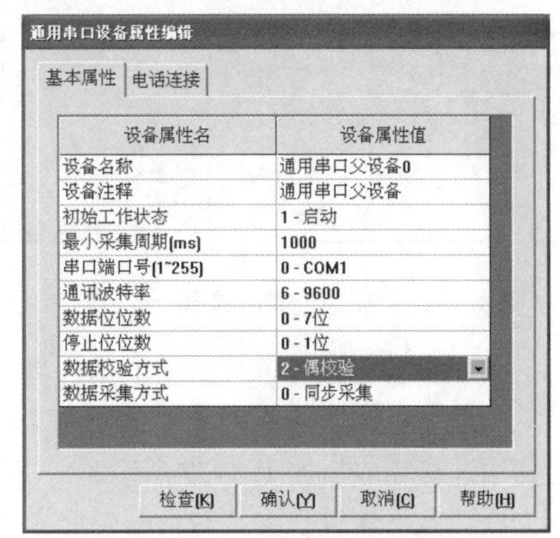

图 8-72　实训 16“通用串口设备属性编辑”对话框

2）在“设备组态：设备窗口”窗口中双击“设备 0-[三菱_FX 系列编程口]”项，系统弹出“设备属性设置”对话框，如图 8-73 所示。在“基本属性”选项卡中，选择“设置设备内部属性”项，出现...图标，单击该图标，系统弹出“三菱_FX 系列编程口通道属性设置”对话框，如图 8-74 所示。

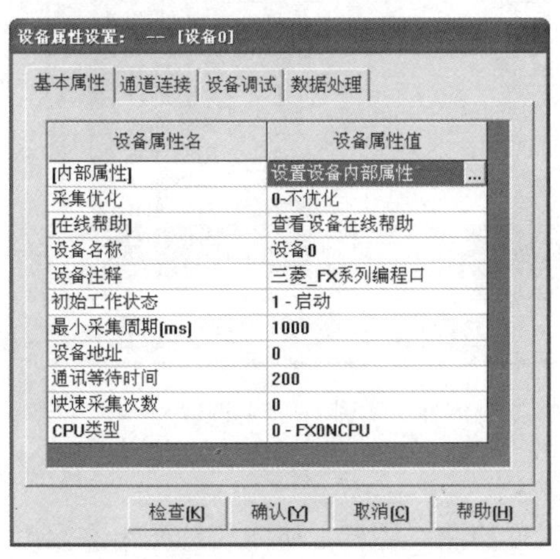

图 8-73　实训 16 “设备属性设置”对话框

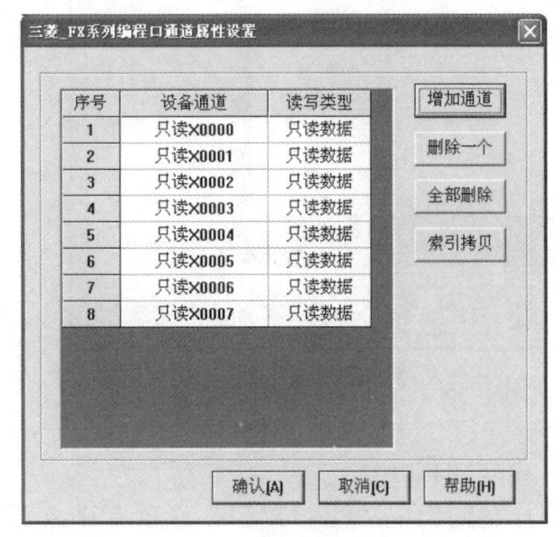

图 8-74　实训 16“三菱_FX 系列编程口通道属性设置”对话框

单击“增加通道”按钮，系统弹出“增加通道”对话框，寄存器类型选“D 数据寄存器”，数据类型选“16 位无符号二进制”，寄存器地址设为“100”，通道数量设为“1”，操作方式选择“只读”，如图 8-75 所示。单击“确认”按钮，“三菱_FX 系列编程口通道属性设置”对话框中会出现新增加的通道 9“只读 DWUB0100”，如图 8-76 所示。

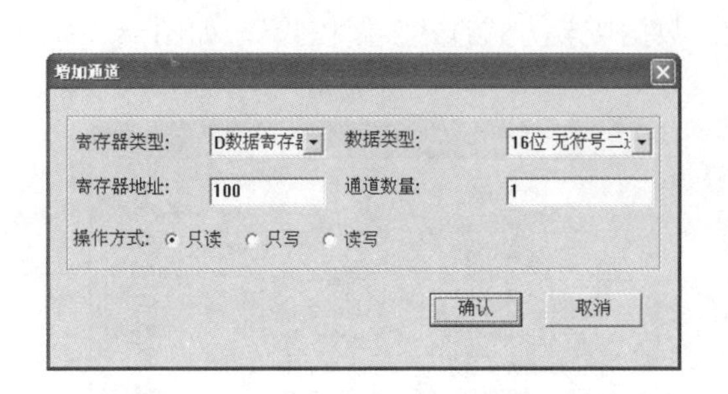

图 8-75　实训 16“增加通道”对话框

三菱_FX系列编程口通道属性设置

序号	设备通道	读写类型
1	只读X0000	只读数据
2	只读X0001	只读数据
3	只读X0002	只读数据
4	只读X0003	只读数据
5	只读X0004	只读数据
6	只读X0005	只读数据
7	只读X0006	只读数据
8	只读X0007	只读数据
9	只读DWUB0100	只读数据

增加通道　删除一个　全部删除　索引拷贝

确认[A]　取消[C]　帮助[H]

图 8-76　实训 16 设备新增通道

3）在“设备属性设置”对话框中选择“通道连接”选项卡，选择 9 通道对应数据对象单元格，右击，通过选择命令打开“连接对象”对话框，双击要连接的数据对象“数字量”，通道连接完成后如图 8-77 所示。

4）在“设备属性设置”对话框中选择“设备调试”选项卡，可以看到三菱 PLC 模拟量输入通道输入电压（反映温度大小）的数字量值，如图 8-78 所示。

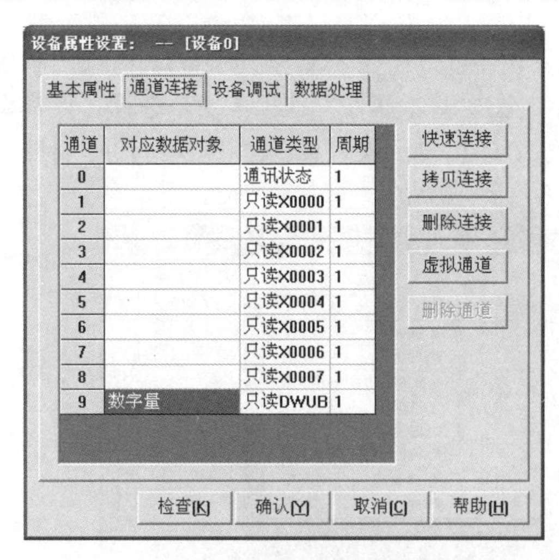

图 8-77　实训 16 设备通道连接

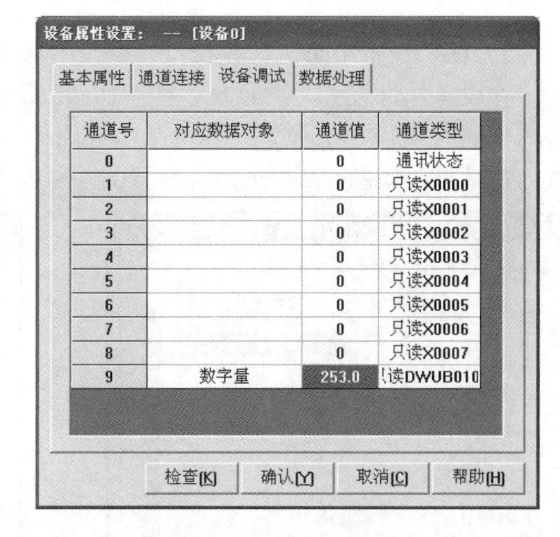

图 8-78　实训 16 设备调试

（6）建立动画连接

在工作台窗口的“用户窗口”选项卡中，双击“温度检测”图标，进入“动画组态温度检测”窗口。

1）建立“实时曲线”构件的动画连接。双击窗口中的“实时曲线”构件，系统弹出“实时曲线构件属性设置”窗口。

在“画笔属性”选项卡中，曲线 1 表达式选择数据对象“温度”。

在“标注属性”选项卡中，时间单位选“分钟”，*X* 轴长度设为“5”，*Y* 轴标注最大值设为“200”。

2）建立温度显示标签的动画连接。双击窗口中的“000”标签，系统弹出“动画组态属性设置”窗口，选择“输入输出连接”中的“显示输出”项，出现“显示输出”选项卡。

选择“显示输出”选项卡，表达式选择数据对象“温度”，输出值类型选择“数值量输出”，输出格式选择“向中对齐”，整数位数设为“3”，小数位数设为“1”。

3）建立“指示灯”元件的动画连接。双击窗口中的上限指示灯元件，系统弹出“单元属性设置”窗口。在“动画连接”选项卡中，选择组合图符“可见度”项，单击连接表达式中的“>”按钮，系统弹出“动画组态属性设置”对话框，在“可见度”选项卡，表达式选择数据对象“上限灯”。

使用同样方法，完成下限指示灯元件的动画连接。

4）建立“按钮”构件的动画连接。双击“关闭”按钮对象，出现“标准按钮构件属性设置”对话框。在“操作属性”选项卡中，按钮对应的功能选择“关闭用户窗口”，在右侧下拉列表框中选择“温度检测”。

（7）策略编程

在工作台窗口的“运行策略”选项卡中，双击“循环策略”项，系统弹出“策略组态：循环策略”编辑窗口。

单击组态环境窗口工具条中的“新增策略行”按钮，启动策略编辑窗口，在其中出现新增策略行。单击策略工具箱中的“脚本程序”按钮，将鼠标指针移动到策略块图标上，单击，添加脚本程序构件。

双击“脚本程序”策略块，进入“脚本程序”编辑窗口，在编辑区输入如图 8-79 所示的程序。

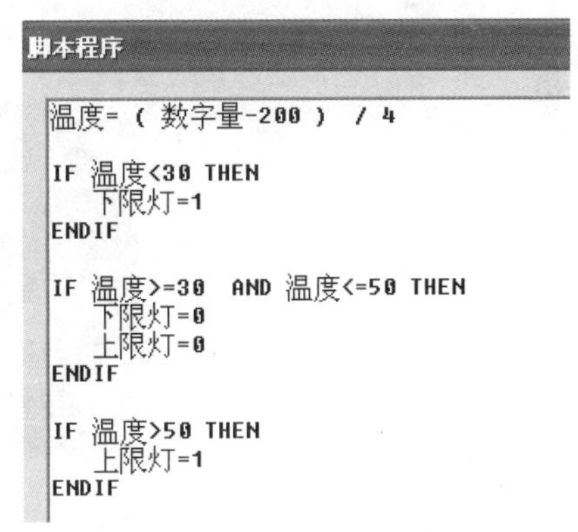

图 8-79　实训 16 输入脚本程序

关闭“策略组态：循环策略”编辑窗口，保存程序，返回到工作台窗口的“运行策略”选项卡中，选择“循环策略”项，单击“策略属性”按钮，系统弹出“策略属性设置”对话框，将策略执行方式定时循环时间设置为 1000ms，单击“确认”按钮完成设置。

（8）调试与运行

保存工程，将“温度检测”窗口设为启动窗口，运行工程。

此时 PC 读取并显示三菱 PLC 检测的温度值，绘制温度变化曲线。当测量温度小于下限值 30℃时，程序界面下限指示灯改变颜色，PLC 的 Y0 端口置位；当测量温度大于等于下限值 30℃且小于等于上限值 50℃时，程序界面上下限指示灯都是绿色，Y0 和 Y1 端口复位；当测量温度大于上限值 50℃时，程序界面上限指示灯改变颜色，Y1 端口置位。

程序运行界面如图 8-80 所示。

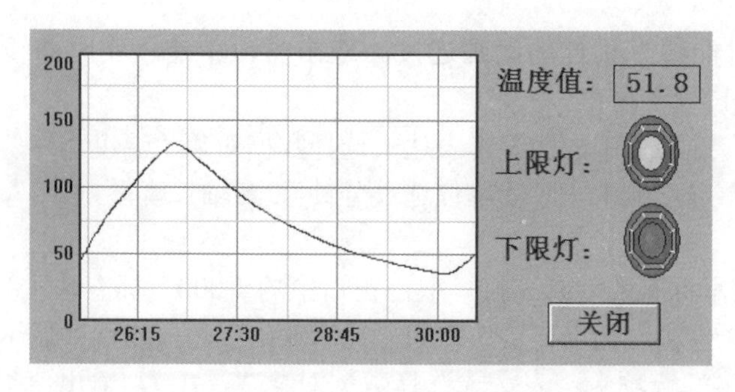

图 8-80　实训 16 运行界面

实训 17　锅炉温度检测与报警

一、学习目标

1．掌握用西门子 PLC 实现温度监控的硬件设计和连接方法。

2．掌握用 MCGS 编写西门子 PLC 温度监控程序的设计方法。

二、应用背景

1．锅炉简介

锅炉是一种能量转换设备，向锅炉输入的能量有燃料中的化学能、电能、高温烟气的热能等形式，经过锅炉转换向外输出具有一定热能的蒸汽或高温水。

图 8-81 所示是某锅炉产品图。

图 8-81　某锅炉产品图

锅炉中产生的热水或蒸汽可直接为工业生产和人民生活提供所需的热能，也可通过蒸汽动力装置转换为机械能，或再通过发电机将机械能转换为电能，其多用于火力发电厂、船舶、机车和工矿企业。

锅炉是一种能量转换的特种设备，它需要承受很高的压力、温度，常常会因为设计、制造、安装等不合理因素或者在使用管理不当的情况下造成事故。发生的事故往往后果严重，类似爆炸等，会造成严重的人身伤亡。为了预防这些锅炉事故，必须从锅炉的设计、制造、安装、使用、维修、保养等环节着手严格按照规章制度和标准进行。

2. 监控系统

锅炉是发电厂的主要生产设备，锅炉监控的任务是保证供给汽轮机及其他设备的蒸汽参数值（压力、温度等）符合一定的要求，维持汽包水位在允许的范围内，维持一定的炉膛负压，使设备安全经济运行。

锅炉是一个复杂的系统，有多个被调量和相应的调节变量。与上述调节任务有关的被调量主要是主蒸汽压力、主蒸汽温度、汽包水位、过剩空气系数、炉膛负压等。相应的调节变量有燃料量、减温水流量、给水流量、送风量、吸风量等。

这些被调量之间是相互关联的，改变其中一个调节变量会同时影响几个被调量。理想的锅炉自动调节系统应当是在受到某种扰动作用后能同时协调控制有关的调节机构，改变有关的调节变量，使所有被调量都保持在规定的范围内，从而使生产工况迅速恢复稳定。

通常锅炉主要有以下 3 个调节系统。

1）给水自动调节系统。汽包水位为被调量，给水流量为调节变量。

2）过热蒸汽温度自动调节系统。过热蒸汽温度为被调量，减温水流量为调节变量。

3）燃烧过程自动调节系统。它有 3 个被调量：主蒸汽压力、过剩空气系数和炉膛负压，它们相应的调节变量分别为燃料量、送风量和吸风量。上述 3 个被调量分别由主蒸汽压力、送风和炉膛负压 3 个调节系统进行调节和控制，3 者之间关系密切，共同组成燃烧过程自动调节系统。

上述 3 个调节系统可以由计算机集中监控，其主要结构如图 8-82 所示。

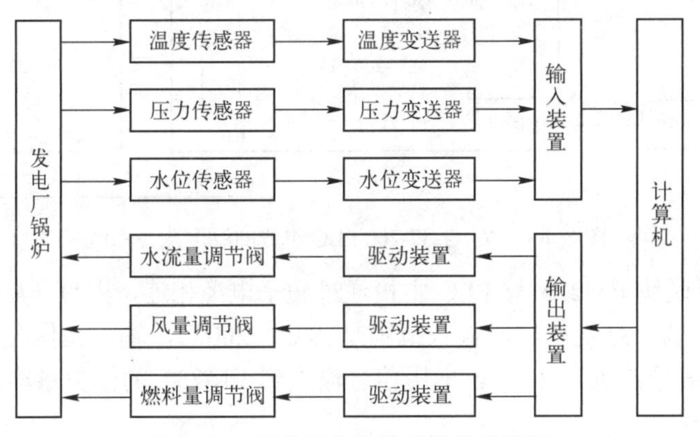

图 8-82 锅炉压力监控系统结构框图

温度传感器检测过热蒸汽温度，压力传感器检测主蒸汽压力和炉膛负压，水位传感器检测汽包水位，这些参数分别经温度变送器、压力变送器和水位变送器转换为电压信号（1～5V），然后通过输入装置送入计算机。输入装置可采用数据采集卡、远程 I/O 模块或 PLC。

计算机采集反映过热蒸汽温度、主蒸汽压力、炉膛负压和汽包水位等参数的电压信号，经分析、处理、判断，可显示测量值，绘制变化曲线，生成数据报表；当超过设定值时发出声光报警信号，生成报警信息列表等。

同时计算机根据需要发出控制指令，通过输出装置转换为可以推动水流量调节阀、风量调节阀和燃料量调节阀动作的电流信号；通过改变调节阀的阀门开度大小即可改变进入锅炉的水流量、送风量和燃油量的大小，从而达到控制锅炉温度、压力的目的。

下面通过实训，采用西门子 PLC 作为模拟量输入装置，使用 MCGS 组态软件编写 PC 端程序实现温度检测。

三、设计任务

采用 MCGS 编写程序实现 PC 与西门子 PLC 温度测控。要求：

1）采用 STEP 7-Micro/WIN 编程软件编写 PLC 程序，实现西门子 S7-200 PLC 温度监控。当测量温度小于下限值时，Q0.0 端口置位，当测量温度大于等于下限值且小于等于上限值时，Q0.0 和 Q0.1 端口复位，当测量温度大于上限值时，Q0.1 端口置位。

2）采用 MCGS 软件编写程序，实现 PC 与西门子 S7-200 PLC 温度监测，具体要求：读取并显示西门子 PLC 检测的温度值，绘制温度变化曲线；当测量温度小于下限值时，程序界面下限指示灯为红色，当测量温度大于等于下限值且小于等于上限值时，上、下限指示灯均为绿色，当测量温度大于上限值时，程序界面上限指示灯为红色。

四、硬件线路

将西门子 S7-200 PLC 的编程口通过 PC/PPI 编程电缆与 PC 的串口 COM1 连接起来，组成温度测控系统，如图 8-83 所示。

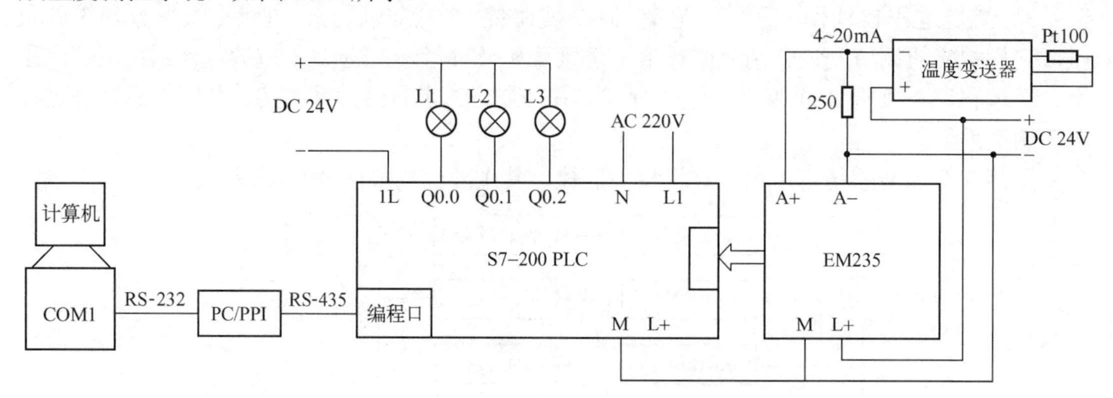

图 8-83　PC 与 S7-200 PLC 组成的温度测控系统

将模拟量扩展模块 EM235 与 PLC 主机通过扁平电缆相连，温度传感器 Pt100 热电阻接到温度变送器输入端，温度变送器输入范围是 0℃～200℃，输出范围是 4～200mA，经过 250Ω 电阻将电流信号转换为 1～5V 电压信号输入到 EM235 的模拟量输入 1 通道（CH1）输入端口 A+和 A−。

EM235 扩展模块的电源是 DC24V，一定要外接这个电源，而不可就近接 PLC 本身输出的 DC24V 电源，但两者一定要共地。EM235 空闲的输入端口一定要用导线短接以免干扰信号窜入，即将 RB、B+、B−短接，将 RC、C+、C−短接，将 RD、D+、D−短接。

为避免共模电压，应将主机 M 端、扩展模块 M 端与所有信号负端连接。在 DIP 开关设置中，将开关 SW1 和 SW6 设为 ON，其他的设为 OFF，以表示电压单极性输入，其范围是 0～5V。

五、任务实现

1. PLC 端温度监控程序

（1）PLC 梯形图

为了保证 S7-200PLC 能够正常与 PC 进行温度检测，需要在 PLC 中运行一段程序，如图 8-84 所示。

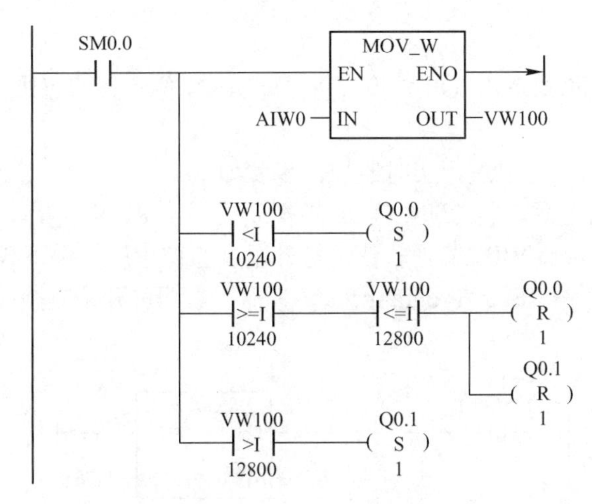

图 8-84　PLC 温度测控程序

程序设计思路：将采集到的电压数字量值（在寄存器 AIW0 中）送给寄存器 VW100。当 VW100 中的值小于 10240（代表 30℃）时，Q0.0 端口置位；当 VW100 中的值大于等于 10240（代表 30℃）且小于等于 12800（代表 50℃）时，Q0.0 和 Q0.1 端口复位；当 VW100 中的值大于 12800（代表 50℃）时，Q0.1 端口置位。

上位机组态程序读取寄存器 VW100 的数字量值，然后根据温度与数字量值的对应关系计算出温度测量值。

温度与数字量值的换算关系：0℃～200℃对应电压值 1～5V，0～5V 对应数字量值 0～32000，那么 1～5V 对应数字量值 6400～32000，因此 0℃～200℃对应数字量值 6400～32000，即温度值=(数字量值-6400)/128。

（2）程序下载

PLC 端程序编写完成后需将其下载到 PLC 才能正常运行。步骤如下：

1）接通 PLC 主机电源，将 RUN/STOP 转换开关置于 STOP 位置。

2）运行 STEP 7-Micro/WIN 编程软件，打开温度监控程序。

3）执行“File”→“Download”命令，打开“Download”对话框，单击“Download”按钮，即开始下载程序，如图 8-85 所示。

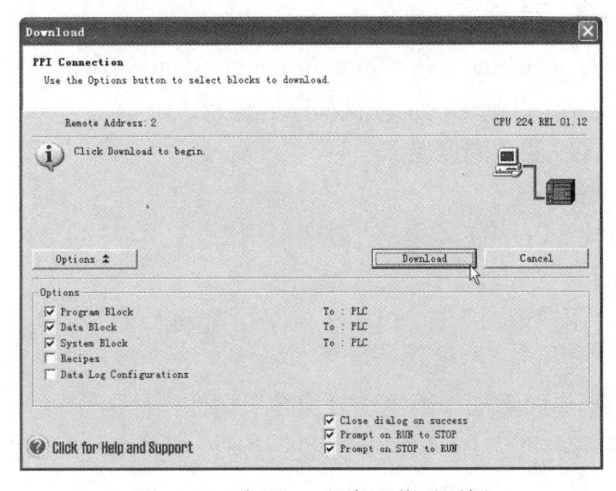

图 8-85　实训 17 程序下载对话框

4）程序下载完毕将 RUN/STOP 转换开关置于 RUN 位置，即可进行温度的监控。

（3）程序监控

PLC 端程序写入后，可以进行实时监控。步骤如下：

1）接通 PLC 主机电源，将 RUN/STOP 转换开关置于 RUN 位置。

2）运行 STEP 7-Micro/WIN 编程软件，打开温度监控程序，并下载。

3）执行“Debug”→“Start Program Status”命令，即可开始监控程序的运行，如图 8-86 所示。

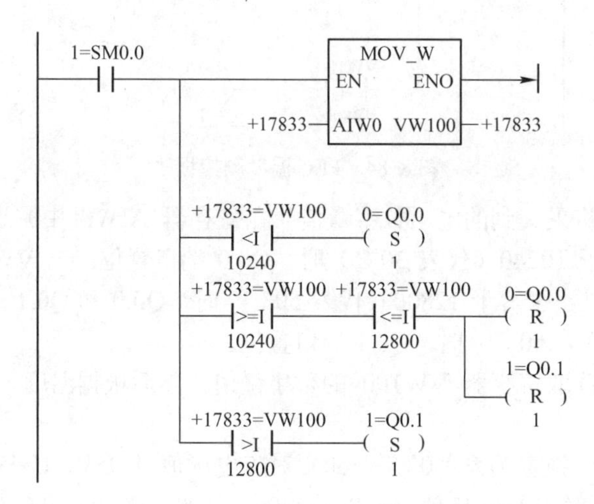

图 8-86　实训 17 PLC 监控程序

在监控界面中，寄存器 VW100 右边的黄色数字（如 17833）就是模拟量输入 1 通道的电压实时采集值（数字量形式，根据 0～5V 对应 0～32000，换算后的电压实际值为 2.786V，与万用表测量值相同），再根据 0℃～200℃对应电压值 1～5V，换算后的温度测量值为 89.32℃，改变测量温度，该数值随着改变。

当 VW100 中的值小于 10240（代表 30℃）时，Q0.0 端口置位；当 VW100 中的值大于等于 10240（代表 30℃）且小于等于 12800（代表 50℃）时，Q0.0 和 Q0.1 端口复位；当 VW100 中的值大于 12800（代表 50℃）时，Q0.1 端口置位。

4）监控完毕，执行“Debug”→“Stop Program Status”命令，即可停止监控程序的运行。注意：必须停止监控，否则影响上位机程序的运行。

2．PC 端采用 MCGS 实现温度监测

（1）建立新工程项目

工程名称：“温度检测”；窗口名称：“温度检测”。

（2）制作图形界面

在工作台窗口的“用户窗口”选项卡中，双击“温度检测”图标，进入“动画组态温度检测”窗口。

1）为所设计的图形界面添加 1 个“实时曲线”构件。

2）为所设计的图形界面添加 4 个“标签”构件，分别是“温度值：”“000”（保留边线）、“下限灯：”“上限灯：”。

3）为所设计的图形界面添加 2 个“指示灯”元件。

4）为所设计的图形界面添加 1 个“按钮”构件，将标题改为“关闭”。

设计的图形界面如图 8-87 所示。

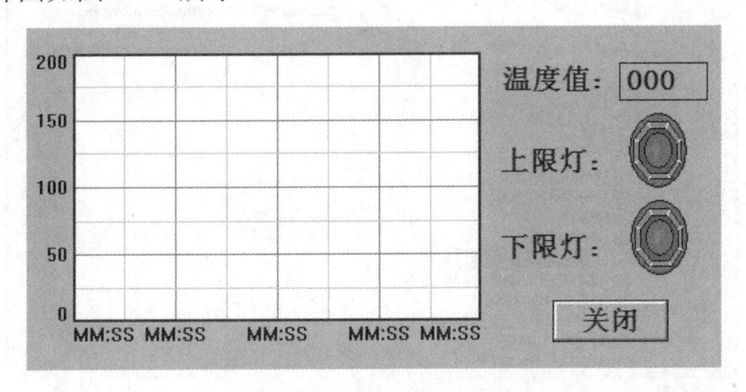

图 8-87 实训 17 图形界面

（3）定义数据对象

在工作台窗口中切换至“实时数据库”选项卡中。

1）定义 3 个数值型对象。对象名称为“温度”，最大值为“200”，对象类型选“数值”；对象名称为“数字量”，最大值为“32000”，对象类型选“数值”；对象名称为“电压”，对象类型选“数值”，最大值为“5”。

2）定义 2 个开关型对象。对象名称为“上限灯”，对象类型选“开关”；对象名称为“下限灯”，对象类型选“开关”。

建立的实时数据库如图 8-88 所示。

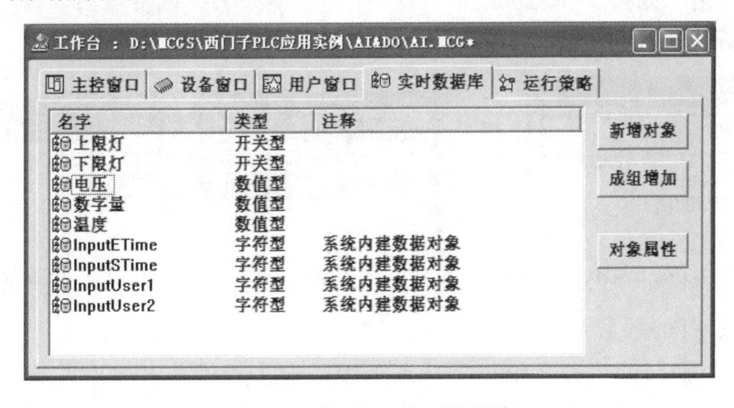

图 8-88 实训 17 实时数据库

（4）添加 PLC 设备

在工作台窗口的“设备窗口”选项卡中，双击“设备窗口”图标，系统弹出“设备组态：设备窗口”窗口，单击组态环境窗口工具条上的“工具箱”按钮，系统弹出“设备工具箱”对话框。单击“设备管理”按钮，系统弹出“设备管理”对话框。

1）在“设备管理”对话框的可选设备列表中双击“通用串口父设备”项，将其添加到右侧的选定设备列表中，如图 8-89 所示。

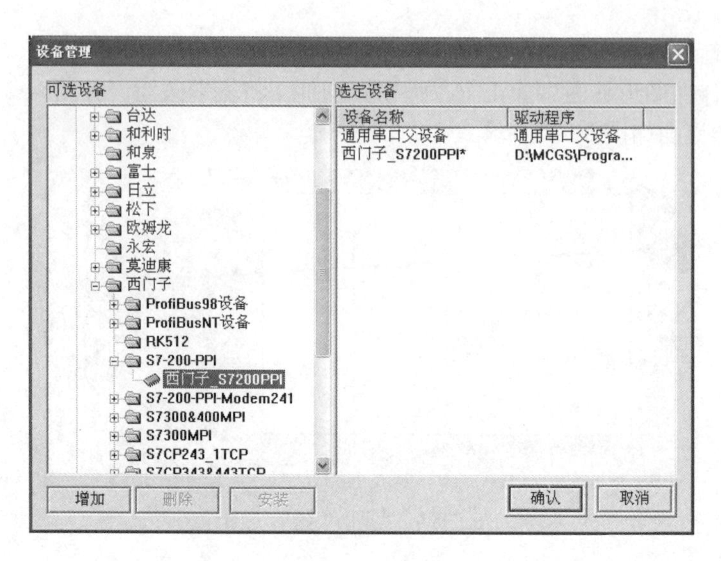

图 8-89　实训 17“设备管理”对话框

2）在“设备管理”对话框，执行“所有设备”→“PLC 设备”→“西门子”→“S7-200 -PPI”→“西门子_S7200PPI”选项，单击“增加”按钮，将“西门子_S7200PPI”添加到右侧的选定设备列表中，如图 8-89 所示。单击“确认”按钮，选定的设备“通用串口父设备”和“西门子_S7200PPI”添加到“设备工具箱”对话框中，如图 8-90 所示。

3）在“设备工具箱”对话框中双击“通用串口父设备”项，在“设备组态：设备窗口”窗口中出现“通用串口父设备 0-[通用串口父设备]”。使用同样的方法，在“设备工具箱”对话框中双击“西门子_S7200PPI”项，在“设备组态：设备窗口”窗口中会出现“设备 0-[西门子_S7200PPI]”，至此设备添加完成，如图 8-91 所示。

图 8-90　实训 17“设备工具箱”对话框

图 8-91　实训 17“设备组态：设备窗口”窗口

（5）设备属性设置

1）在工作台窗口的“设备窗口”选项卡中，双击“设备窗口”图标，出现“设备组态：设备窗口”窗口。在“设备组态：设备窗口”窗口中双击“通用串口父设备 0-[通用串口父设备]”，系统弹出“通用串口设备属性编辑”对话框。

在“基本属性”选项卡中，串口端口号选“0-COM1”，通信波特率选“6-9600”，数据位位数选“1-8 位”，停止位位数选“0-1 位”，数据校验方式选“2-偶校验”，如图 8-92 所示，参数设置完毕，单击“确认”按钮。

2）在“设备组态：设备窗口”窗口中双击“设备 0-[西门子_S7200PPI]”，系统弹出“设备属性设置”对话框，如图 8-93 所示。

通用串口设备属性编辑

基本属性 | 电话连接

设备属性名	设备属性值
设备名称	通用串口父设备0
设备注释	通用串口父设备
初始工作状态	1 - 启动
最小采集周期(ms)	1000
串口端口号(1~255)	0 - COM1
通讯波特率	6 - 9600
数据位位数	1 - 8位
停止位位数	0 - 1位
数据校验方式	2 - 偶校验
数据采集方式	0 - 同步采集

检查(K) 确认(Y) 取消(C) 帮助(H)

图 8-92 实训 17“通用串口设备属性编辑”对话框

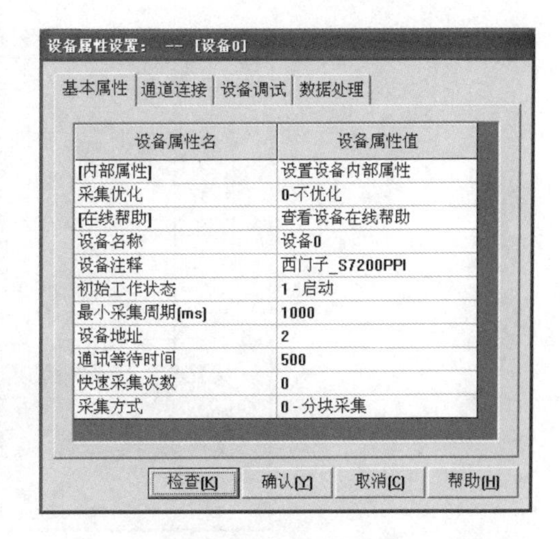

图 8-93 实训 17“设备属性设置”对话框

在“基本属性”选项卡中，选择“设置设备内部属性”项，出现 ... 图标，单击该图标，系统弹出“西门子_S7200PPI 通道属性设置”对话框，如图 8-94 所示。

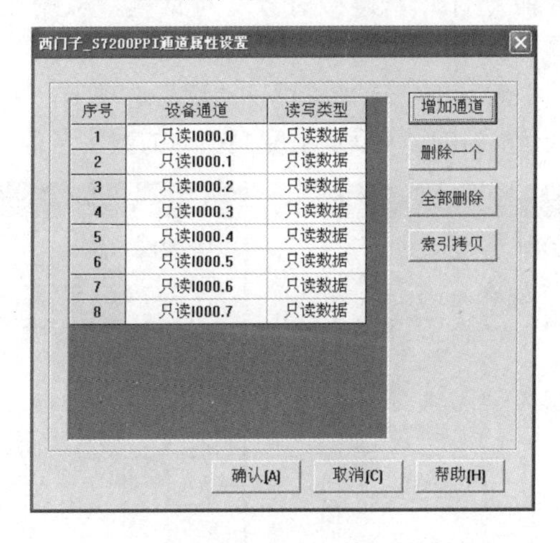

图 8-94 实训 17“西门子_S7200PPI 通道属性设置”对话框

单击“增加通道”按钮，系统弹出“增加通道”对话框，寄存器类型选择“V 寄存器”，数据类型选“16 位无符号二进制”，寄存器地址设为“100”，通道数量设为“1”，操作方式选“只读”，如图 8-95 所示。单击“确认”按钮，“西门子_S7200PPI 通道属性设置”对话框中会出现新增加的通道 9“只读 VWUB100”，如图 8-96 所示。

增加通道

寄存器类型: V寄存器　数据类型: 16位 无符号二进

寄存器地址: 100　通道数量: 1

操作方式: 只读　只写　读写

确认　取消

图 8-95 实训 17“增加通道”对话框

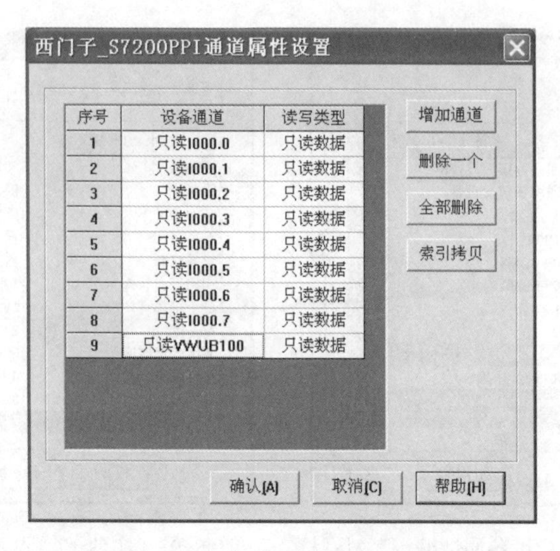

图 8-96 实训 17 设备新增通道

3）在“设备属性设置”对话框中选择“通道连接”选项卡，选中 9 通道对应数据对象单元格，右击，通过选择命令打开“连接对象”对话框，双击要连接的数据对象“数字量”，通道连接完成后如图 8-97 所示。

4）在“设备属性设置”对话框中选择“设备调试”选项卡，可以看到西门子 PLC 模拟量扩展模块模拟量输入通道输入电压（反映温度大小）的数字量值，如图 8-98 所示。

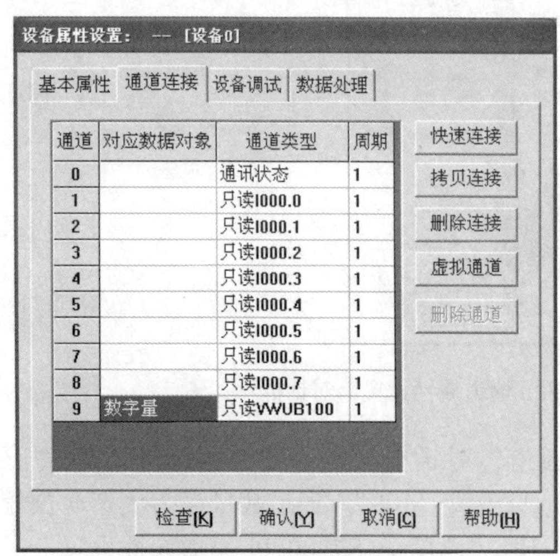

图 8-97 实训 17 设备通道连接

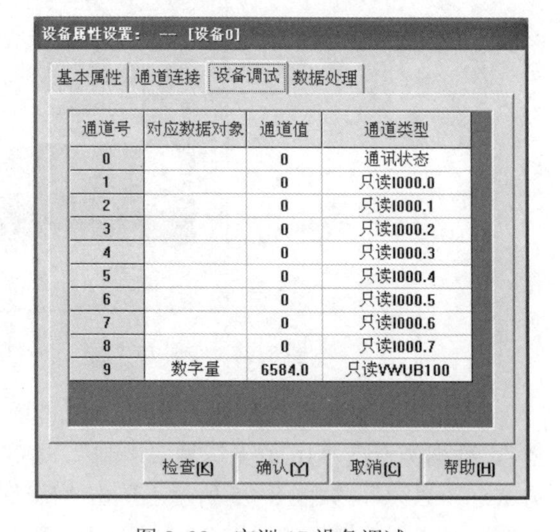

图 8-98 实训 17 设备调试

（6）建立动画连接

在工作台窗口的“用户窗口”选项卡中，双击“温度检测”图标，进入“动画组态温度检测”窗口。

1）建立“实时曲线”构件的动画连接。双击窗口中的实时曲线构件，系统弹出“实时曲线构件属性设置”对话框。

在“画笔属性”选项卡中，曲线 1 表达式选择数据对象“温度”。

在“标注属性”选项卡中，时间单位选择“分钟”，*X* 轴长度设为“2”，*Y* 轴标注最大值设为“200”。

2）建立温度显示标签的动画连接。双击窗口中的“000”标签，系统弹出“动画组态属性设置”对话框，选择“输入输出连接”中的“显示输出”项，出现“显示输出”选项卡。

选择“显示输出”选项卡，表达式选择数据对象“温度”，输出值类型选择“数值量输出”，输出格式选择“向中对齐”，整数位数设为“3”，小数位数设为“1”。

3）建立“指示灯”元件的动画连接。双击窗口中上限指示灯元件，系统弹出“单元属性设置”对话框。在“动画连接”选项卡中，图元名选择“组合图符”，连接类型选“可见度”，单击连接表达式中的“>”按钮，系统弹出“动画组态属性设置”对话框，在“可见度”选项卡中，表达式选择数据对象“上限灯”。

使用同样的方法，完成下限指示灯元件的动画连接。

4）建立按钮对象的动画连接。双击“关闭”按钮对象，出现“标准按钮构件属性设置”对话框。在“操作属性”选项卡中，按钮对应的功能选择“关闭用户窗口”，在右侧的下拉列表框中选择“温度检测”。

（7）策略编程

在工作台窗口中选择“运行策略”选项卡，双击“循环策略”项，系统弹出“策略组态：循环策略”编辑窗口。

单击组态环境窗口工具条中的“新增策略行”按钮，启动策略编辑窗口，在其中出现新增策略行，添加“脚本程序”策略块，在“脚本程序”编辑窗口输入图 8-99 所示程序。

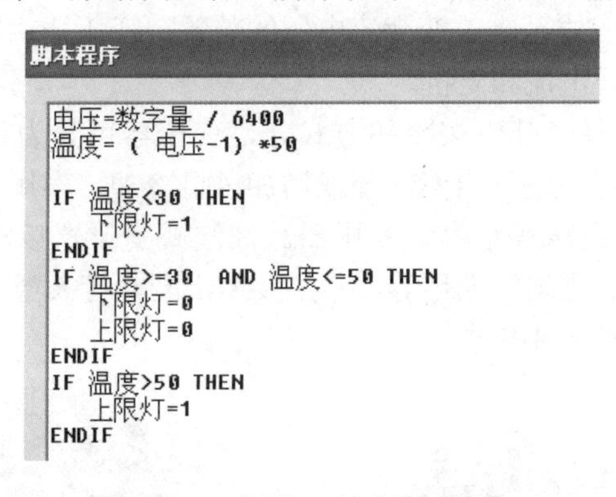

图 8-99　实训 17 输入脚本程序

关闭“策略组态：循环策略”编辑窗口，保存程序，返回到工作台“运行策略”选项卡，选择“循环策略”项，单击“策略属性”按钮，系统弹出“策略属性设置”对话框，将策略执行方式定时循环时间设置为 1000ms，单击“确认”按钮完成设置。

（8）调试与运行

保存工程，将“温度检测”窗口设为启动窗口，运行工程。

此时 PC 读取并显示西门子 S7-200PLC 检测的温度值，绘制温度变化曲线。当测量温度小于下限值 30℃时，程序界面下限指示灯改变颜色，PLC 的 Q0.0 端口置位；当测量温度大于等于下限值 30℃且小于等于上限值 50℃时，程序界面上下限指示灯颜色相同，Q0.0 和 Q0.1 端口复位；当测量温度大于上限值 50℃时，程序界面上限指示灯改变颜色，Q0.1 端口置位。

程序运行界面如图 8-100 所示。

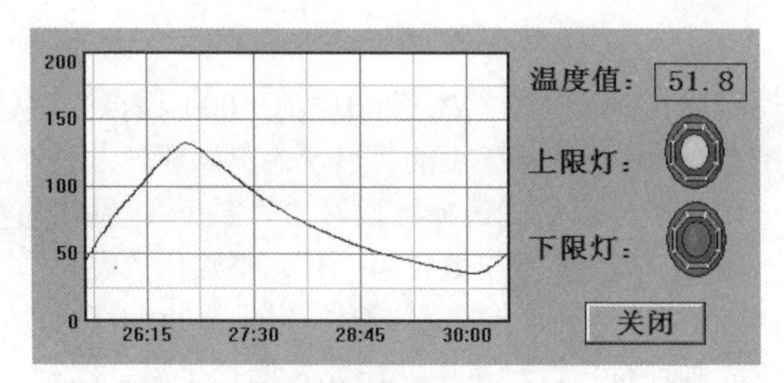

图 8-100　实训 17 运行界面

实训 18　变压器温度检测与报警

一、学习目标

1. 掌握用远程 I/O 模块实现温度检测与控制的硬件设计和连接方法。
2. 掌握用 MCGS 编写远程 I/O 模块温度检测与控制程序的设计方法。

二、应用背景

1. 变压器简介

变压器是利用电磁感应原理来改变交流电压的装置。变压器由铁心（或磁心）和线圈组成，它可以变换交流电压、电流和阻抗。

变压器的分类方法很多，其中按冷却方式分，变压器可分为干式变压器和油浸式变压器。干式变压器依靠空气对流进行自然冷却或增加风机冷却，多用于高层建筑、高速收费站点用电及局部照明，电子线路等小容量变压器。油浸式变压器以油为冷却介质、如油浸自冷、油浸风冷、油浸水冷、强迫油循环等，其主要用于配电等大容量变压器。

油浸式变压器产品如图 8-101 所示。

图 8-101　油浸式变压器产品图

油浸式变压器的器身（绕组及铁心）都装在充满变压器油的油箱中。油浸式电力变压器在运行中，绕组和铁心的热量先传给油，然后通过油传给冷却介质。

国家标准规定：强迫油循环风冷变压器的上层油温不得超过 75℃，其最高不得超过 85℃；油浸自冷式、油浸风冷式变压器的上层油温不得超过 85℃，最高不得超过 95℃；油浸风冷变压器在风扇停止工作时，上层油温不得超过 55℃。

如果油温超过规定值，可能是变压器严重超负荷、电压过低、电流过大、内部有故障等，此时继续运行会严重损坏其绝缘装置，缩短使用寿命或烧毁变压器，因此必须对变压器油温进行监测与控制，以保证变压器的正常运行和使用安全。

2．监控系统

某发电厂变压器油温监控系统如图 8-102 所示。系统由计算机、温度传感器、信号调理电路、显示仪表、输入装置、输出装置、驱动电路、风扇等部分组成。

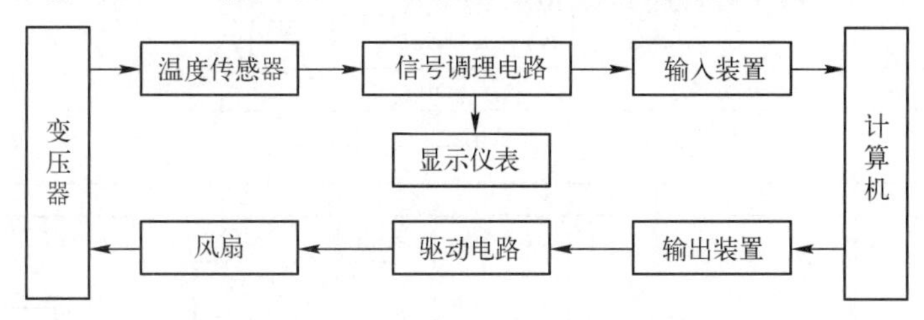

图 8-102　变压器油温监控系统结构框图

温度传感器检测变压器上层油温，通过调理电路转换为电压信号，一方面送入现场显示仪表显示油温，供现场观察，另一方面经输入装置传送给监控中心计算机显示、处理、记录和判断。当上层油温超过规定上限温度值时，计算机经输出装置发出控制信号，驱动风扇转动以降低油温。

调理电路可采用温度变送器，将温度变化转换为 1～5V 标准电压值；输入/输出装置可采用 PLC 或远程 I/O 模块，如果距离较近，也可采用数据采集卡。

变压器油温检测传感器和显示仪表产品如图 8-103 所示。

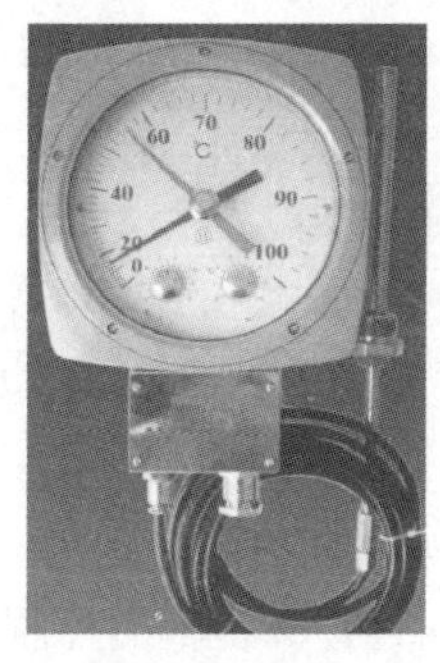

图 8-103　变压器油温检测传感器和显示仪表产品图

变压器油温监控系统是一个典型的闭环控制系统。

下面通过实训，采用远程 I/O 模块作为模拟量输入和开关量输出装置，使用 MCGS 组态软件编写 PC 端程序实现温度检测与控制。

三、设计任务

采用 MCGS 编写程序实现 PC 与远程 I/O 模块温度检测与控制。要求：

1）自动连续读取并显示温度测量值。

2）绘制测量温度实时变化曲线。

3）实现温度上下限开关控制与报警信息显示。

四、硬件线路

PC 与 ADAM4000 系列远程 I/O 模块组成的温度测控系统如图 8-104 所示。

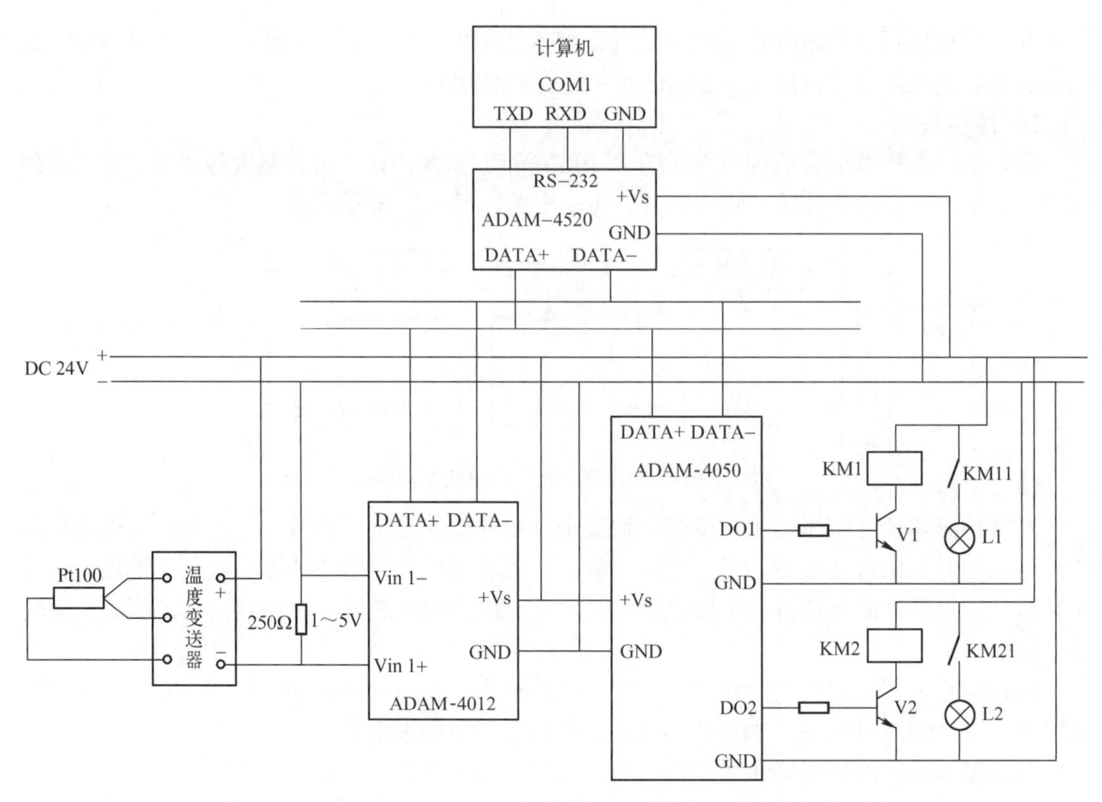

图 8-104 PC 与 ADAM4000 系列远程 I/O 模块组成的温度测控系统

图 8-104 中，ADAM-4520 串口与 PC 的串口 COM1 连接，并转换为 RS-485 总线；ADAM-4012 的 DATA+和 DATA−分别与 ADAM-4520 的 DATA+和 DATA−连接；ADAM-4050 的 DATA+和 DATA−分别与 ADAM-4520 的 DATA+和 DATA−连接。

温度传感器 Pt100 热电阻检测温度变化，通过温度变送器（测量范围 0℃～200℃）将其转换为 4～20mA 电流信号，其经过 250Ω 电阻被转换为 1～5V 电压信号后送入 ADAM-4012 模块的模拟量输入通道。温度与电压的转换关系是温度值=(电压值−1)×50。

当检测温度大于等于计算机程序设定的上限值时，计算机输出控制信号，使 ADAM-4050 模块数字量输出 1 通道 DO1 引脚置高电平，晶体管 V1 导通，继电器 KM1 常开开关 KM11 闭合，指示灯 L1 亮；当检测温度小于等于计算机程序设定的下限值时，计算机输出控制信号，使 ADAM-4050 模块数字量输出 2 通道 DO2 引脚置高电平，晶体管 V2 导通，继电器 KM2 常开开关 KM21 闭合，指示灯 L2 亮；当检测温度大于计算机程序设定的下限值且小于计算机设定的上限值时，计算机输出控制信号，使 ADAM-4050 模块数字量输出 1 通道 DO1 引脚置低电平，晶体管 V1 截止，继电器 KM1 常开开关 KM11 断开，指示灯 L1 灭，同时使 ADAM-4050 模块数字量输出 2 通道 DO2 引脚置低电平，三极管 V2 截止，继电器 KM2 常开开关 KM21 断开，指示灯 L2 灭。

测试前需安装模块的驱动程序，并将 ADAM-4012 的地址设为 01，将 ADAM-4050 的地址设为 02。

五、任务实现

1. 建立新工程项目

双击桌面“MCGS 组态环境”图标，进入 MCGS 组态环境。

1）单击“文件”菜单，从菜单中选择“新建工程”命令，出现工作台窗口。

2）单击“文件”菜单，从菜单中选择“工程另存为”命令，系统弹出“保存为”对话框，将文件名改为“远程模块温度监控”，单击“保存”按钮，进入工作台窗口。

3）单击工作台窗口的“用户窗口”选项卡中的“新建窗口”按钮，“用户窗口”选项卡中出现新建“窗口 0”。

4）单击“窗口 0”，单击“窗口属性”按钮，系统弹出“用户窗口属性设置”对话框。将窗口名称改为“主界面”，窗口标题改为“主界面”，窗口位置选择“最大化显示”，单击“确认”按钮。

5）按照步骤 3）～步骤 4）的方法同样建立 2 个用户窗口，窗口名称分别为“实时曲线”和“报警信息”；窗口标题分别为“实时曲线”和“报警信息”，窗口位置均选择“任意摆放”。

6）选择工作台窗口的“用户窗口”选项卡中的“主界面”窗口图标，右击，在弹出的快捷菜单中选择“设置为启动窗口”命令。

2. 制作图形界面

（1）“主界面”窗口

在工作台窗口的“用户窗口”选项卡中，双击“实时曲线”图标，进入界面开发系统。

1）通过工具箱“插入元件”工具为所设计的图形界面添加 1 个“仪表”元件。

2）通过工具箱为所设计的图形界面添加 5 个“标签”构件，分别为“当前温度值：”“上限温度值：”“下限温度值：”“上限报警灯：”和“下限报警灯：”，所有标签的边线颜色均设置为“无边线颜色”（双击标签可进行设置）。

3）通过工具箱为所设计的图形界面添加 3 个“输入框”构件。单击工具箱中的“输入框”构件图标，然后将鼠标指针移动到界面上，单击空白处并拖动鼠标，画出适当大小的矩形框，所设计的图形界面中出现“输入框”构件。

4）通过工具箱“插入元件”工具为所设计的图形界面添加 2 个“指示灯”元件。

设计的“主界面”窗口如图 8-105 所示。

（2）“实时曲线”窗口

在工作台窗口的“用户窗口”选项卡中，双击“实时曲线”图标，进入界面开发系统。

1）通过工具箱为所设计的图形界面添加 1 个“实时曲线”构件。

2）通过工具箱为所设计的图形界面添加 1 个“标签”构件，名称为“实时曲线”，标签的边线颜色均设置为“无边线颜色”（双击标签可进行设置）。

设计的“实时曲线”窗口如图 8-106 所示。

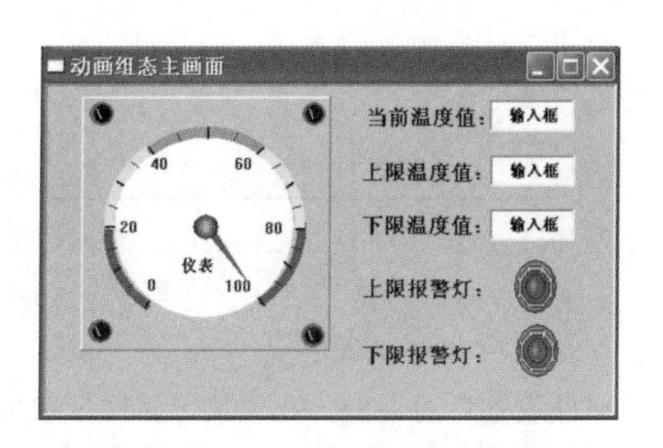

图 8-105 实训 18“主界面”窗口

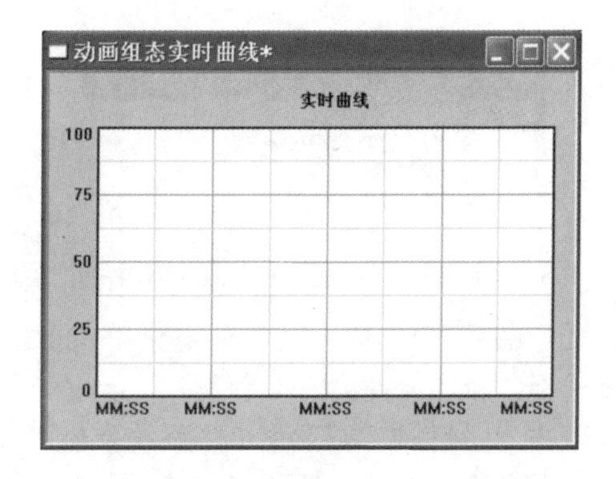

图 8-106 实训 18“实时曲线”窗口

(3)“报警信息”窗口

在工作台窗口的“用户窗口”选项卡中，双击“报警信息”图标，进入界面开发系统。

1）通过工具箱为所设计的图形界面添加 1 个“标签”构件，名称为“报警信息”，标签的边线颜色设置为“无边线颜色”。

2）通过工具箱为所设计的图形界面添加 1 个“报警显示”构件。单击工具箱中的“报警显示”构件图标，然后将鼠标指针移动到窗口上，单击空白处并拖动鼠标，画出适当大小的矩形框，所设计的图形界面中出现“报警显示”构件。

设计的“报警信息”窗口如图 8-107 所示。

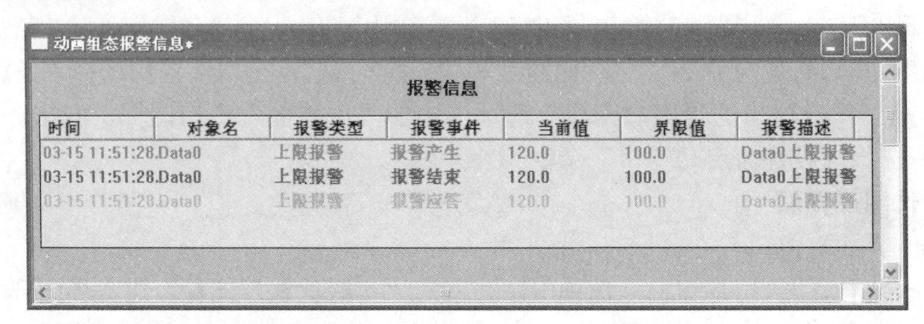

图 8-107　实训 18“报警信息”窗口

3．菜单设计

1）在工作台窗口的“主控窗口”选项卡中，单击“菜单组态”按钮，系统弹出“菜单组态：运行环境菜单”窗口，如图 8-108 所示。右击“系统管理［&S］”项，系统弹出快捷菜单，选择“删除菜单”命令，清除自动生成的系统默认菜单。

2）单击“MCGS 组态环境”窗口的工具条中的“新增菜单项”按钮，生成“［操作 0］”菜单。双击“［操作 0］”菜单，系统弹出“菜单属性设置”对话框。在“菜单属性”选项卡中，将菜单名设为“系统”，菜单类型选择“下拉菜单项”，如图 8-109 所示。单击“确认”按钮，就可生成“系统”菜单。

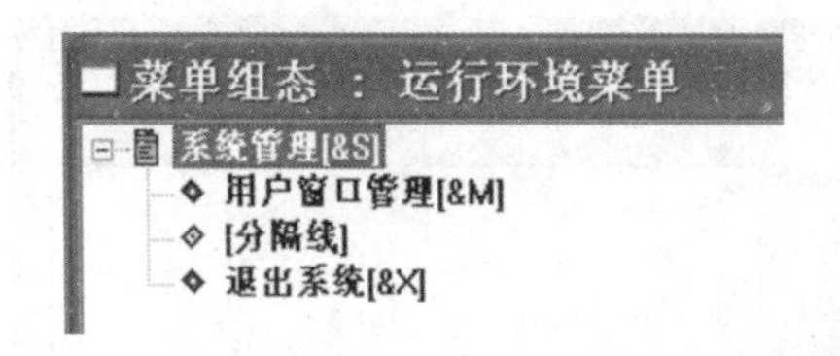

图 8-108　实训 18“菜单组态：运行环境菜单”窗口

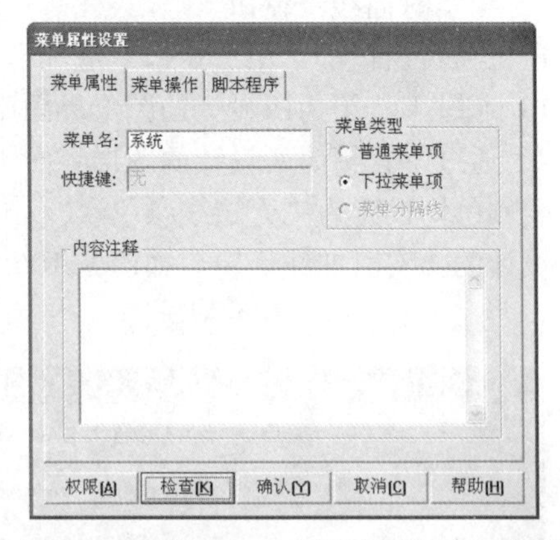

图 8-109　实训 18“菜单属性设置”对话框

3）在“菜单组态：运行环境菜单”窗口中选择“系统”菜单，右击，系统弹出快捷菜单，选择“新增下拉菜单”命令，可新增一个下拉菜单“［操作集 0］”。

双击“［操作集 0］”菜单，系统弹出“菜单属性设置”对话框，在“菜单属性”选项卡中，将菜单名改为“退出[X]”，菜单类型选择“普通菜单项”，将光标定位在快捷键输入框中，同时按键盘上的 Ctrl 和 X 键，则输入框中出现“Ctrl+X”，如图 8-110 所示。在“菜单操作”选项卡中，菜单对应的功能选择“退出运行系统”，单击右侧的下三角按钮，在弹出的下拉列表中选择“退出运行环境”，如图 8-111 所示。单击“确认”按钮，设置完毕。

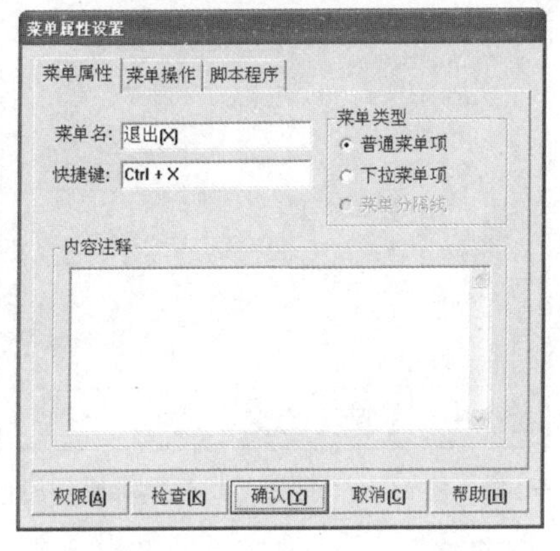

图 8-110　实训 18“退出”菜单属性设置

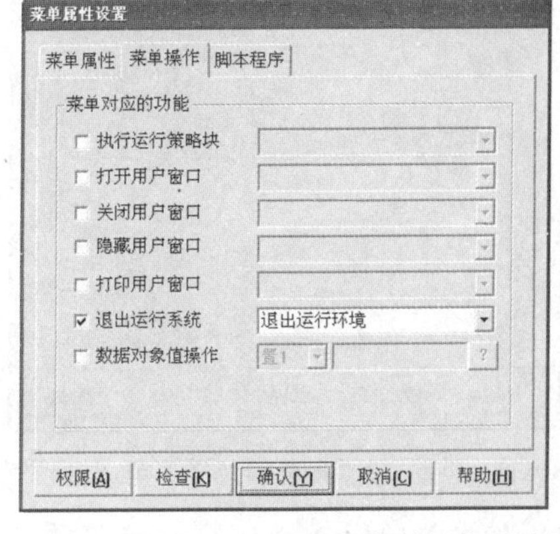

图 8-111　实训 18 “退出”菜单操作属性设置

4）再次单击工具条中的“新增菜单项”按钮，生成“[操作 0]”菜单。双击“[操作 0]”菜单，系统弹出“菜单属性设置”对话框。在“菜单属性”选项卡中，将菜单名改为“功能”，菜单类型选择“下拉菜单项”，单击“确认”按钮，生成“功能”菜单。

5）在“菜单组态：运行环境菜单”窗口中选择“功能”菜单，右击，系统弹出快捷菜单，选择“新增下拉菜单”命令，新增 1 个下拉菜单“[操作集 0]”。

双击“[操作集 0]”菜单，系统弹出“菜单属性设置”对话框，在“菜单属性”选项卡中，将菜单名设为“实时曲线”，菜单类型选择“普通菜单项”，如图 8-112 所示；在“菜单操作”选项卡中，菜单对应的功能选择“打开用户窗口”，在右侧的下拉列表框中选择“实时曲线”，如图 8-113 所示。单击“确认”按钮，设置完毕。

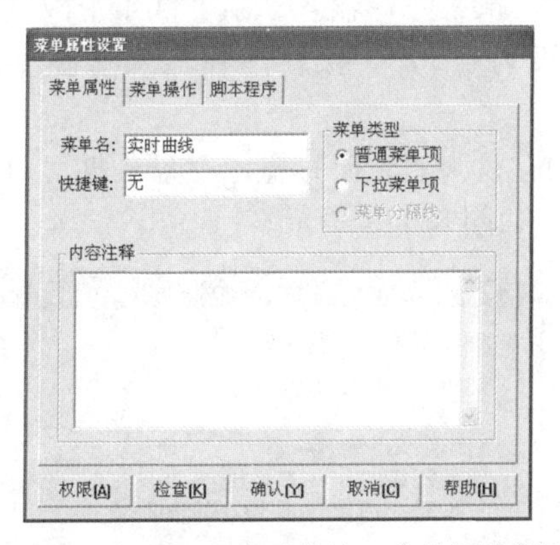

图 8-112　实训 18“实时曲线”菜单属性设置

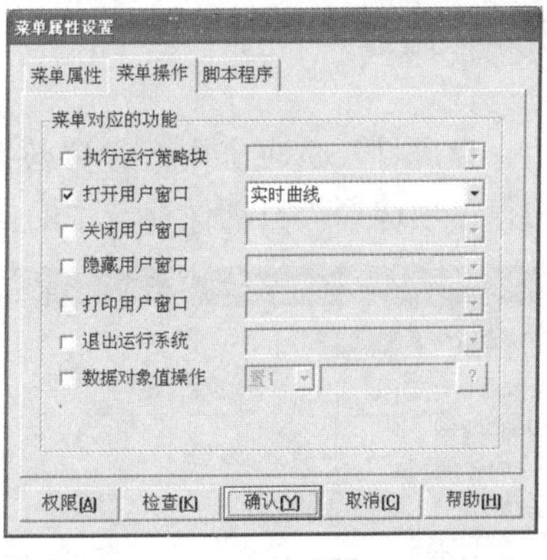

图 8-113　实训 18“实时曲线”菜单操作属性设置

6）在“菜单组态：运行环境菜单”窗口中选择“功能”菜单，右击，系统弹出快捷菜单，选择“新增下拉菜单”命令，新增一个下拉菜单“[操作集 0]”。

双击“[操作集 0]”菜单，系统弹出“菜单属性设置”对话框，在“菜单属性”选项卡中，将菜单名设为“报警信息”，菜单类型选择“普通菜单项”，如图 8-114 所示；在“菜单操作”选项卡中，菜单对应的功能选择“打开用户窗口”，在右侧的下拉列表框中选择“报警信息”，如图 8-115 所示。单击“确认”按钮，设置完毕。

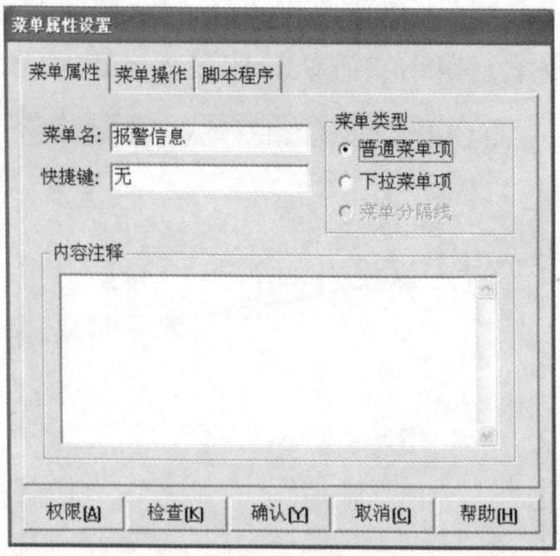

图 8-114　实训 18“报警信息”菜单属性设置

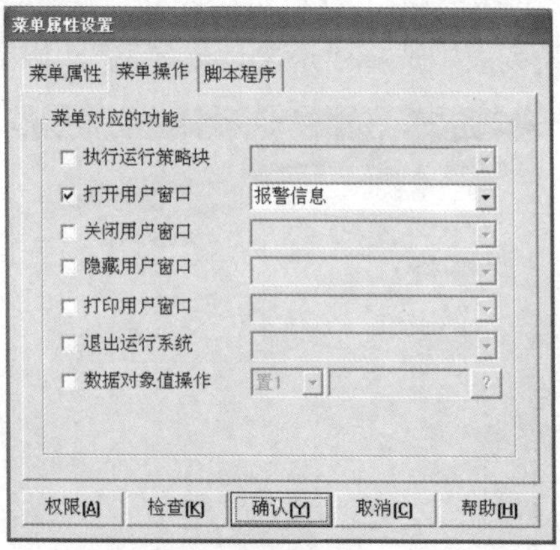

图 8-115　实训 18“报警信息”菜单操作属性设置

7）在“菜单组态：运行环境菜单”窗口中分别选择“退出[X]”“实时曲线”和“报警信息”菜单项，右击，系统弹出快捷菜单，选择“菜单右移”命令，可将已选择的 3 个菜单项右移；选择“菜单上移”命令，可以调整“实时曲线”和“报警信息”菜单的上下位置。

设计完成的菜单结构如图 8-116 所示。

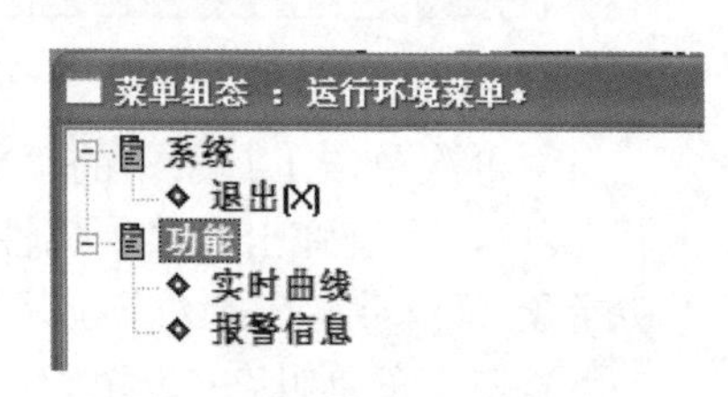

图 8-116　实训 18 菜单结构

4．定义数据对象

1）新增对象，在“基本属性”选项卡中，对象名称改为“温度”，小数位数设为“1”，最小值设为“0”最大值设为“200”，对象类型选择“数值”。

在“报警属性”选项卡中，选择“允许进行报警处理”复选框，“报警设置”选项组被激活。选择其中的“下限报警”，报警值设为“20”，报警注释输入“温度低于下限!”，如图 8-117 所示；选择其中的“上限报警”，报警值设为“50”，报警注释输入“温度高于上限!”。

在“存盘属性”选项卡中，设置数据对象值的存盘为“定时存盘，存盘周期 1 秒”，报警数值的存盘项选择“自动保存产生的报警信息”，如图 8-118 所示。

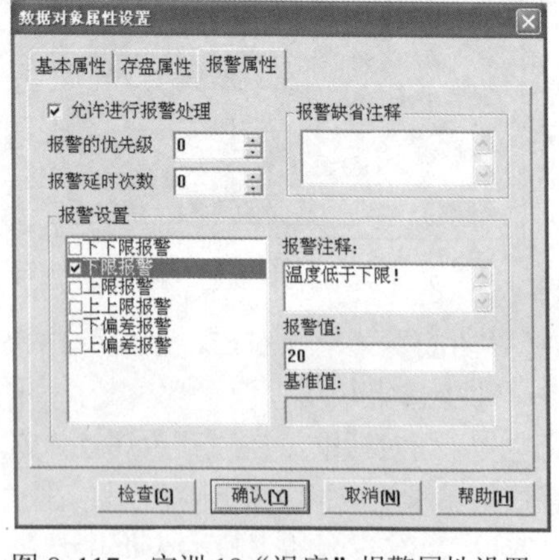

图 8-117　实训 18“温度”报警属性设置

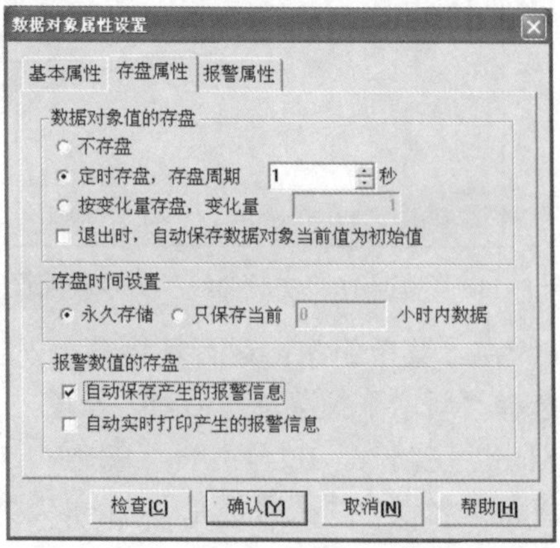

图 8-118　实训 18“温度”存盘属性设置

单击“确认”按钮，“温度”报警设置完毕。

2）新增对象，在“基本属性”选项卡中，对象名称改为“电压”，小数位数设为“2”，最小值设为“0”，最大值设为“10”，对象类型选择“数值”。

3）新增对象，在“基本属性”选项卡中，对象名称改为“温度上限”，对象类型选“数值”，小数位设为“0”，对象初值设为“50”，最小值设为“50”，最大值设为“200”。

4）新增对象，在“基本属性”选项卡中，对象名称改为“温度下限”，对象类型选“数值”，小数位设为“0”，对象初值设为“20”，最小值设为“20”，最大值设为“40”。

5）新增对象，在“基本属性”选项卡中，对象名称改为“上限灯”，对象初值为设为“0”，对象类型选择“开关”。

6）新增对象，在“基本属性”选项卡中，对象名称改为“下限灯”，对象初值为设为“0”，对象类型选择“开关”。

7）新增对象，在“基本属性”选项卡中，对象名称改为“上限开关”，对象初值为设为“0”，对象类型选择“开关”。

8）新增对象，在“基本属性”选项卡中，对象名称改为“下限开关”，对象初值为设为“0”，对象类型选择“开关”。

建立的实时数据库如图 8-119 所示。

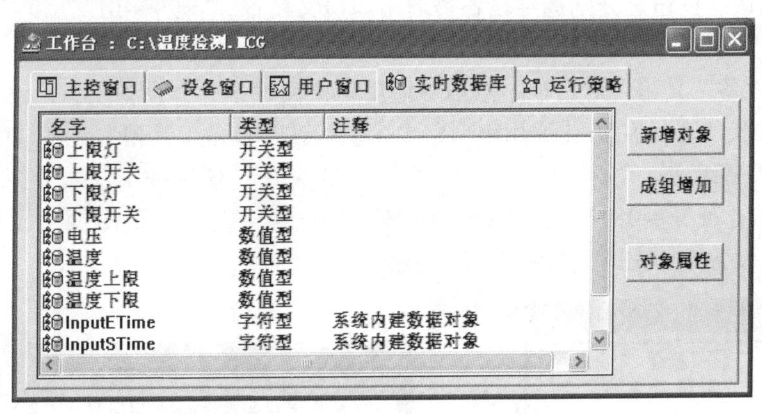

图 8-119　实训 18 实时数据库

5. 添加模块设备

在工作台窗口的“设备窗口”选项卡中，双击“设备窗口”图标，出现“设备组态：设备窗口”窗口，单击组态环境窗口工具条上的“工具箱”按钮，系统弹出“设备工具箱”对话框。

1）单击“设备管理”按钮，系统弹出“设备管理”对话框。在可选设备列表中双击“通用串口父设备”项，将其添加到右侧的“选定设备”列表中，如图 8-120 所示。

2）在“设备管理”对话框中，选择“所有设备”→“智能模块”→“研华模块”→“ADAM4000”→“研华-4050”选项，单击“增加”按钮，将“研华-4050”添加到右侧的“选定设备”列表中，如图 8-120 所示。

3）在“设备管理”对话框中，选择“所有设备”→“智能模块”→“研华模块”→“ADAM4000”→“研华-4012”选项，单击“增加”按钮，将“研华-4012”添加到右侧的“选定设备”列表中，如图 8-120 所示。

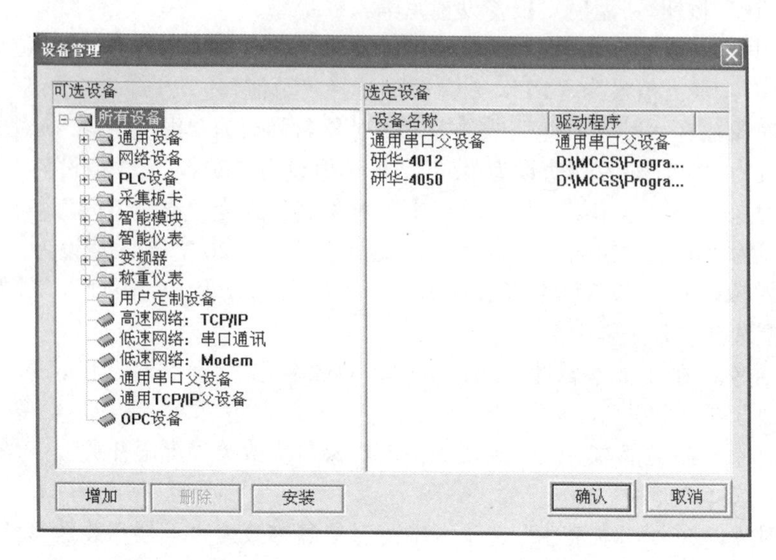

图 8-120　实训 18“设备管理”对话框

单击“确认”按钮，分别选定设备“通用串口父设备”“研华-4012”和“研华-4050”，将它们添加到“设备工具箱”对话框中，如图 8-121 所示。

4）在“设备工具箱”对话框中双击“通用串口父设备”，“设备组态：设备窗口”窗口中出现“通用串口父设备 0-［通用串口父设备]”；在“设备工具箱”对话框中双击“研华-4012”项，“设备组态：设备窗口”窗口中出现“设备 0-［研华-4012]”；在“设备工具箱”对话框中双击“研华-4050”项，“设备组态：设备窗口”窗口中出现“设备 1-［研华-4050]”，至此设备添加完成，如图 8-122 所示。

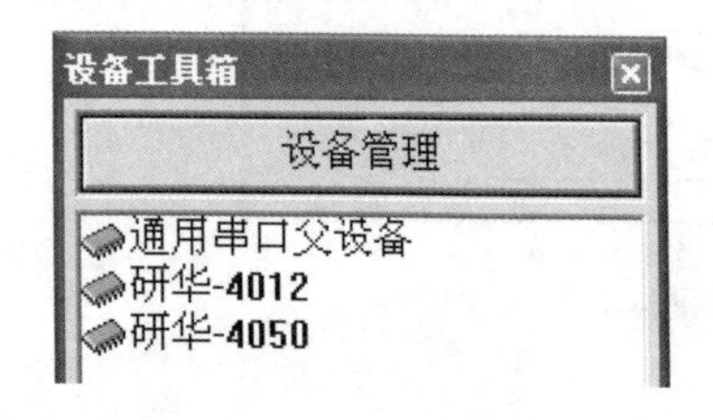

图 8-121　实训 18“设备工具箱”对话框

图 8-122　实训 18“设备组态：设备窗口”窗口

6．设备属性设置

在工作台窗口的“设备窗口”选项卡中，双击“设备窗口”图标，出现“设备组态：设备窗口”窗口。

1）双击“通用串口父设备 0-［通用串口父设备]”项，系统弹出“通用串口设备属性编辑”对话框。在“基本属性”选项卡中，串口端口号选“0-COM1”，通信波特率选“6-9600”，数据位位数选“1-8 位”，停止位位数选“0-1 位”，数据校验方式选“0-无校验”，参数设置完毕，单击“确认”按钮，如图 8-123 所示。

2）双击“设备 0-［研华-4012]”项，系统弹出“设备属性设置”对话框，在“基本属性”选项卡中将设备地址设为“1”，如图 8-124 所示。

图 8-123　实训 18“通用串口设备属性编辑”对话框

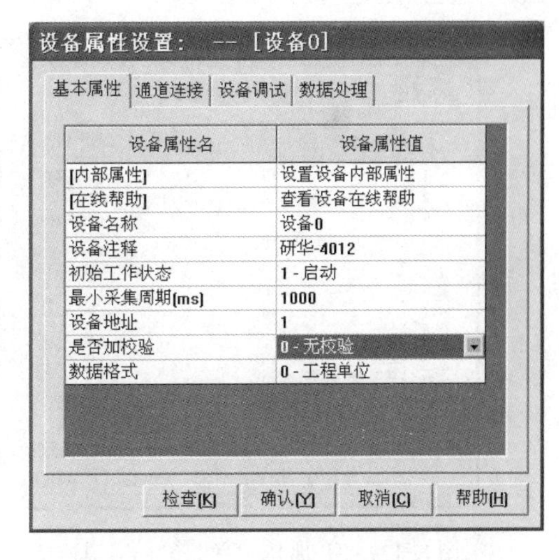

图 8-124　实训 18“设备属性设置”对话框

在“通道连接”选项卡中，选择 1 通道对应数据对象单元格，右击，通过选择命令打开“连接对象”对话框，双击要连接的数据对象“电压”(或者直接在单元格中输入“电压”)，如图 8-125 所示。在“设备调试”选项卡中可以看到研华-4012 模拟量输入通道输入的电压值，如图 8-126 所示。

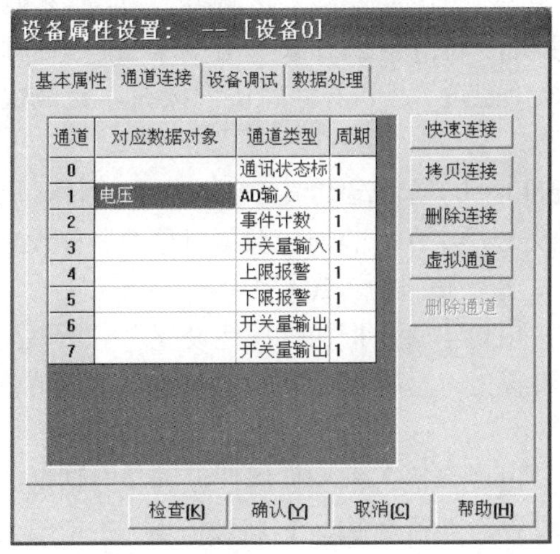

图 8-125　实训 18 模拟量输入通道连接

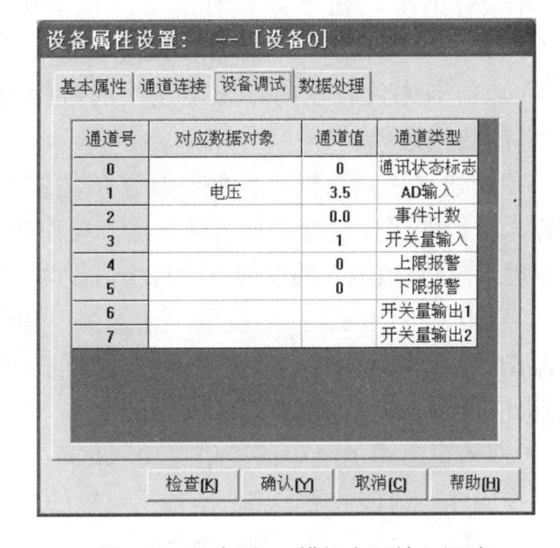

图 8-126　实训 18 模拟电压输入调试

3）在“设备组态：设备窗口”窗口中双击“设备 1-［研华-4050］”项，系统弹出“设备属性设置”对话框。

在“基本属性”选项卡中将设备地址设为“2”。

在“通道连接”选项卡中，选择 9 通道对应数据对象单元格，右击，通过选择命令打开“连接对象”对话框，双击要连接的数据对象“上限开关”。同样，在 10 通道选择要连接的对象“下限开关”，如图 8-127 所示（数据类型与通道类型需一致）。

在“设备调试”选项卡中，在 10 通道对应数据对象“下限开关”的通道值单元格长按鼠标左键，通道值由“0”变为“1”，如图 8-128 所示，则对应通道输出高电平。

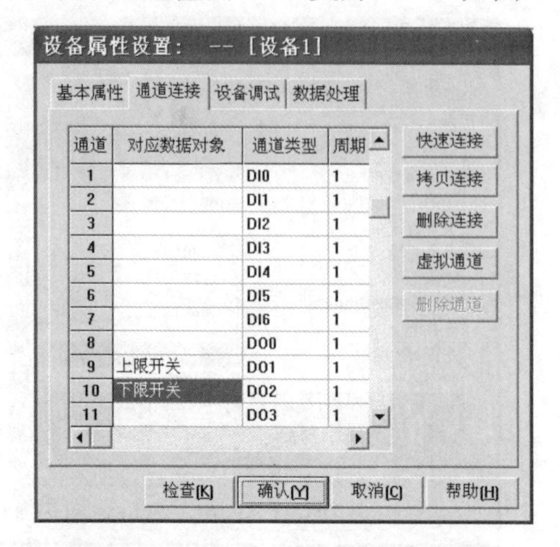

图 8-127 实训 18 开关量输出通道连接

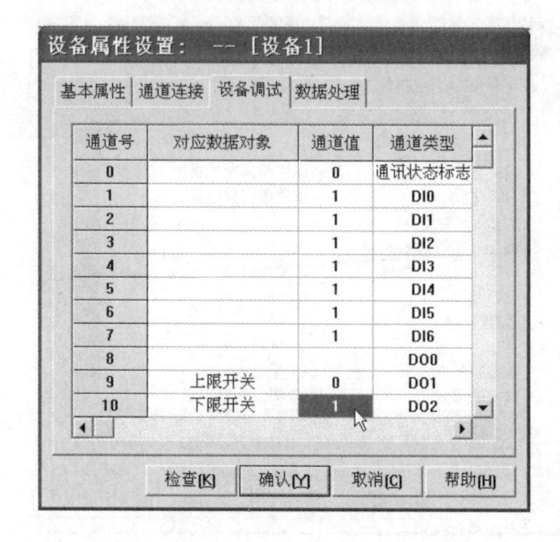

图 8-128 实训 18 开关量输出调试

7. 建立动画连接

(1)“主界面”窗口对象动画连接

在工作台窗口的“用户窗口”选项卡中，双击“主界面”窗口图标进入开发系统。

1）建立“仪表”元件的动画连接。双击窗口中的仪表元件，系统弹出“单元属性设置”对话框。在“数据对象”选项卡中，连接类型选择“仪表输出”。单击右侧的“？”按钮，系统弹出“数据对象连接”对话框，双击数据对象“温度”，在“数据对象”选项卡中仪表输出行出现连接的数据对象“温度”。单击“确认”按钮，完成仪表元件的数据连接。

2）建立“输入框”构件动画连接。双击窗口中的当前温度值“输入框”构件，出现“输入框构件属性设置”对话框。在“操作属性”选项卡中，将对应数据对象的名称设置为“温度”，将数值输入的取值范围最小值设为“0”，最大值设为“200”。

双击窗口中的上限温度值“输入框”构件，出现“输入框构件属性设置”对话框。在“操作属性”选项卡中，将对应数据对象的名称设置为“温度上限”，将数值输入的取值范围最小值设为“50”，最大值设为“200”。

双击窗口中的下限温度值“输入框”构件，出现“输入框构件属性设置”对话框。在“操作属性”选项卡中，将对应数据对象的名称设置为“温度下限”，将数值输入的取值范围最小值设为“20”，最大值设为“40”。

3）建立“指示灯”元件的动画连接。双击窗口中的上限指示灯元件，系统弹出“单元属性设置”对话框。

在“动画连接”选项卡中，单击“组合图符”图元后的“？”按钮，在系统弹出的窗口中双击数据对象“上限灯”，单击“确认”按钮完成连接。

双击窗口中的下限指示灯元件，系统弹出“单元属性设置”对话框。

在“动画连接”选项卡中，单击“组合图符”图元后的“？”按钮，在系统弹出的窗口中双击数据对象“下限灯”，单击“确认”按钮完成连接。

（2）“实时曲线”窗口对象动画连接

在工作台窗口的“用户窗口”选项卡中，双击“实时曲线”窗口图标进入开发系统。

双击窗口中的“实时曲线”构件，系统弹出“实时曲线构件属性设置”对话框。

在“画笔属性”选项卡中，曲线 1 表达式选择数据对象“温度”。

在“标注属性”选项卡中，时间单位选择“分钟”，*X* 轴长度设为“2”，*Y* 轴最大值设为“100”。

（3）“报警信息”窗口对象动画连接

在工作台窗口的“用户窗口”选项卡中，双击“报警信息”窗口图标进入开发系统。

双击窗口中的“报警显示”构件，系统弹出“报警显示构件属性设置”对话框，在“基本属性”选项卡中，将对应的数据对象的名称设为“温度”。

8．策略编程

在工作台窗口的“运行策略”选项卡中，双击“循环策略”项，系统弹出“策略组态：循环策略”编辑窗口，策略工具箱会自动加载（如果未加载，右击，选择“策略工具箱”命令）。

单击组态环境窗口工具条中的“新增策略行”按钮，启动策略编辑窗口，在“策略组态：循环策略”编辑窗口中出现新增策略行。单击策略工具箱中的“脚本程序”按钮，将鼠标指针移动到策略块图标上，通过单击添加“脚本程序”构件。

双击“脚本程序”策略块，进入“脚本程序”编辑窗口，在编辑区输入如下程序。

```
温度=( 电压-1 )*50
if 温度>=温度上限 then
  上限开关=1
  上限灯=1
endif
if 温度>温度下限 and 温度<=温度上限 then
  下限开关=0
  下限灯=0
  上限开关=0
  上限灯=0
endif
if 温度<=温度下限 then
  下限开关=1
  下限灯=1
endif
!setalmvalue(温度,温度上限,3)
!setalmvalue(温度,温度下限,2)
```

程序的含义是：利用公式“温度=(电压-1)*50”把电压值转换为温度值（模块采集到1～5V 电压值，对应的温度值范围是 0℃～200℃，温度与电压是线性关系）；当温度大于等于设定的上限温度值时，上限开关对应的数字量输出通道置高电平，界面中的上限灯改变颜色；当温度小于等于设定的下限温度值时，下限开关对应的数字量输出通道置高电平，界面中的下限灯改变颜色；同时产生报警信息。

单击“确定”按钮，完成程序的输入。

关闭“策略组态：循环策略”编辑窗口，保存程序，返回到工作台窗口的“运行策略”选项卡中，选择循环策略，单击“策略属性”按钮，系统弹出“策略属性设置”对话框，将策略执行方式的定时循环时间设置为1000ms，单击“确认”按钮完成设置。

9．调试与运行

保存工程，将“主界面”窗口设为启动窗口，运行工程。

“主界面”窗口启动，给传感器升温或降温，“主界面”窗口中显示当前测量温度值、温度的上下限值，仪表指针随着温度变化而转动。

当测量温度值大于等于上限温度值时，窗口中的上限灯改变颜色，线路中的上限指示灯L1亮；当测量温度值小于等于下限温度值时，窗口中的下限灯改变颜色，线路中的下限指示灯L2亮；当测量温度值大于下限温度值并且小于上限温度值时，窗口中的下限灯、上限灯改变颜色，线路中下限指示灯L2和上限指示灯L1灭。其中，报警上下限值是可以修改的。

“主界面”窗口如图8-129所示。单击“主界面”窗口中的“功能”菜单，选择“实时曲线”子菜单，系统弹出“实时曲线”对话框。对话框中显示温度值变化的实时曲线，如图8-130所示。

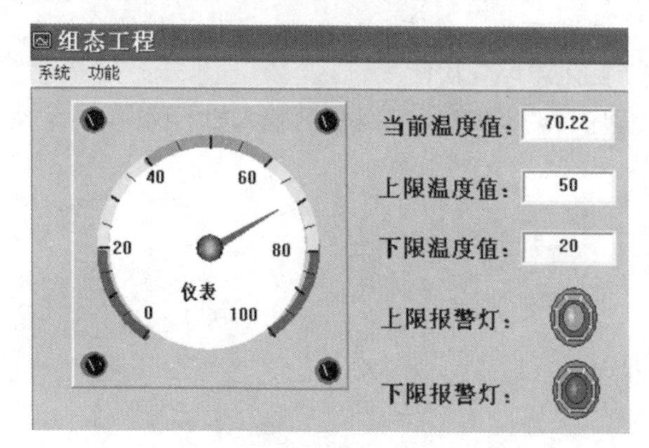

图8-129　实训18“主界面”窗口运行

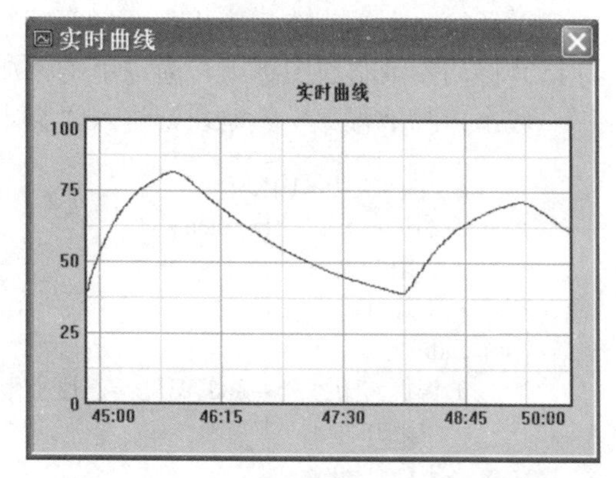

图8-130　实训18“实时曲线”窗口运行

单击主界面中的“功能”菜单，选择“报警信息”子菜单，出现“报警信息”对话框。“报警信息”对话框显示报警类型、报警事件、当前值、界限值、报警描述等报警信息，如图8-131所示。

报警信息

时间	对象名	报警类型	报警事件	当前值	界限值	报警描述
03-15 18:08:41	温度	下限报警	报警产生	19.9463	20	温度低于下限
03-15 18:08:42	温度	下限报警	报警结束	22.0215	20	温度低于下限
03-15 18:09:40	温度	上限报警	报警产生	50.8301	50	温度高于上限

图8-131　实训18“报警信息”窗口运行

参 考 文 献

[1] 李红萍. 工控组态技术及应用—MCGS[M]. 西安：西安电子科技大学出版社，2013.
[2] 李江全. 组态控制技术实训教程（MCGS）[M]. 北京：机械工业出版社，2016.
[3] 李江全. 计算机控制技术实训教程（MCGS 实现）[M]. 北京：机械工业出版社，2018.
[4] 夏春荣. 工业组态软件应用技术项目化教程[M]. 西安：西安电子科技大学出版社，2018.
[5] 吴孝慧. 工业组态控制技术[M]. 北京：电子工业出版社，2016.
[6] 李宁. 组态控制技术及应用[M]. 北京：清华大学出版社，2015.
[7] 陈志文. 组态控制实用技术[M]. 北京：机械工业出版社，2009.
[8] 曹辉，等. 组态软件技术及应用[M]. 北京：电子工业出版社，2009.